MŒURS MARITIMES.

INTRODUCTION.

Vers le milieu du dix-huitième siècle, vivait à Villiers-le-Bel une pauvre veuve qui, par des privations et des sacrifices de chaque jour, était parvenue à faire donner à son fils une éducation complète. — Quand les études d'Antoine furent enfin terminées, les ressources de sa mère étaient épuisées entièrement: les rôles allaient être intervertis. Malheureusement, les muses, — qu'on nous pardonne l'expression, elle en vaut bien une autre, — parurent être la vocation de l'adolescent; il rimait, il versifiait, il était poëte.

Être poëte fut de tout temps une fâcheuse recommandation auprès des hommes positifs et prétendus sérieux, qui refusent volontiers le don du bon

sens, le talent du savoir-vivre, et bref, la possibilité de vivre, à quiconque s'avise d'avoir de
hautes et poétiques pensées. — Toujours est-il que
force fut au jeune Antoine de demander aux muses
elles-mêmes le pain quotidien, non seulement pour
lui, mais pour sa malheureuse mère.

La lutte commença, elle fut pénible ; — toutefois,
quelques essais du poëte ayant été couronnés par
des sociétés littéraires de province, — sa verve,
comme il l'a dit, se ralluma au flambeau de l'Espérance. Un prix lui fut décerné par l'Académie française; le Théâtre-Français, enfin, lui ouvrit ses
portes; la tragédie d'*Hypermnestre*, dont il était
l'auteur, obtint un véritable succès.

Les succès littéraires et dramatiques n'enrichis-
saient guère alors ; Antoine se bornait au plus strict
nécessaire, il se sustentait à peine; il vivait dans *ce
grenier* tant vanté, où l'on *n'est bien à vingt ans*
qu'avec l'insouciance égoïste de ces *bohêmes* ambi-
tieux, dont la piété filiale fut toujours le moindre
souci.

Antoine agissait autrement. S'il se trouva jamais
heureux sur son grabat de poëte, ce fut par le sentiment d'un noble devoir religieusement accompli,
d'une dette sacrée acquittée avec amour. Chaque
mois, il allait porter à sa mère le modeste produit
de ses travaux, et faisait le voyage à pied pour ne
pas déranger ses petites épargnes.

Telle fut la jeunesse d'un poëte, digne de léguer au peuple marin, dont la piété filiale est la vertu par excellence, ce beau vers auquel son nom demeure attaché :

« Le trident de Neptune est le sceptre du monde. »

Antoine Lemière le regardait comme son chef-d'œuvre, il en était si fier qu'il l'appelait *le vers du Siècle*. Dans le fond, il n'avait pas tort.

Mythologie à part, l'idée grande et juste est rendue avec concision, avec éclat. La pensée du poëte a servi de texte à cent gros livres oubliés. Grâce au vers qu'il nous a légué, — excellente épigraphe maritime, — elle demeure gravée dans toutes les mémoires.

Lemière parlait à bon droit la langue de son temps, et à l'heure qu'il est, je regretterais fort que la mythologie, ses images, ses comparaisons, ses métaphores, fussent tout-à-fait bannies de la littérature. J'en fais usage volontiers, même dans le *Tableau de la mer*. Je n'en trouve pas moins déplorable qu'elle règne en souveraine sur toutes les escadres du monde.

Nos vaisseaux, nos frégates, ont beau recevoir le baptême chrétien, ils portent le plus souvent les noms des divinités et des personnages de la fable, tellement qu'on est émerveillé de rencontrer par ci par là, au milieu des *Vénus*, des *Thétys* et des *Galathée* de notre flotte, *le Duquesne*, *le Suffren*, *le Bougainville* ou *la Jeanne d'Arc*.

Je voudrais, ai-je dit ailleurs à ce sujet (1), que l'état général des bâtiments de notre flotte fût *le Livre-d'Or* de notre armée navale. Je voudrais que *la Belle-Paumelle* (la Melpomène), *la Trente-six-Côtes* (la Terpsichore), *l'Œil humide* (l'Euménide), *la Dis-Done* (la Didon), *la Donne-Hisse* (l'Adonis), *l'Air mignonne* (l'Hermione), *le Siffle* (le Sylphe), *l'Air recule* (l'Hercule), et tant d'autres noms naïvement ou malicieusement défigurés par nos gens de mer, disparussent de la pouppe de nos vaisseaux pour la plus grande gloire des illustres marins dont le souvenir gît oublié dans les catacombes de notre histoire maritime.

La liste de ces héros, généralement peu connus, est assez longue, Dieu merci, pour nous permettre de baptiser la plus belle des flottes qui fut onques! Et le relevé de cette liste avec les documents historiques à l'appui, avec les inscriptions explicatives que je voudrais voir gravées sur le fronton de dunette pour faire connaître à tous les hôtes du vaisseau les titres de gloire de son parrain, mériterait mieux que les rapides ébauches que j'ai risquées deça delà. Je consacrerais avec bonheur un volume entier du *Tableau de la Mer* au LIVRE D'OR DE LA MARINE FRANÇAISE. Plaise à Dieu que le temps néces-

---

(1) POÈMES ET CHANTS MARINS, *le Livre d'Or de l'armée navale*, satire; — notes historiques au même volume; — articles et feuilletons divers.

saire pour accomplir cette œuvre d'archiviste ne me fasse pas défaut.

En attendant, poursuivons la tâche moins difficile que nous avons entreprise. Après *le Langage des Marins*, — après *la Vie Navale*, c'est-à-dire *la Vie du Navire*, — après l'étude du personnel de nos vaisseaux faite au volume *les Marins*, prolongeons notre revue physiologique et pittoresque, en consacrant les pages suivantes aux MŒURS MARITIMES, aux travaux, aux plaisirs et aux peines des gens de mer, aux petites et aux grandes pêches, aux honneurs marins, à la pénalité, aux heures de quart, à l'existence du bord. Ainsi se trouveront comblées plusieurs des lacunes laissées dans les tomes précédents. De même peu à peu se rempliront les autres vides. Les matériaux s'accumulent. Les Scènes de genre, celles-ci tragiques, celles-là bouffonnes, les Fêtes à bord, les Légendes, la Littérature, la Poétique du peuple matelot se rangeront à côté des Biographies, des récits de Batailles ou de Combats, et d'une foule de considérations qu'il conviendra de reprendre en sous-œuvre. Le plan est tracé.. . . . .

Mais, qui nous interrompt?. Qui nous appelle? Quel bruit terrible et tout à la fois harmonieux s'est fait entendre? Pourquoi cette clameur? On gémit, on pleure, on hurle, affreux concert du désespoir auquel répondent de mâles et fiers accents. La mer courroucée rugit comme une lionne ivre de carnage;

elle jette au ciel et à la terre des menaces effroyables.
Des cris de détresse percent les sifflements de la
tempête. Les flots roulent des cadavres de femmes
et d'enfants. Cramponnées à de misérables épaves,
des grappes humaines sont écrasées contre les rochers.
Plus loin, les vaisseaux entr'ouverts livrent passage
aux lames échevelées ; un gouffre béant les engloutit.
L'éclair qui sillonne les nuées noires nous laisse entrevoir d'autres scènes d'épouvante et d'horreur.

Et cependant, nos cœurs palpitent de joie ou
plutôt d'espérance et d'orgueil. C'est que là-bas
retentit le glorieux clairon du sauvetage.

Si d'un côté l'on crie avec désolation : — « Au
secours ! au secours ! » de l'autre, les gens de cœur
s'assemblent, se hâtent et répondent : « Allons !»

La radieuse bannière de l'Humanité illumine les
ténèbres et la France entre généreusement en lice.
On a fait l'appel des hommes de bonne volonté :

— Présents ! Présents ! Présents !

En d'autres termes, — tandis que nous élaborions
ce volume de *Mœurs Maritimes* et que nous esquis-
sions le canevas des séries qui le suivraient comme,
par exemple, le *Livre d'Or*, — une société centrale
de sauvetage pour les naufragés se fondait, à Paris,
dans les meilleures conditions de réussite.

Or, nous reculions de jour en jour devant le
lugubre sujet des naufrages ; nous l'écartions, nous
le repoussions comme la lie du vase ; il fallait bien

pourtant, un jour, le faire entrer dans le *Tableau de la Mer* ; mais qu'il nous semblait plus doux de dessiner des portraits de héros, de commenter des contes et des légendes, de parler des chansons de nos chers marins. Les naufrages, toujours ajournés, risquaient donc fort de se faire longuement attendre.

Tout à coup, le sombre sujet resplendit à nos yeux sous le nom de Dévouement. Il s'est métamorphosé. Il est sublime.

Arrière causeries et chansons, contes, descriptions, récits et légendes! Silence sur les passavants et sur les gaillards! N'entendez-vous pas appeler à l'aide?

Rien, plus rien avant d'avoir dit les Naufrages et les Sauvetages ; — car, s'il y a beaucoup à louer, et s'il faut applaudir sans réserves au généreux mouvement qui se produit, il y a aussi bien des renseignements à recueillir et à propager ; il y a beaucoup de judicieuses leçons à donner sur l'art pieux de sauver du naufrage. Sachons profiter de la vieille expérience des sauveteurs émérites tels que le brave capitaine Conseil qui, après avoir prêché d'exemple en sauvant ou aidant à sauver soixante-douze navires ou barques et trois cent quatre-vingt-quatre personnes, a rédigé les préceptes dans son *Guide pratique de sauvetage à l'usage des marins.*

N'hésitons plus! Tarder davantage serait faiblesse. Collaborons! Faisons-nous l'écho de cette voix ma-

gnanime qui crie à travers les écueils : « Sauvetage !
Secours ! Salut ! »

— A Dieu vat !...

Puisse ce volume de *Mœurs Maritimes* rencontrer
une hospitalité facile , et puisse-t-il surtout frayer
largement la voie à son frère puiné : *Naufrages et
Sauvetages* qui se hisse sur le chantier en brûlant du
désir de s'élancer à la mer.

I.

POPULATIONS MARITIMES.

FEMMES DES MARINS.

La marine française se glorifie à juste titre d'avoir les meilleurs matelots du monde ; les équipages où *les inscrits* sont en majorité suffisante, l'emporteront toujours en tous points sur les équipages étrangers. Si la République et l'Empire éprouvèrent de grands revers maritimes, certes ce n'est pas à nos matelots qu'il faut en attribuer la faute.

Alors, comme aujourd'hui, les dignes fils du littoral possédaient toutes leurs belles qualités ; alors, comme aujourd'hui, l'énergie, l'entrain, l'initiative, la patience, le courage, l'intelligence, le dévouement, étaient leur partage. Aussi, pour que notre armée navale succombât, alors qu'elle s'était habituée à vaincre sous Suffren, Lamotte-Piquet ; D'Estaing, Guichen, Kersaint, et leurs glorieux émules, — ne fallut-il rien moins qu'un concours fatal de circonstances politiques, de désordres administratifs et d'éléments de désorganisation, tels entr'autres que l'émigration des officiers les plus capables, — et cela en présence des circonstances tout opposées favorisant nos ennemis.

La constance de nos gens de mer égala leurs infortunes. Ils furent héroïques, sacrifiés obscurément et trop dédaignés par une nation frivole qui ne tient compte que des succès éclatants. Les désastres n'amoindrirent pas leur valeur. Le matelot français resta ce qu'il avait été, ce qu'il est encore, le prototype de tous les marins ; nous nous sommes attaché à le faire sentir.

Il convient maintenant de tracer quelques portraits, de peindre quelques existences particulières aux populations maritimes.

Et d'abord, en face du matelot même se présente à l'observateur une classe de femmes également dignes d'une étude attentive. Filles, sœurs, maîtresses, femmes, veuves ou mères de marins, elles en reproduisent dans leur sexe les bonnes et les mauvaises qualités avec des couleurs parfois difficiles à saisir, mais le plus souvent vigoureusement tranchées.

La femme maritime a des signes particuliers qui la feront toujours aisément distinguer de toute autre fille du peuple ; elle partage des préjugés et possède des connaissances qui ne s'étendent pas au reste de la classe ouvrière. Son langage est frappé au coin matelot; elle a des notions précises sur la navigation et une géographie qui lui est propre.

Est-elle des bords de la Manche ou du golfe de Gascogne, les Antilles, les Indes, le Brésil, lui sont familiers : la Méditerranée lui semble la mer d'un pays perdu, d'où les marins ne reviennent jamais; mais elle jase à son aise des mers du Sud, du Sénégal et du Nord Amérique; la Martinique et la Guadeloupe sont ses galeries; elle sait l'époque des hivernages et des moussons, et n'ignore pas que le cap Horn est aussi glacial que les Tropiques sont brûlants.

Est-elle au contraire des rives de la Méditerranée, l'Océan est son antipathie. Lorsque son fils ou son mari doit partir pour Brest, elle ne peut contenir sa douleur; mais s'il ne dépasse pas le détroit, elle ne s'effraie ni des maladies épidémiques du Levant, ni des vents de mistral, ni de la navigation périlleuse de l'Archipel.

Et qu'on ne se figure pas qu'elle a retiré directement ces connaissances de son contact perpétuel avec les matelots : rarement pareilles matières sont le sujet de son entretien avec eux. C'est entre elles que les femmes se répètent ce qu'elles ont ouï dire à leurs pères ou à leurs enfants. Pendant les longues absences des marins de leur famille, elles se réunissent fréquemment et se forment ainsi un jugement sur tous les faits relatifs à la mer. Leur lieu de rendez-vous est principalement la même pointe d'où les vieux matelots observent les mouvements de la rade. Chacune arrive de son côté :

— L'on attend aujourd'hui *la Scie-aune* ou *la Cibiade*.

— Mon mari m'a écrit que la frégate arriverait sûrement ce mois-ci.

— Et mon petit qui rentre sur le brig qui vient là, ma chère !

— Savez-vous la nouvelle, vous autres ? *la Terre-six core*, qui est signalée dans le goulet, c'est moi qui suis contente !...

Le sujet se déplace peu à peu, sans devenir pour cela moins maritime. Chaque jour la mer et les marins sont le texte de conversations qui produisent à la longue une série d'opinions étranges, croyances qui passent de la mère à la fille, et s'accréditent si bien que les maris eux-mêmes ne pourraient les déraciner s'ils l'essayaient; mais le matelot n'a garde d'en prendre la peine; mieux que cela, encore qu'il ait vu, sa crédulité naturelle lui fait souvent adopter des contes insensiblement créés dans les conciliabules féminins.

La femme que nous dépeignons est nécessairement née dans un port; il est rare qu'elle n'ait pas pour père un marin, son enfance est dirigée uniquement par sa mère. En est-elle privée, elle vit sur le commun et trouve, sans les chercher, dix tutrices pour

une. Rien de plus fréquent que de voir cinq ou six
enfants des deux sexes, nourris, habillés, logés par
une veuve de matelot ou une hôtesse de marins.
Dès que la petite fille commence à grandir, elle est
utilisée par sa mère réelle ou adoptive, va aux dis-
tributions gratuites de bois de démolitions, fait les
commissions à la quarantaine, sert les matelots dans
les auberges et les cabarets du port, et par suite
n'a d'yeux et d'oreilles que pour les vaillants fils de
la mer. Sa vertu ne résiste pas longtemps aux doux propos de quelque jeune gabier, mais, pourvu que son
amant porte le paletot et le chapeau ciré, la sensible
enfant ne trouve guère de détracteurs. Enfin, elle
est d'âge à travailler plus sérieusement, elle devient
alors tout à fait servante dans une guinguette du
quai, ouvrière pour les marins, ou marchande à
bord des navires.

Aussitôt qu'un bâtiment entre en rade, soit au
sortir du port, soit au retour d'une longue campagne, de nombreuses solliciteuses grimpent sur le pont;
elles entourent le capitaine et le lieutenant en pied,
font valoir leurs droits, présentent des certificats,
et réclament à grands cris la permission d'établir à
bord un petit commerce. Le débat se termine par le
choix de deux ou trois d'entre elles, qui dès lors
auront seules le privilége de venir chaque matin pour
s'en retourner à terre chaque soir. Tous les petits
ustensiles à l'usage des matelots forment le fond de

leur magasin : des rubans de chapeau, du fil, des aiguilles, des couteaux, des étuis, des collets de chemise, de la paille fine, des pipes, des brosses, du savon ; elles vendent en outre du tabac et quelques comestibles, des cervelas, du beurre, du fromage, du pain. Mais elles ne se hasarderont jamais à introduire dans le bâtiment une goutte de vin ou d'eau-de-vie, quelque tentation qu'elles en aient : c'est une cause irrémissible d'exclusion.

Elles s'établissent dans un coin et filent ou tricotent en attendant les chalands ; les plus galants les entourent, leur débitent des compliments parfumés au goudron, et les luronnes ne sont jamais en retard à la riposte. Toutes les commissions de l'équipage leur sont dévolues ; au bout de peu de jours elles connaissent tout le monde et choisissent des privilégiés. Quelque pauvre petit mousse est toujours bien sûr d'en obtenir une pomme ou un hareng saur ; en échange il leur offrira un seau pour tabouret, leur ira chercher de l'eau, et même saura pour elles chauffer en cachette un ragoût commandé par les anciens, ou un fer à repasser. Si ce petit mousse descend à terre un dimanche suivant, la maison de la marchande sera la sienne, on le couchera, on le dorlotera jusqu'au lendemain matin ; il reviendra enchanté des mille attentions délicates qu'il aura reçues.

La marchande est, par profession, d'une angélique patience ; on la déplace à tous moments sans qu'elle murmure :

— En haut, madame ! crie le maître-canonnier, il faut dégager la batterie pour l'exercice du canon !..

Le Palais-Royal déménage, il pleut, c'est égal ; la boutique sera établie sur le gaillard d'avant jusqu'à nouvel ordre. -- Fait-il un beau soleil, la marchande s'est installée sur le pont, les curieux l'entourent :

— Allons ! allons ! en bas ! commande l'officier de quart. L'on va serrer les voiles !... L'équipage est toujours distrait par ces diables de femmes....

La marchande descend résignée comme elle était montée deux heures auparavant, et la journée se passe ainsi à colporter l'étalage.

Elle apprend à connaître les mille tribulations de la vie du matelot. Enfin le soir, quelque temps qu'il fasse, il faut déguerpir ; les lames embarquent dans son fragile canot, elle arrive à terre, mouillée, transie ; elle en rit, la bonne fille ! Demain pourtant il faudra recommencer ! Et trop heureuse encore !... car si demain le vaisseau quitte *la rade* pour prendre *la mer*, ou rentrer *au port*, adieu le commerce ! Elle devra se mettre en quête d'un autre asile flottant pour son petit Palais-Royal.

Si le vaisseau rentre au port, la marchande n'y a que faire ; les matelots alors mènent une existence à demi-terrestre ; ils couchent à la caserne, ils habitent la ville ; c'est au tour des hôtesses d'exploiter l'équipage.

La fille des ports est souvent blanchisseuse. Que le capitaine y consente, l'équipage ne lavera plus de linge ; elle reconnaîtra, marquera, savonnera et rapiècera tous les pantalons, toutes les chemises. A l'heure voulue, elle fait sa distribution aux matelots, et les accommode à si bon compte, qu'elle a peine à tirer de son travail une grossière nourriture.

Cette industrie pourtant est bien préférée à la précédente ; au retour de la campagne, un second maître viendra lui offrir son cœur et sa main. Elle touchera la délégation du mari absent ; si celui-ci est à terre, elle aura ses libres entrées à la caserne des marins, sa sœur ou sa nièce pourra ainsi obtenir de l'ouvrage du maître tailleur des équipages de ligne ; enfin la fortune la portera à grands pas vers ce but ambitionné de toutes ses compagnes, qui est toujours de devenir hôtesse.

L'hôtesse est pour les marins ce que la *bourgeoise* est pour les soldats, la *mère* pour les compagnons. Tout matelot a une hôtesse dans chaque port et ne jure que par elle. L'hôtesse le loge, le nourrit, le soigne s'il est malade, lui fait crédit et lui donne même de l'argent quand il n'en a plus.

— Ah ça, mère Carbonneau, les eaux sont basses ; nous n'avons plus un farthing ; pas un binacle, pas un liard, hein ! — Ce n'est que ça, mes mignons, dira-t-elle, allez tout de même ! — Alors, l'ancienne, du vin, du meilleur ! et vous trinquerez avec nous. — Ce n'est pas de refus.

Si le matelot est en bordée, — c'est-à-dire hors de son bord sans autorisation, — l'hôtesse sort pour explorer les lieux, elle guette le gendarme, prévient à temps et a toujours quelque moyen de cacher ou de faire évader son protégé : une échelle est jetée d'une fenêtre à une autre, et le matelot s'esquive dans la maison en face, tandis que le gendarme visite le domicile. Tout le quartier s'intéresse à la ruse ; mais si le délinquant est *croché*, un dernier verre de cognac lui sera offert par sa logeuse elle-même avant que son escorte l'emmène.

L'hôtesse éveille le marin à l'aube du jour pour qu'il rejoigne le bord, elle envoie ses enfants observer les canots du navire, et tient son hôte au courant de tout ce qui se passe. Enfin, elle l'attend le soir jusqu'à ce qu'il lui plaise de rentrer au logis, va le chercher dans les rues, et, s'il est reconduit ivre ou blessé, le soigne, le déshabille, le couche comme son propre fils.

Une rixe s'engage-t-elle dans la ville entre les soldats et les marins, la femme maritime est en émoi. Elle sort à la rencontre des combattants, distribue des manches à balai, des bâtons, des cordes aux matelots, et prépare des pierres pour les jeter sur les *piou-pious*, s'ils passent devant sa maison. La que-

relle devient terrible souvent ; les soldats, le sabre
au poing, ont quelquefois le dessus, l'hôtesse recueille
les marins, et son auberge devient une place forte,
dont l'armée ennemie sera forcée de lever le siége.

S'agit-il d'un branle-bas général, d'une orgie à tout
rompre, comme par exemple au congédiement d'un
équipage, toutes les femmes du quartier se mettent à
l'œuvre. Un repas splendide est préparé. Quand les
matelots arrivent, ils trouvent le couvert mis, et quoi
qu'ils fassent, sont servis avec un zèle qui ne se
dément jamais. Et cependant, que de dénouements
tragiques ! que d'yeux noirs pochés ! que de coiffes
arrachées ! de jupes déchirées à pareille fête ! quels
coups de poings ! — Mais ce sont des marins ! de
bons enfants ! à eux permis.

Fréquemment un bal suit le festin : le matelot est
prompt en matière de sentiments, la fille des ports
confiante. Hélas ! elle est bientôt victime de son aban-
don : qu'importe ! huit jours après, elle courra les
mêmes dangers avec une ardeur nouvelle, car toutes
ces créatures portent à l'extrême l'amour et l'admiration du matelot.

Il est des ports où elles s'associent à ses travaux.
Elles aident à charger et à décharger les navires de
commerce ; d'autres se font batelières et manient la
rame à l'égal du meilleur canotier. On voit à Granville nombre de ces dernières qu'aucun temps ne peut
arrêter et qui, plus entêtées que leurs maris eux-
mêmes, ne diffèrent jamais le moment du départ.

Elles sont *maréyeuses*, pêcheuses de crevettes et
de coquillages, coupeuses de goëmon, marchandes
de poisson, maîtresses-baigneuses pour les dames
dans les établissements de bains de mer. Nous di-
rons leur rôle à la pêche des huîtres

Les cascarottes de Ciboure, gracieuses et rapides
messagères, font, tous les jours, au pas gymnas-
tique et en chantant, cinq lieues pour porter la sardine fraîche à Bayonne, cinq lieues pour revenir
dans leur quartier.

Toutes les industries maritimes, la couture et le
raccommodage des voiles, la réparation des filets,
la préparation et l'encaquement des poissons, les
commissions, l'arrimage même occupent les femmes
du littoral, dont quelques-unes, envieuses du sort
des matelots, ont pour le métier de la mer une vocation passionnée.

On en cite une qui réussit à se faire enrôler comme
marin, au moyen des papiers d'un frère plus jeune.
Elle fit trois voyages à Terre-Neuve et passait pour le
meilleur matelot du navire, quand un hasard fit découvrir son sexe : elle tempêta, tonna, déclara injuste
de l'empêcher de continuer son métier. Bon gré, mal
gré, il fallut renoncer aux voyages de long cours. Depuis elle a disparu du pays, et l'on assure que, sous
le même déguisement, elle est parvenue à s'embarquer dans un autre port.

Parfois, la fille des marins se fait chanteuse ; en

ce cas, vous ne la rencontrerez que dans les cafés
et les cabarets de matelots ou sur les quais. Il arrive
aussi qu'elle se contente de vendre de l'eau-de-vie à la
porte d'un arsenal. On voit qu'à peu d'exceptions
près, ces femmes n'ont pas de profession propre, elles
tendent à devenir hôtesses, voilà tout. Leur métier,
quel qu'il soit, n'est qu'un moyen, il ne les caractérise pas; c'est par leurs goûts et leurs usages
qu'elles se dessinent.

Si l'une d'elles, par exception, vient à se laisser
séduire par un soldat, une rumeur générale règne
dans le quartier, il n'est pas d'épithète assez grossière pour la misérable, pas de traitement assez
sévère. Malgré cela, dans les petits ports, l'absence
des parents donne trop de facilité au militaire aventureux pour que le fait ne se présente pas de temps
à autre.

Il y a quelques années, dans l'un de ces havres de
cabotage, on plaça provisoirement une compagnie de
voltigeurs. Le pompon et l'épaulette de laine firent
tourner la tête à plusieurs jeunes filles de pêcheurs,
et l'une d'elles, prise sur le fait par son père, vieux
marin qui professait au plus haut degré le mépris du
troupier, fut soumise aux plus durs châtiments. Le
père l'attachait à une chaîne et fermait soigneusement
la maison toutes les fois qu'il allait à la pêche. Le
galant fit de vains efforts pour retrouver sa belle;
ses factions, ses marches et contre-marches furent

inutiles ; sur les entrefaites, la compagnie partit pour la ville voisine. Enfin la malheureuse parvient à rompre ses liens, va rejoindre son amant, et celui-ci écrit aussitôt à la famille que son amour pour Marie-Jeanne sera éternel, qu'elle seule peut parsemer de fleurs les étapes de sa vie, combler les créneaux de son cœur de troubadour, etc..... Bref, il la demandait en mariage.

Le marin jure d'abord, réfléchit un instant, et, ne se trouvant pas assez fort sans doute de son opinion personnelle, va consulter un officier de marine retraité dans les environs. Il raconte l'aventure, et reçoit naturellement la réponse que, le mal étant sans remède, l'unique moyen de réhabiliter son enfant est de se hâter de conclure le mariage. Le matelot s'était si peu attendu à un semblable conseil, qu'il tourna le dos tout à coup et sortit en disant :

— Quoi ! commandant, c'est vous qui me dites ça ? Nom d'une pipe ! jamais ma fille n'épousera un poussecaillou !

L'officier se contenta de sourire, mais le marin partit en toute hâte pour la ville, rattrappa la déserteuse, et la morigéna si bien, qu'il vint à bout de lui faire épouser, quelques mois après, un camarade pêcheur fort indifférent aux antécédents de la belle. Un pareil trait ne fait pas sans doute l'éloge de la moralité des gens de mer, mais en considérant les choses de près, on y trouvera encore moins de corruption qu'une

certaine naïveté ignorante, cause première de semblables désordres.

Ces femmes que nous avons vues à bord si patien-
tes, si désintéressées dans leur commerce, si enthou-
siastes de la mer, à terre, sont entêtées, irascibles,
extrêmes dans leur haine, et plus farouches que les
matelots pour les chefs abhorrés. Au convoi d'un capitaine de vaisseau d'une affreuse rigidité, on en vit
une troupe ameutée se précipiter avec rage sur le
cercueil, le couvrir de boue, mettre en lambeaux le
drap funèbre, s'emparer des insignes placés sur la
bière, et les fouler aux pieds en vomissant un torrent
de malédictions. Les efforts du cortége et de la force
armée furent impuissants, elles assouvirent leur ven-
geance jusqu'au bout.

La haine, chez elles, ne tient aucun compte de
la prudence. Un officier supérieur, renommé par sa
dureté, fut sommé par les femmes du port, de laisser
descendre à terre leurs fils et leurs maris ; son refus
lui valut des insultes et une telle poursuite à coups
de pierres, qu'il dut se réfugier dans la première
maison ouverte. Le résultat de cette scène ne fut
pas favorable aux matelots ; le caractère tenace du
capitaine se raidit de plus en plus contre les demandes, et le départ du bâtiment put seul mettre fin à
la guerre ouverte que lui avaient déclarée les femmes
de ses subordonnés.

L'opiniâtreté qu'elles mettent à assaillir et braver

ainsi ceux qu'elles regardent comme les tyrans de leurs chers matelots, prend une autre forme, s'il faut faire des démarches dans les bureaux de la marine. Les jours où elles sont autorisées à y faire leurs réclamations, elles encombrent les corridors et les escaliers, se groupent aux portes et ne se tiennent jamais pour battues, quelque réponse qu'on leur fasse.

D'abord souriantes et polies, si leur demande n'est pas favorablement accueillie, elles s'échauffent, s'emportent, et souvent les gendarmes et les gardiens sont obligés de les repousser par la violence. L'exécration des commissaires est portée en elles à l'extrême. Il n'est pas d'infamies qu'elles n'en disent lorsque leurs requêtes, souvent absurdes, n'ont pas été écoutées. Elles vous détailleront la vie privée de chacun des employés, vous raconteront les moindres épisodes de sa chronique scandaleuse. Une jeune fille qu'elles citeront, n'a pas obtenu de toucher la délégation de son frère, parce que sa pudeur s'est révoltée aux propositions de tel ou tel administrateur. La calomnie ne s'arrêtera pas en aussi bon chemin; leurs langues envenimées n'épargneront ni les femmes, ni les mères des employés qui auront rendu leurs demandes infructueuses.

Mais aussi la complaisance ou l'humanité de quelque commis de marine vient-elle à être reconnue comme un fait constant, les cent trompettes de la renommée seront insuffisantes pour publier ses louanges. L'on en pourrait nommer dont la popularité, grâce à elles, s'étend sur tout le littoral de Bayonne à Dunkerque. Elles font et défont, dans leurs conciliabules, les réputations de tous les chefs de la marine militaire ou marchande.

Officiers, aspirants, armateurs, capitaines au long cours, officiers de santé, elles les connaissent tous; les annuaires sont incomplets au prix de leur mémoire. Une bonne ou une mauvaise action y est enregistrée à jamais : malheur à qui s'attire leur inimitié!

La fille des ports déteste souverainement tout ce qui est militaire et uniforme; comme le matelot est l'opposé du soldat, elle est l'opposé de la cantinière. Cependant elle prend souvent l'apparence de celle-ci, dans ses relations avec les casernes de marins, mais le naturel reste le même. Elle ne sait pas plier une fois à terre, et, en maîtresse femme, dès qu'elle est légitimement mariée, elle gouverne despotiquement son intérieur. Si elle est hôtesse, elle sera aux ordres de tous, à la vérité, mais ne tiendra nul compte de ceux de son époux. Elle n'entend pas que celui-ci se mêle d'être jaloux, elle le mène durement, et le pauvre homme le trouve bon. Pour qu'un pareil ménage vive en paix, il suffit que le mari soit réduit à zéro comme il arrive d'ordinaire.

Devient-elle veuve, la femme du matelot ne tarde pas à se remarier : il est fréquent d'en voir d'assez jeunes qui ont eu quatre ou cinq maris. Le premier est mort des fièvres de Madagascar, le second d'une chute à bord, le troisième s'est noyé dans le Tage, le dernier n'en est pas moins marin comme les précédents. C'est alors que, pour ses pensions de veuve, elle est sans cesse en chicane avec les bureaux. Elle a des enfants de tous les lits, les traite également, sollicite pour placer les garçons à bord de l'école des mousses, et y met une persévérance telle, que ses efforts finissent toujours par être couronnés de succès.

L'éducation des filles est d'une autre nature. Attendu qu'elle est à l'aise désormais, elle tient pour celles-ci à une vertu qu'elle n'a pas exercée dans sa jeunesse, tant s'en faut. Si elle en a le temps, elle les marie successivement à des marins ; l'aînée lui succède bientôt dans son commerce, et tout va le mieux du monde, tandis que son dernier mari fume tranquillement la pipe sous le manteau de la cheminée. Mais si la mère de famille vient à mourir, les garçons prennent leur volée comme il plaît à Dieu, et les filles se créent nécessiteusement une des existences que nous venons de parcourir.

A la cérémonie dernière, quelques braves matelots occuperont la place d'honneur, et *navigueront* jusqu'au cimetière dans le *sillage* de la bonne femme. Leur douleur ne se trahira que par un serrement de main silencieux, et peut-être une bonne grosse larme qui coulera sur leur face brûlée. Son oraison funèbre sera prononcée en peu de mots au cabaret le plus voisin :

— Crédienne ! matelot, elle ne nous versera plus à
boire, la pauvre vieille !

— Que veux-tu ? bon ou mauvais, tout y passe, les
hôtesses et les commissaires ; pas moyen de doubler
cette pointe-là.

— C'est tout de même fichant qu'elle ait avalé sa
gaffe avant nous autres, ses anciens: pas vrai.

Une pipe sera fumée à son souvenir, puis on se sé-
parera... Mais quelquefois encore, sur un gaillard
d'avant, au-delà des tropiques, la mémoire de cette
femme maritime éveillera quelque bonne pensée dans
le cœur d'un vieux gabier, qui, entre deux jurons,
se permettra un *Pater* pour elle sans en rien dire à
personne.

Les femmes des maîtres, patrons, pilotes, contre-
maîtres et matelots ont une physionomie maritime
bien tranchée; le métier de leurs maris est presque
leur métier ; elles travaillent elles-mêmes aux choses
de la mer; elles s'intitulent parfois *matelottes*. Mais
les femmes des officiers civils ou militaires de la marine de l'État, celles des capitaines au long-cours
ou des officiers de la marine marchande, appartenant à une classe supérieure, ne sauraient subir à
un égal degré l'influence de la profession de leurs
maris. Leur intérieur s'en ressent pourtant d'une

manière presque continuelle. Les intérêts du foyer
domestique se rattachent étroitement aux questions
d'armement, aux campagnes militaires, aux expéditions commerciales d'un chef de famille dont l'avancement, la fortune, l'avenir, la santé, la vie, dépendent des chances de la navigation. A des alarmes
trop légitimes s'ajoutent des espérances, des ambi-
tions qui tiennent à la carrière de marin.

S'agit-il de la femme d'un lieutenant de vaisseau,
elle désire, plus ardemment peut-être que son mari,
qu'il soit appelé à son premier commandement de
navire. On a vu d'adroites solliciteuses intervenir
avec succès dans les démarches dont la conséquence
sera un embarquement agréable, un avancement en
grade, une décoration, une mission avantageuse.

Madame la préfette maritime est une autorité locale autour de laquelle s'agitent une foule de dames
parfaitement au courant des projets relatifs aux armements, aux stations navales, aux expéditions importantes. Les mères, les sœurs d'officiers ont souvent enlevé de vive force telles faveurs que leurs fils
ou leurs frères n'auraient pu arracher, malgré tout
leur mérite, non seulement au major général ou au
préfet, mais au chef du personnel, mais au Ministre
même. Ce que femme veut, Dieu le veut, dit-on.
Qui fera mieux valoir les services d'un officier, qui
plaidera mieux sa cause qu'une femme dont rien ne
rebute le zèle opiniâtre?

Ceci, toutefois, cesse d'être marin ; n'en voit-on pas autant dans toutes les administrations publiques ou privées ? Quel ministère, quelle direction, quel bureau ne sont pas assiégés par d'obstinées solliciteuses ? La compagne d'un capitaine au long-cours, essayant d'influencer un armateur, ne fait pas autre chose que celle d'un littérateur faisant sa cour, dans l'intérêt du pot-au-feu conjugal, à un haut et puissant éditeur ou directeur de journal.

L'analogie disparaît dès qu'il s'agit d'embarquer avec son mari. Les règlements interdisent sévèrement aux capitaines de la marine de guerre d'emmener avec eux leurs femmes pour faire campagne à bord. Mais, encore une fois, ce que femme veut.... le roi du bord est souvent forcé de le vouloir. Nous avons vu maintes fois des officiers supérieurs de la marine, par faiblesse pour leurs aventureuses moitiés, violer plus ou moins ouvertement les ordonnances, et donner au navire telle reine qui n'est pas toujours constitutionnelle.

Le moindre de ses travers est de se mêler de tout, d'occasionner des commérages, de motiver des lazzi contraires à la discipline et de faire pousser aux matelots des jurons à déraciner le grand mât. Madame la commandante n'a que rarement le don de mettre les règlements dans leur tort. Il est assez d'usage, malgré toute la galanterie française ou peut-être à cause de cette même galanterie, que le désordre, la discorde, ou qui pis est la couardise, résultent de sa présence.

Pour ma part, je sais un fort qui ne fut point canonné, parce que certain capitaine de vaisseau s'était permis d'imposer à sa frégate une dame suzeraine; le fort s'en porta mieux, et le capitaine de vaisseau ne s'en porta pas plus mal, car, au retour, madame la commandante qui avait acquis le pied et le flair marins, manœuvra si joliment dans les chenaux du ministère, que son glorieux époux, loin d'être mis à la réforme, fut nommé contre-amiral.

Le chapitre des femmes à bord peut défrayer des romans interminables, — heureuse ressource pour quiconque trempe sa plume dans l'eau salée. Si la vie maritime est profondément modifiée par les caractères divers des hôtes masculins du vaisseau, que n'arrivera-t-il point si l'élément féminin s'en mêle. Les qualités du roi du bord font du navire un paradis, un purgatoire ou un enfer. Que n'en feront pas celles de la reine? — une pétaudière tout au moins.

Si madame est fantasque, capricieuse, coquette, — impérieuse (ce qui est trop naturel), — susceptible, ombrageuse, maussade, jalouse, injuste, curieuse, la paix sera singulièrement compromise.

J'ai eu l'honneur de naviguer sous une commandante aux goûts très-mobiles en fait de couleurs. Elle nous condamnait à vivre dans la peinture à l'huile et l'essence de térébenthine. Pavois et bas-

tingages étaient, selon l'usage, peints en gros vert,
elle les voulut blancs, mais le blanc devint bientôt
horriblement sale; nous passâmes par le rose, le gris
perle, le ventre de biche, le bleu céleste, l'ama-
ranthe et le lilas, nous fumes zébrés, moirés, ba-
riolés et emplatrés de toutes les teintes imaginables.
Il fut question, un beau jour, de peindre les affuts
de canon couleur d'acajou et les boulets en ver-
millon. Pendant que l'on badigeonnait, madame
allait s'établir à terre dans le meilleur hôtel de notre
centre de station; à peine de retour à bord, elle dé-
clarait l'effet épouvantable. Le bleu céleste, plein
d'analogie avec le bleu de perruquier, la mit en
fuite dès le premier coup-d'œil; c'était prévu. Enfin,
au bout de dix–huit mois, l'on en revenait au gros
vert quand madame débarqua définitivement. Que
la terre lui soit légère !

Le capitaine d'un bâtiment de commerce est presque
toujours libre de voyager avec sa femme et ses enfants. Généralement intéressé dans la propriété du
navire, parfois seul et unique propriétaire, — ce
qui est le beau idéal, — il est maître d'agir à sa
guise. Et s'il installe à bord son ménage, les inconvénients le cèdent d'ordinaire aux avantages qui en
résultent. Il n'a pas introduit une influence perni-
cieuse dans une organisation militaire. Comme un
bon bourgeois qu'il est, il a établi une maîtresse de
maison dans sa demeure flottante. Madame y remplit

son rôle de ménagère, elle veille aux provisions, à
la basse-cour, à la cuisine, au service de table. Elle
prend un soin particulier des dames passagères,
dont elle sera la protectrice et la confidente naturelle. Elle débarrasse son mari d'une foule de soins
fastidieux; elle est son associée, son aide, sa première lieutenante, son premier commis. Madame
pourrait au besoin faire le point et commander le
quart. On s'amuse à lui faire exécuter un virement
de bord; et elle se complait à ce jeu.

Infirmière, *stewarders* (maîtresse d'hôtel), prési-
dente née de la table naviguante, elle découpe, elle
offre les rafraîchissements.

Le personnel peu nombreux du bâtiment n'a qu'à
se louer de sa présence tutélaire. De toutes les femmes
maritimes, je n'en connais pas de plus louable.

Après elle faut-il citer les rares mercenaires qui
s'embarquent comme femmes de chambre sur certains grands paquebots? L'on comprend assez,
qu'appelées à servir les dames passagères, elles
remplissent tout simplement les fonctions de ser-
vantes d'auberge.

A bord des paquebots anglais ou américains, cette
variété de femmes vouées à la navigation est moins
exceptionnelle que sur les nôtres. Il fallait pourtant
en tenir compte, car, si la femme inscrite sur le rôle
d'équipage en qualité de *stewardess*, est la légitime
épouse d'un maître ou d'un contre-maître du bord,

il n'en est pas au monde qui ait plus de titres qu'elle pour figurer parmi les *femmes de marins.*

Un jour devenue hôtesse dans quelque port, elle en remontrera aux plus rudes grognards du gaillard d'avant :

— J'ai navigué, moi aussi, tas de marsouins ! leur dira-t-elle. Me prendriez-vous par hasard pour une parisienne ? Bas la palabre ! tourne la langue au taquet ! Je connais la mer jolie mieux que pas un de vous ! Assez causé !

LES OUVRIERS.

Il n'est dans les ports aucune profession qui ne subisse l'influence des mœurs maritimes ; si les filles et les femmes de matelots ont un vernis marin qui les distingue particulièrement, ce n'est pas à l'exclusion des autres habitants. Les termes de marine sont usuels dans les villes du littoral, les nouvelles du port n'y sont étrangères à personne, les armements de toute nature intéressent chacun, ou par des causes commerciales, ou par suite de liens de famille, ou au moins par curiosité ; mais les classes pauvres sont celles qui tiennent par le plus de points à ce qui est relatif à la mer.

Les succès de la pêche, le retour des marins, les grands travaux de digues et de curage sont pour elles

des sources de bien-être immédiat. C'est sur elles que
se répandent les gains des pêcheurs, des mate lots
et des ouvriers; il y va donc de leur bonheur que
les choses de la navigation soient dans un état florissant. Quand le mouvement se ralentit, quand il n'y
a plus d'arrivages, de chargements ni de décharge-
ments, la misère augmente dans une affreuse progression. Les constructions des navires sont aussi
d'un grand secours : il faut des bras pour aller chercher les matériaux, il faut des manœuvres de toute
espèce, l'ouvrier proprement dit n'est pas seul à en
profiter.

L'ouvrier des ports fait d'autant plus partie des gens
de mer, qu'il est souvent sujet à la loi de l'inscription
maritime ; mais son allure est bien moins pittoresque
que celle du matelot ; sa vie est loin d'être accidentée
de la même manière, il tient par trop d'endroits à la
terre ferme, et, comme les tritons de la fable, il n'est
marin qu'à moitié.

Chaque métier a des usages différents ; il est à
remarquer que les gens d'une profession sont rangés
et se rendent régulièrement aux chantiers, tandis
que ceux d'une autre se hâtent de boire leur solde
dès qu'ils la reçoivent, et sont loin d'arriver au
travail avec la même exactitude. Au Havre, presque
tous les *perceurs* ont des livrets à la caisse d'épargne,
à peine en est-il de même de quatre ou cinq *calfats*.
Les charpentiers, les forgerons, les voiliers, les

cordiers ont entre eux peu de ressemblance; mais plus un état met ces hommes en contact avec les matelots, plus ils s'en rapprochent par les mœurs et les manières.

Les charpentiers naviguent souvent. Un matelot charpentier est fort estimé au commerce, tout bâtiment au long cours en a au moins un, pompeusement décoré du titre de *maître charpentier-calfat*, car il cumule de nom comme de fait, mais plus encore de fait que de nom. Il est toujours à l'œuvre, n'abandonne la scie ou le rabot que pour le maillet-chanteur, ou le guipon; dès qu'il a fini de réparer une avarie de la mâture, des embarcations ou de la coque, il *aveugle* une couture, enduit quelque soute de brai, cloue de la basane ou des prélarts, (c'est-à-dire de la grosse toile peinte) jusque dans les coins les plus immondes; ou encore il garnit et graisse les pompes, car, bien entendu, il est en outre maître-pompier. Chaque jour lui amène de nouvelles occupations; le vent, la mer ou le temps rongeur ne le laissent jamais chaumer, et pourtant ces nombreux travaux ne le dispensent d'aucune des fatigues de l'équipage. Au large, il se hâte d'abandonner l'ouvrage commencé pour monter à son poste sur la vergue; il reprendra ses outils en descendant. En rade, donne-t-on l'ordre d'armer un canot, il se dépouille de son épaisse vareuse grise et goudronnée, remplace par une coiffure moins sale son vieux

chapeau ciré couvert de suif, trempe les mains dans
la mer, et le voici qui saisit un aviron. Au retour, il
revêt de nouveau son costume d'ouvrier, et le voilà
sifflant gaiement un air de compagnonage, tout en
jouant de la tarière ou du marteau. Si le matelot charpentier prend part à tout, il sait aussi se faire aider
par tous ; il ne tient qu'à lui d'avoir autant d'apprentis qu'il y a de jeunes marins à bord, car chacun lui
porte envie : il a la plus haute paie après le maître
d'équipage, et c'est une belle perspective pour bien
des *novices* que la position de charpentier-calfat.

Lors de son embarquement, il a accepté cette qualification, qui est exacte, mais n'oublions pas qu'il est
charpentier; s'il exerce le calfatage, c'est par occasion:
il se fait gloire de n'avoir jamais appris par principes
cette dernière profession, et se moque tout le premier
du *calfat spécial*, dont il n'a, du reste, ni l'amour-
propre, ni l'ivrognerie, ni la froide impassibilité. Le
charpentier est, en général, sobre, économe, et il se
marie de bonne heure; mais il est toujours raisonneur,
et parfois insolent, ce qui n'arrive jamais au calfat.

Celui-ci, fier d'une profession qui l'assourdit et le
crétinise dès l'enfance, si infatué qu'il soit de ses
travaux bruyants et malpropres, est doux, subordon-
né, complaisant et non moins intrépide que les autres
gens de mer. Le calfat ne navigue pas sur les bâtiments de commerce, mais sur les vaisseaux de l'Etat.
L'on sait alors quels dangers il affronte pour aller, de
gros temps, suspendu à une corde, combattre la mer

corps à corps, et boucher une voie d'eau sous le flanc
du navire. On le voit pendant une action *s'affaler* au
dehors, et là, indifférent à la grêle des balles et de la
mitraille, travailler avec le même calme que dans un
chantier, à tamponner le trou d'un boulet ennemi.

Les forgerons n'embarquaient autrefois qu'à bord
des baleiniers où leur office est indispensable pour
les chaudières, les lances et les harpons; mais la navigation à vapeur a rendu cette profession beaucoup
plus maritime ; un grand nombre de forgerons s'engagent comme chauffeurs, car le chauffeur doit être
ouvrier en fer (1).

Les voiliers sont infiniment rares à bord des navires
marchands,—ils n'en doivent pas moins être classés
dans la population maritime à côté des cordiers, des
perceurs, des peintres, des sculpteurs et de tant d'autres qui, ne naviguant pas, travaillent constamment
pour la marine.

Reste à parler des ouvriers des arsenaux, c'est-à-
dire de la variété la moins digne de faire partie des
gens de mer.

La misère, l'ignorance et les tentations les entraînent souvent à commettre des vols dans le port ;
l'esprit de pillage est leur maladie chronique : leurs
demeures ne sont meublées que d'ustensiles dérobés,

(1) Voir au volume LES MARINS, les articles des *maîtres de
profession, calfat, voilier, armurier-forgeron*, ceux du *maître
mécanicien*, des *chauffeurs*, etc.

ils n'y plantent pas un clou qui n'ait été emporté de leur atelier. Ils recèlent et vendent tout ce qu'ils peuvent soustraire.

Ils sont assujettis cependant à une sévère discipline ; la moindre infraction les fait impitoyablement chasser ; ils sont soumis à des fouilles chaque fois qu'ils sortent : toutes les précautions sont impuissantes. Ils ont une habitude de la fraude qui met la surveillance en défaut, et s'exposent ainsi à perdre leur gagne-pain pour des larcins minimes, mais dont la répétition journalière donne annuellement lieu à d'énormes déficits. Et pourtant, une fois expulsés, ils ne peuvent rentrer dans l'arsenal ; leurs emplois sont fort recherchés, et l'on trouve toujours plus de sujets qu'il n'en faut pour les besoins ordinaires du service.

Durant de longues années, l'un des grands vices de nos ports de guerre, a été l'emploi des forçats concurremment avec les ouvriers.

Ces derniers s'habituaient au spectacle du crime et se familiarisaient avec la perspective du bagne, comme le confirme l'odieuse dénomination d'*ouvriers libres*, adoptée par le bas peuple pour les désigner. Cette expression semble établir un parallèle entre eux et les galériens, à qui l'on donnait par euphémisme le nom trop doux de *compagnons*.

En créant des écoles élémentaires pour les enfants, l'on a espéré combattre en eux de mauvais penchants enracinés dans leur caste ; on a mieux fait en supprimant avec les bagnes un contact qui faisait

2*

obstacle aux progrès de la moralité des ouvriers. A peine si ceux des arsenaux considéraient leur délit comme un mal. La plupart n'y voient encore qu'une sorte de contrebande, et certes il en est beaucoup qui ne déroberaient pas une épingle en ville, et ne se font aucun scrupule d'emporter des outils, des morceaux de cuivre, des serrures, de la corde et du bois travaillé.

Autrefois on leur accordait une heure pour aller dîner chez eux au milieu de la journée, on l'a supprimée pour diminuer l'action du vol qui se renouvelait alors deux fois par jour. Désormais ils restent dans l'arsenal, où leurs femmes viennent à midi leur porter à manger. et quoiqu'on ne laisse pénétrer ces dernières que de quelques pas dans l'enceinte du port, beaucoup de matériel disparaît encore par leur entremise.

L'on en prit une emportant une cloche de quinze kilogrammes sous ses vêtements ; elle fut découverte à cause de sa démarche extraordinaire, mais n'avoua pas comment elle avait pu se procurer un objet si volumineux en quelques instants d'apparition dans l'arsenal. La classe entière est ainsi dégradée par une ignorance profonde et un esprit de rapine toujours en activité.

Il est toutefois des ateliers qui font exception, et dont les ouvriers possèdent non-seulement des idées bien arrêtées sur leurs devoirs, mais encore une instruction assez étendue : ainsi l'artillerie, les boussoles, la sculpture, les modèles, occupent des hommes fort au-dessus de la masse, et quelquefois très-distingués sous tous les rapports.

Enfin, beaucoup de vieux matelots, sous le nom de *gabiers volants*, sont compris dans la catégorie des ouvriers : ils sont employés à bord des navires en commission, aident aux travaux d'armement, ou confectionnent le gréement dans les magasins de la garniture. Ceux-là ne perdent point leur caractère primitif, ils restent ce qu'ils ont toujours été depuis leur temps de mousse.

Les divers individus du grand tout maritime peuvent ainsi changer de rôle entre eux ; l'ouvrier embarqué passe pour matelot, l'ancien matelot se trouve classé parmi les ouvriers. Les populations du littoral vivent les unes par les autres ; elles sont liées de mille manières, aussi n'est-il pas d'expression plus juste que celle de *gens de mer*, commune à tous, et nécessairement créée par la nature de leurs relations réciproques.

La mer les a faites ce qu'elles sont, elles n'existent que par la mer et pour la mer ; enfin, c'est au milieu d'elles que naissent, se forment, se recrutent, se développent, agissent, travaillent, vivent et meurent les marins.

II.

PÊCHES ET PÊCHEURS.

———

INTÉRÊTS OPPOSÉS.

Encourager les populations riveraines qui vivent des produits de la mer, laisser à leur industrie toutes les libertés nécessaires, leur fournir les moyens d'en retirer sinon tout le bien-être désirable au moins une existence laborieusement assurée, voilà qui paraît être un devoir étroit. Et pourtant, ne faut-il pas craindre qu'usant trop largement des libertés qu'elles réclament, ces populations ne tarissent la source de leur propre industrie et qu'elles ne détruisent en germe le poisson qui finirait ainsi par nous manquer à tous.

En fait de pêche, comme presque partout ailleurs, l'intérêt immédiat, l'intérêt local et présent est donc en opposition avec l'intérêt à venir et l'intérêt général. Le législateur qui essaie de les concilier se voit en présence d'embarras inextricables. D'une part, il voudrait donner pleine satisfaction au premier qui est pressant, impérieux, mais fatalement imprévoyant; — d'autre part, il sait qu'envers et contre les plaintes trop souvent navrantes des populations qui pâtissent, il doit se faire prévoyant, c'est-à-dire sévère, inflexible, impitoyable parfois.

Les hommes de tous les temps et de toutes les classes sont enclins à faire abus des biens de la nature ou, selon la locution vulgaire, à faucher leur blé en herbe. Les générations présentes ruinent celles qui leur succèderont. Les déboisements et défrichements apauvrissent le sol; les entrailles de la terre sont fouillées avec acharnement; pour satisfaire à nos appétits d'un jour nous réduisons en cendres ou en poussière les œuvres des siècles, bois, rochers, charbons, minerais; la chasse immodérée rend le gibier de plus en plus rare; les excès de la pêche menacent les poissonniers et les consommateurs.

En Bretagne; il n'y a pas plus de quatre-vingts ans, les domestiques — tout comme ceux d'Écosse, — exigeaient, en entrant en condition, qu'on ne leur ferait pas manger du saumon plus de trois fois par semaine. Aujourd'hui, le saumon est un poisson de luxe, qu'on vend par tranches au détail, et, comme le dit spirituellement l'auteur des *Études sur la Pêche en France* (1), si ces domestiques élevaient

(1) *Revue maritime et coloniale*, t. V., p. 788.

la prétention d'en manger trois fois par an , on trouverait leur demande exagérée. Vers 1780 , à Cha-
teaulin seulement on pêchait annuellement jusqu'à
quatre mille saumons ; la rade de Brest en fourmillait,
et l'on voit cependant que l'extrême facilité de la
pêche de ce poisson qui remonte les rivières pour y
déposer ses œufs , en a promptement raréfié l'espèce.

Le turbot, la sole , le loup , le homard , l'huître ,
la chevrette , sont dans le même cas.

L'esturgeon qu'au siècle dernier on pêchait aux
embouchures de la Gironde , de la Charente , de la
Loire et sur les côtes de Normandie , a complètement
disparu de nos mers riveraines.

La morue elle-même , malgré ses millions d'œufs,
commencerait à être beaucoup moins abondante.

La diminution des produits de la pêche émeut à
bon droit l'économiste. Il demande que des restrictions prudentes soient apportées à l'industrie des
pêcheurs et qu'en même temps par de savants moyens
artificiels on favorise et facilite la multiplication des
espèces. D'une part, on réglemente, non sans troubler la dure existence des gens de mer, — d'autre
part , on expérimente avec une persévérance digne
d'éloges , mais qui est loin d'être toujours couronnée
de succès.

Les efforts de la science moderne pour l'empois-
sonnement ne peuvent manquer d'amener tôt ou tard
des résultats heureux; — cependant, le pêcheur

souffre, car on lui interdit tels lieux réservés, telles époques déterminées, et enfin ceux des engins qui rendent le plus certaine la capture du poisson. Les prohibitions sont généralement très-sages; l'administration supérieure de la marine étudie la question avec un soin paternel, elle s'ingénie sans relâche à mettre d'accord les intérêts contradictoires, elle concourt aux recherches scientifiques ; mais les tâtonnements sont dispendieux, les essais trop souvent stériles, les progrès de la pisciculture lents, les véritables découvertes rares, les espérances trompeuses, les déceptions fréquentes. Les plus belles théories s'écroulent devant la mise en pratique, et enfin le problème se complique, car la rapidité des nouvelles voies de communication ouvre incessamment de plus nombreux débouchés.

Pour répondre aux besoins croissants du public et du commerce, il faudrait pouvoir tripler sur notre littoral les pêches et les pêcheurs ; — pour compenser efficacement les excès d'une exploitation imprévoyante, il faudrait pouvoir durant plusieurs années défendre complètement la pêche de certaines espèces devenues de plus en plus rares, comme le saumon dont nous venons de citer l'exemple.

Tel est le cercle vicieux dans lequel on se voit douloureusement enfermé dès que l'on examine une question qui touche de si près à l'existence matérielle de notre intéressante population maritime. De tous côtés on aperçoit des maux ; à peine entrevoit-on les remèdes. Ceux-ci existent pourtant, les découvrirons-nous, les appliquerons-nous assez vite ? Si nos connaissances étaient moins bornées, la législation résoudrait infailliblement le complexe problême, car la nature a doué la majeure partie des poissons d'une fécondité tellement prodigieuse qu'un très-petit nombre d'individus suffisent pour leur multiplication. Le hareng, la sardine, le maquereau et par dessus tous la prolifique morue semblent à jamais indestructibles.

Ainsi la pêche la plus active est conforme aux lois naturelles dès qu'il s'agit de ces poissons dont les œufs et le frai peuvent, presque impunément, n'être point ménagés et servir d'appas pour la capture des autres espèces, — quand au contraire celles dont la semence est moins abondante ou la gestation très-lente devraient être respectées pour qu'elles ne risquassent point de disparaître.

La baleine qui porte neuf à dix mois un seul baleineau, rarement deux, est ainsi menacée de destruction. Le cachalot, le phoque, le morse courent le même péril. Et des conventions internationales étant nécessaires pour les protéger, il est fort à craindre que leurs races ne survivent point à nos poursuites acharnées.

« La faculté de pêcher appartient de droit naturel à tous les hommes ; mais la loi en a réglé l'exercice sous le rapport de la police et sous celui du droit de propriété.

« La police que la loi exerce sur la taculté de pê-cher, a pour but la conservation des espèces, en mettant un frein à la cupidité des pêcheurs. »

Ainsi s'exprime le légiste ; et cependant l'infortuné marin qui ne gagne à ses dangereux travaux de jour et de nuit, qu'un salaire médiocre, maudit les restrictions qui l'entravent et les pénalités qui le frappent s'il ose enfreindre les règlements.

L'on entend par *pêches maritimes* celles qui se font à la mer, sur ses côtes et jusqu'au lieu où l'eau des fleuves cesse d'être salée.

Elles se subdivisent en pêches faites *sur le rivage* avec ou sans bateaux, — en *petite pêche* pratiquée à peu de distance des terres et n'éloignant le pêcheur de sa famille que pour quelques heures, quelques jours au plus, — et enfin en *grande pêche* exigeant une navigation de cabotage ou de long-cours, comme la pêche de la baleine, celle de la morue et celle du corail.

Pêches riveraines.

Les produits de la mer fournissent aux habitants du littoral des ressources variées dont les plus considérables sont les coquillages, les crustacés, les algues marines et le poisson pris dans les eaux du rivage.

Le long des grèves, parmi les rochers, à marée basse surtout, hommes, femmes, enfants se livrent à la recherche des coquillages, moules, pétoncles, huîtres et palourdes. Les jambes nues, dans un accoutrement parfois très-pittoresque, ils courent à travers sables et graviers, fouillant les herbes marines, soulevant les pierres, chargeant leurs mannes de tout ce qu'ils trouvent. Ils prennent les crabes et les autres crustacés cachés dans les galets, et jusqu'à certains poissons qui s'enfouissent dans l'arène humide. Pour cette récolte, pleine liberté est laissée aux maréyeurs; ils usent d'un droit naturel que les ordonnances ont consacré en s'opposant à toute concession de privilége.

La pêche des moules gaiement célébrée par une des chansons populaires de l'Aunis, et celle des huîtres éparses sur le rivage ne sont l'objet d'aucune règle de police.

Il en est autrement des bancs d'huîtres et des moulières que couvre la mer. Une série de dispositions minutieuses restreint à leur égard la liberté du pêcheur.

Pour la pêche des moules qui ne découvrent point à mer basse, on ne doit employer d'autres instruments que des rateaux de bois garnis de dents de fer distantes les unes des autres de deux centimètres et demi. Quant à celles des moulières qui découvrent de basse mer, on ne peut se servir que de couteaux;

les pêcheurs sont tenus d'être nus pieds afin que leurs sabots ne brisent pas les coquilles ; les petites moules doivent être laissées sur les bancs, enfin il est sévèrement interdit d'arracher par grosses poignées les moules ni leur frai, et à plus forte raison de racler les fonds des moulières avec aucun genre d'instrument.

La pêche des huîtres sur les bancs est l'objet de nombreux règlements spéciaux dont l'observation exige une stricte surveillance.

Les dimensions des engins employés à pêcher les crabes, homards et langoustes sont rigoureusement déterminées.

La chevrette, dont les noms varient selon les points du littoral : grenade, crevette, salicot, sauterelle de mer, etc. ne peut être, prise au filet qu'avec des instruments dont l'usage même n'est licite qu'à certaines époques.

Une législation complète réglemente la pêche du varech, la permet ou l'interdit suivant les lieux ou les saisons. Il faut respecter le temps du frai que les poissons déposent sous le goëmon ou bizin ; il faut respecter l'abri que cette herbe donne aux petits poissons ; sans quoi la coupe des algues deviendrait la destruction du droit commun de la pêche.

D'après les vieilles coutumes de la mer, *varech* (*choses du flot, choses gayves*) serait synonyme et devrait s'entendre de « toutes choses qui, ayant eu

maistre, sont jetées et poussées à terre par tourmente
ou fortune de mer; » — mais aujourd'hui varech ne
signifie guère que goëmon, algues marines, *fucus*,
plante qui donne la soude et fournit un précieux engrais aux cultivateurs du littoral.

La récolte du sart, varech ou goëmon, doit se faire
par coupe, et non en arrachant la plante. L'ordonnance de 1731 a soin d'expliquer que cette coupe
aura lieu à la main, avec couteau ou faucille, et
prononce une amende de 300 livres contre ceux qui
couperaient d'une autre manière, avec des rateaux
ou des instruments qui puissent déraciner les algues.
Aussi la récolte est-elle surveillée de jour et défendue
la nuit, de crainte qu'on ne contrevienne à cette disposition essentielle.

La coupe du varech appartient exclusivement aux
habitants de la commune riveraine; par suite, il
n'est pas permis d'en outrepasser les limites et d'aller
récolter sur la commune voisine. Tous les habitants,
même étrangers et non naturalisés Français, y ont
un droit égal. Dans le Finistère, pourtant, il est
d'usage de donner aux pauvres le privilége du premier jour de la coupe, — usage qui serait dû, dit
Beaussant dans son *Code maritime* (1), aux curés
des paroisses maritimes de ce département.

Le premier jour s'appelle le *jour du pauvre;* dès

_____

(1) Tome 1, § 560.

le matin, le prêtre se rend à la grève, et si quelque habitant aisé se présente :

— Laissez les pauvres gens ramasser leur pain, lui dit-il.

L'influence bienfaisante du curé ne trouve guère de rebelles. C'est ainsi que se perpétue l'antique coutume bretonne.

En certaines paroisses, dont la population a des mœurs plus fraternelles encore, le jour du pauvre n'est pas le premier seulement; chacun des habitants envoie à la grève, et paie, s'il le faut, des journaliers des communes voisines; le goëmon, récolté en commun, est partagé ensuite par feux et par têtes entre tous les ayant-droit. Faut-il ajouter que la part du pauvre est toujours la plus forte, et que des familles entières vivent de la vente de leur part aux cultivateurs et propriétaires du canton?

La récolte du bizin commence généralement dans cette partie de notre littoral le jour de la Chandeleur ou le lendemain, c'est-à-dire le 2 ou 3 février. Alors on voit se diriger vers les bords de la mer des bandes de journaliers, de femmes et d'enfants qui se répandent sur les rochers et travaillent à l'envi. C'est un rude labeur auquel la population riveraine se livre avec son intrépidité habituelle. — Femmes, enfants, pauvres pêcheurs, exposés à toutes les intempéries de la mauvaise saison, se cramponnent sur les rochers glissants, se hasardent sur un sol mouvant qui se dérobe trop fréquemment sous leurs pieds, ou se risquent enfin, à défaut de meilleurs moyens de transport, sur de misérables radeaux de branches. Les rochers escarpés, les îlots déserts sont envahis par la multitude. Les radeaux soutenus à flot par quelques barriques vides, sont trop souvent chargés outre mesure; et parfois au milieu des cris de joie, des chants, des gais Noëls, tout-à-coup une des montagnes de varech flottant qui s'affaisse, coule, entraînant une famille entière.

— Il y a une famille de noyée!... dit-on à bord des autres radeaux.

Les fronts se découvrent, les femmes se mettent à genoux, l'on récite la prière des morts, et le convoi poursuit sa route; car il est ordinairement impossible de porter le moindre secours aux naufragés.

L'imprévoyance et la témérité ajoutent ainsi aux périls déjà si nombreux de la pêche dans des parages où le flux et le reflux de la mer sont excessifs et causent en tous temps d'horribles catastrophes.

Qu'est-ce donc si tout-à-coup une tempête se déclare, si la marée, grossie par les vents, devance l'heure, si les courants deviennent plus rapides, si les lames brisent avec fureur, si les flots se soulèvent et balaient le rivage au moment où les radeaux sont chargés ou lorsque la population est dispersée sur les galets, dans les îlots, à plusieurs milles au large!...

On a vu d'infortunés maréyeurs bloqués ainsi dans des langues de terre où ils devaient inévitablement périr de faim, de froid ou couverts par les vagues. Dans la nouvelle *le Curé de Tréven*, nous avons cité un exemple mémorable de cette dramatique situation. Sans l'héroïsme évangélique du digne pasteur, toutes les familles de sa paroisse auraient été en deuil, quelques-unes auraient entièrement péri. Le vieux prêtre se fit sauveteur. A force de larmes, il décide quelques marins à lui confier une barque et à le suivre, tente vainement à plusieurs reprises d'atteindre l'îlot où se meurent une soixantaine de ses enfants, court d'effroyables dangers, revient à la charge avec une constance sublime et réussit enfin presque miraculeusement (1).

Si le modeste pêcheur à la ligne perché sur un rocher ou assis dans son batelet n'a guère à craindre que sa quiétude soit troublée, — s'il est permis de pêcher sur le rivage de jour et de nuit, même avec des lanternes, ce qui n'est pas toujours sans inconvénients, — les restrictions prohibitives reparaissent dès que l'on fait usage de rets, de filets traînants, de herses ou de rateaux.

L'ordonnance de 1727 portait défense à toutes per-

(1) Voir *les Nouveaux Quarts de nuit*, récits maritimes.

sonnes de faire à basse eau, soit à pied, soit à cheval, la pêche avec des instruments qui pussent gratter ou fouiller les fonds, sous peine de confiscation et de cent livres d'amende, convertie pour la récidive en trois ans de galères. Dès lors, pour conserver le poisson, la législation s'arma donc de terribles rigueurs, et si elle s'est adoucie à certains égards, c'est une raison de redoubler de vigilance, puisque la diminution des produits est de jour en jour plus sensible.

Soumis à des lois menaçantes, assujetti, dès qu'il fait usage de bateau, à l'inscription maritime, rançonné par les spéculateurs, chargé presque toujours d'une famille nombreuse, le pêcheur mène une des plus dures existences qui soient sous le ciel. Lors même qu'il ne s'éloigne pas du rivage, il court tous les dangers de la mer. Rien de plus incertain que son labeur ; que de fois il peut, comme l'apôtre, s'écrier au matin :

— Nous avons travaillé toute la nuit sans rien prendre !

Mais à cette plainte le Divin Maître ne renouvelle point pour lui la pêche miraculeuse si curieusement commentée par Saint Jérôme d'après qui le filet se chargea de poissons de toutes les espèces au nombre, dit-il, de cent cinquante-trois.

Les naturalistes sont loin d'être d'accord avec le commentateur de l'Evangile et des prophéties d'Ézé-

3*

chiel où, par parenthèse, au chapitre XLVII, l'on ne voit qu'une chose, passablement connue d'ailleurs, c'est qu'il y a beaucoup d'espèces différentes de poissons. Cuvier nous enseigne qu'on en a jusqu'à présent étudié six mille. Au verset 11 de son chapitre XXI, Saint-Jean dit bien que cent cinquante-trois gros poissons furent pris., mais pourquoi chacun d'eux aurait-il été l'échantillon d'une famille? Le père Georges Fournier, en son *Hydrographie*, omet de nous l'apprendre.

Nos pêcheurs s'en soucient assez peu : à chaque jour, à chaque nuit, suffit sa peine. Trop heureux si les bouts de l'année se nouent tant bien que mal, si la barque n'est pas défoncée sur les galets, si les filets résistent aux mauvais temps, aux courants, aux rencontres fâcheuses! Trop heureuses les familles qui retirent une maigre pitance d'un travail qui nous procure, à nous citadins et gourmets, l'un des plus succulents luxes de table.

La joyeuse barcarole n'est, hélas, qu'un chant rauque, un excitant qui complètera les effets d'une grossière eau-de vie. C'est pitié de voir sous l'âpre brise, à travers les brouillards, sur les sables gluants, sur les rochers fangeux, pêcheurs et pêcheuses en haillons, vieillards et jeunes filles, hommes et enfants, boire des liqueurs fortes, se prendre par les mains et danser pieds nus afin de se réchauffer avant de monter dans leurs misérables barques!

c'est pitié d'entrer dans leurs cases où les engins et
les détritus de pêche répandent une odeur nauséa-
bonde et d'assister à ces misères dont la terre n'a-
brite que la moindre part!...

Mais nous nous lamentons de ce que le turbot est
trop cher !

Et les huîtres, par quelle calamité sont-elles hors
de prix !

PÊCHE DES HUÎTRES.

Six heures du soir vont sonner, les estomacs bien
portants s'en réjouissent. Un fumet appétissant sort
de l'officine des restaurateurs dignes d'un tel nom ;
à chaque étage, dans chaque maison, le couvert
est mis ; les chefs ou les cuisinières sont en émoi,
les réchauds se garnissent, le potage bouillonne en
frémissant ; tous les appareils culinaires fonctionnent
avec une activité philanthropique. — Autrefois on
soupait, ce qui avait bien son mérite ; aujourd'hui
l'on dîne, ce qui n'est pas sans charmes.

Les Chambres législatives sont désertes ; le temple
de Plutus, vulgairement la Bourse, se dépeuple ;
déjà depuis une heure, bureaux, études, cabinets,
tristes domaines de l'ennui, sont fermés ; l'artiste
essuie ses brosses et le journaliste sa plume d'oie ou
de fer. Ministres, députés, juges, légistes, savants,

et tant d'autres respirent enfin... La nomenclature serait sans terme, et Rabelais nous rendrait les armes, si nous passions en revue tous les esclaves qu'affranchit l'heure fortunée de se mettre à table.

Fortunés entre tous, ceux qui peuvent dire alors avec le tyran de Thèbes : « A demain les affaires sérieuses! » Mille fois dignes d'envie ceux qu'attend un repas ordonné suivant les règles de l'art, et dont l'huître apéritive stimulera les sens gastronomiques!

L'huître, en effet, a des vertus qu'on nous permettra d'énumérer. Si la lyre d'Anacréon était à notre service, nous lui consacrerions un poëme en quatre chants, nous la célébrerions en vers ïambiques. Mais, hélas! prosaïque amateur que nous sommes, force nous est de renoncer au langage des dieux et de nous contenter de celui du bon M. Jourdain. Nous ne marcherons pas sur les brisées d'Horace, qui célébra les huîtres de Circé, — *irritamentum gulœ*, comme a dit Tite-Live. — Nul ne contestera cette qualification latine.

L'huître est bien le stimulant de l'appétit. Elle ouvre les voies sans les encombrer ; elle flatte le goût et ne rassasie point. Faut-il ajouter scientifiquement qu'elle partage avec les vins légers des qualités diurétiques fort estimables? Qui parle d'huîtres a nommé le Grave et le Sauterne!

M. Flourens a déclaré que l'huître ne mérite pas d'être classée, dans l'échelle de la création, aussi bas qu'on l'admet généralement ; il l'a réhabilitée devant la science en s'écriant : — L'huître ! cet animal chez qui l'organe des passions est si largement développé , l'huître ! etc...

On a constaté par des chiffres que les populations dont les coquillages et les huîtres en particulier sont la nourriture habituelle , fournissent au service de la patrie un nombre de conscrits allant rapidement en progression d'année en année. — Mais qu'importe ! On s'inquiète peu des mérites du prince des testacés ; l'on ignore comment il vit, comment il se multiplie , comment il s'améliore. Les mots parcs aux huîtres et pêche aux huîtres sont des mots vides de sens. On ne connaît l'huître qu'ouverte par l'écaillère ; on l'avale et voilà tout.

La nature a fait de l'huître un coquillage privé de la faculté locomotive ; elle lui accorde sans doute des compensations inconnues au plus grand nombre des humains , — soit dit sans allusions aux ennemis du progrès.

On connaît la configuration de l'huître. Sa partie ou valve inférieure est immobile et sert de point d'attache ou de résistance ; la valve supérieure a seule un certain mouvement. Par l'effet d'un muscle tendineux faisant fonction de charnière, l'huître s'ouvre pour respirer , et prend alors, par ses suçoirs, l'eau et les aliments qui lui sont nécessaires. On dit qu'elle se nourrit de sucs de plantes marines , d'animalcules et de limon. Un fait constant, c'est qu'aux mois de mai, juin, juillet et août, les huîtres jettent leur *frai*, substance laiteuse de figure lenticulaire, dans laquelle on aperçoit, avec un bon microscope, une infinité d'œufs, et, dans ces œufs, de petites huîtres déjà toutes formées. Ces dernières se fixent sur des rochers, des pierres, de vieilles écailles ; elles grossissent les bancs naturellement composés de leurs vénérables aïeules :

> Petit poisson deviendra grand,
> Pourvu que Dieu lui prête vie

Après avoir frayé, les huîtres sont maigres, malades et même malsaines, au dire de quelques auteurs, démentis par de voraces et courageux ostréophiles : toutefois, les véritables amateurs s'en abstiennent jusqu'au 1er septembre. Du reste, la pêche est défendue sur les côtes de France durant les quatre mois du frai ; elle doit cesser entièrement le 30 avril. Les huîtres qu'on trouve dans le commerce après cette époque sont de contrebande.

Aucune partie de notre littoral ne recèle de couches d'huîtres aussi épaisses que la baie de Cancale, située entre ce port, le Mont Saint-Michel et Granville. C'est là que nous nous transporterons pour assister aux travaux des populations riveraines.

Le temps est favorable, une jolie brise fait clapoter la mer, des bateaux non pontés, de dix à vingt tonneaux, montés chacun par deux ou trois hommes, sortent des criques du voisinage. Ils se dirigent sur les bancs d'huîtres qui recouvrent le sol à une grande distance en tous sens. L'horizon est chargé à perte de vue de voiles où le soleil se reflète, un spectacle mobile et pittoresque anime la baie ; au large, ce sont encore des barques orientées sous toutes les allures. Mille bruyantes clameurs retentissent ; hommes, femmes, enfants, se pressent à l'envi dans des canots plus petits qui passent entre les grandes embarcations ; celles-ci dérivent en traînant par le fond leurs *dragues*, dont il faut maintenant donner une description précise.

La drague est un instrument en fer d'environ deux mètres de long sur soixante-cinq centimètres de hauteur ; sa forme est celle d'un châssis sur lequel est fixé une sorte de filet fabriqué en mailles de fer. Les pêcheurs, arrivés au lieu convenable, orientent leur barque de manière que sous l'effort du vent ou du courant elle glisse parallèlement à elle-même. Alors on mouille la drague retenue à bord par un bout de corde. L'instrument qui racle le banc d'huîtres détache et reçoit dans son filet tout ce qui n'est pas trop adhérent ; au bout de quelques instants, les pêcheurs hissent la drague, en vident la poche et la mouillent de nouveau.

Chaque bateau est muni de deux dragues plus ou moins lourdes suivant la nature du fond et la résistance à vaincre.

Dans l'enfance de l'art, on employait pour la pêche de longs râteaux de fer à dents recourbées au moyen desquels les pêcheurs ramenaient les huîtres arrachées à la surface du banc; mais cette méthode, qui ne peut être pratiquée hors des fonds de peu de profondeur, est totalement abandonnée par les riverains de la Manche; elle n'est plus en usage, sur le reste de notre littoral, que dans quelques criques où les huîtres ne sont point la base de l'industrie maritime du pays.

Ajouterons-nous qu'à Mahon, dans la Méditerranée, la pêche des huîtres est faite par des plongeurs qui exposent leur vie pour les détacher des roches sous-marines?

Parlerons-nous des huîtres à perles, objet de travaux non moins périlleux? Mais cette seconde pêche ne peut être légèrement traitée *au point de vue* gastronomique, comme diraient nos hommes d'État qui usent et abusent des *points de vue*, surtout quand ils sont *sérieux*.

Or, rien de plus sérieux qu'un bon plat d'huîtres; le sage Montaigne devait penser ainsi, quand il disait : « Être sujet à la colique ou se priver de manger des huîtres, ce sont deux maux pour un; puisqu'il faut choisir entre les deux, hasardons quelque chose à la suite du plaisir. »

Plaçons-nous sur la jetée de Cancale, où les bateaux pêcheurs accostent pour se décharger ; voici que, les voiles amenées ou au sec, ils s'échouent, suivant l'heure de la marée, de manière à être le plus près du bord ; les mannes ou paniers sont remplis et portés à terre ; les femmes et les enfants prennent part à ce travail, car toute la population vit de la pêche et par la pêche. Voici déjà sur le haut de la digue une voiture prête à partir pleine de bourriches et de marée.

Mais c'est là, il faut le dire, une sorte d'exception : l'huître de luxe ne nous arrive pas directement du banc où elle s'est développée. Avant de paraître sur nos tables, elle doit séjourner dans des fosses d'environ quatre pieds de profondeur, réservoirs nommés *parcs*, où elle acquiert une saveur nouvelle. Et qu'on n'aille pas croire que les bateaux de pêche se déchargent simplement dans les parcs. La drague a ramené du fond mille matières hétérogènes, des substances étrangères, des coquilles brisées, ou encore des testacés informes et vicieux peu dignes des soins assidus dont les huîtres de choix seront l'objet. Aussi, voyez sur la grève ces femmes et ces enfants occupés maintenant à séparer l'ivraie du bon grain, à choisir les élues, à *trier les huîtres*, pour être technique.

Les mannes dans lesquelles on porte les produits sont vidées ; on visite les huîtres une à une, et l'on

n'admet aux honneurs et priviléges du parcage que
des bivalves irréprochables.

Les bateaux de Granville, de Cancale et des petits
ports avoisinants ne s'occupent guère que de la
pêche; d'autres bâtiments de vingt à quarante tonneaux font le transport des huîtres, dont la plus
grande quantité est parquée ensuite à Saint-Vaast,
sortes d'entrepôt d'où on les dirige plus tard sur de
nouveaux parcs.

On sait déjà que les fosses à huîtres sont creusées
le long du rivage; tout parc doit avoir une certaine
inclinaison vers la mer, qui l'alimente d'eau. Les
huîtres y sont placées de manière à n'être exposées
ni au contact de l'air ni à celui de la vase. L'emplacement d'un parc doit être choisi avec beaucoup de
discernement; il ne faut pas que l'eau douce puisse
l'envahir, ni même y pénétrer en trop grande abondance, car il est désormais avéré que la pluie est
nuisible aux huîtres. Les grands froids et la neige
leur sont funestes; la gelée les fait périr en peu de
temps.

Aussi l'entretien des huîtres dans les parcs a donné
naissance à une industrie particulière; après le pêcheur qui les arrache de leurs bancs, et le marin
qui les transporte à terre, vient l'*amareilleur*,
l'homme qui soigne l'huître parquée, et dont les
travaux ont pour but l'amélioration de l'estimable
testacé qui nous occupe.

Les amareilleurs rangent d'abord les huîtres dans les parcs, mais cela ne suffit point ; pendant les premiers temps qui suivent la pêche, ils les retirent de l'eau, tous les trois ou quatre jours, à l'aide de râteaux de fer. Un triage de détail a lieu chaque fois ; les huîtres mortes sont rejetées et les autres replacées dans les fosses. Il arrive même qu'on se voit obligé de les changer toutes de réservoir pour les préserver de quelque influence délétère connue ou inconnue. L'huître parquée est d'une santé fort délicate ; ce n'est pas sans danger qu'elle passe de la vie sauvage des bancs à l'existence domestique. Mais aussi quelle fraîcheur rondelette, quel embonpoint exquis, quelle attrayante physionomie ne lui donnent point les soins de l'amareilleur !

Les huîtres qui ont séjourné à Saint-Vaast ne nécessitent pas tant de précautions, car elles ont déjà subi un parcage. En général, on garnit un parc six fois par an, trois fois au printemps et trois fois en automne. Les huîtres restent dans les parcs un ou deux mois.

Si l'huître ordinaire exige tant de culture pour mériter de figurer sur la table du gastronome, quelle application soutenue ne faudra-t-il point pour obtenir l'*huître verte ?* car les huîtres ne sont pas vertes sur les bancs de Cancale ; elles n'acquièrent cette couleur recherchée des gourmets qu'à force d'études et de travaux. Il faut que le lieu où on les dépose

soit bien nettoyé et garni de galets ou cailloux
de mer ; un parc neuf est le meilleur. Lorsque le
galet se recouvre d'une légère couche de mousse
verdâtre par l'effet de la stagnation de l'eau de
mer, on reconnaît que le parc est propre à recevoir
les huîtres.

Dans les fosses d'huîtres ordinaires, on les amasse
sans grandes précautions ; mais on doit déposer
et ranger doucement celles qu'on veut faire verdir.
L'expérience de l'amareilleur constitue une science
qui a ses arcanes, et certainement, nous qui
dogmatisons ici, nous ne saurions pas disposer
des huîtres avec assez d'art pour qu'elles obtinssent
promptement la couleur désirée. Toutefois nous ne
manquerions pas de leur faire subir le classique
supplice de Tantale ; nous les laisserions cinq ou six
heures au bord du parc avant de les y déposer, car
il est notoire que la soif les porte à absorber l'eau
du réservoir avec une avidité telle qu'elles verdissent
ensuite en peu de jours.

« Dans les parcs d'huîtres blanches, a dit un
érudit ostréonome, il n'y a aucun inconvénient à
laisser entrer l'eau salée ; au contraire, dans ceux
qui renferment les huîtres vertes, on doit interrompre
toute communication avec la mer, ou du moins ne
laisser entrer qu'un quart du volume d'eau contenu
dans le parc, et seulement aux nouvelles et pleines
lunes ; mais il faut bien se garder de la renouveler

entièrement avant que les huîtres soient vertes. »

A Granville et à Saint-Vaast, où l'eau monte à chaque marée, les huîtres ne verdissent pas.

Quelques gourmets affirment que l'huître, toutes choses égales d'ailleurs, ne vaut jamais mieux qu'après avoir voyagé par terre ; mais les avis sont divisés à cet égard. Certains amateurs distingués prennent la poste pour aller au-devant des testacés bivalves, tandis que ceux-ci roulent en sens con-contraire pour venir nous tenter au milieu de Paris.

Sur les bords des parcs, d'élégants établissements sont consacrés au culte gastronomique des huîtres. Cancale, Saint-Vaast, Courseulles, Dunkerque, Ostende et bien d'autres lieux, doivent être ennemis des gastronomes systématiques qui attendent la fortune au lit ou, pour mieux dire, à table. Combien, au contraire, ils doivent aimer ceux qui descendent de voiture, l'eau à la bouche, et entrent gravement *à la Renommée du Parc aux huîtres.*

Nous nous permettrons de recommander aux amateurs l'établissement de la Friture en face de l'estacade de Dunkerque. Son vin topaze ne le cède qu'à la fraîcheur de ses huîtres et aux sentiments héroïques des hôtes du logis toujours prêts à secourir les naufragés.

Mais réservons à d'autres pages les récits dramatiques ou touchants ; l'amareilleur, armé de son râteau, détache et attire au bord de fraîches huîtres que l'écaillère s'empresse d'ouvrir ; les garçons courent, le vin blanc pétille, les propos galants circulent. Et l'on ose encore se servir de l'épithète d'*huîtres* pour stigmatiser l'incapacité ! Injustice des hommes envers l'excitant de l'appétit et de la gaieté ! Quel beau livre on écrirait en latin sur un tel sujet !

Voici donc l'une des deux catégories de gourmets pleinement satisfaite. — L'autre catégorie n'est pas moins respectable : elle est, du reste, en majorité. Paris est peuplé d'avides ostréophiles qui comptent sur l'arrivée des bourriches. — Qu'ils soient contents aussi !... car déjà les maréyers leur amènent à grande vitesse ces épaves soigneusement recueillies et engraissées auxquelles nous accordons une si profonde estime.

Du maréyer, respectable industriel chargé de la rapide locomotion de l'immobile testacé, — du maréyer à l'écaillère, la transition est courte et journalière à Paris ; mais nous n'irons pas plus loin. Nos lecteurs ont au moins admiré l'ouvreuse d'huîtres et son laboratoire, s'il ne leur est pas arrivé d'ouvrir eux-mêmes avec émotion une bourriche d'huîtres arrivant directement de Courseulles ou de Marennes.

Une observation physiologique sera mieux à sa place ; déclarons avec conviction que les meilleures huîtres sont celles qui ont parqué longtemps. On les reconnaît à leurs coquilles devenues lisses, de raboteuses qu'elles étaient, ainsi qu'à leurs valves naturellement tranchantes, mais dont les bords ont été émoussés par l'effet du râteau de fer que l'amareilleur promène souvent dans le parc.

« Une huître pêchée à Cancale, en avril, déposée ensuite à Saint-Vaast pendant quatre ou cinq mois, et qui a séjourné un mois à Courseulles, est parvenue à son dernier degré de perfection ! »

Telle est l'opinion d'un des plus sages auteurs que nous ayons consultés; telle est aussi la nôtre. Nul doute, lecteurs, que vous ne la partagiez, quand vous serez éclairés par une étude approfondie à laquelle nous vous invitons de tout notre cœur.

Six heures ont sonné! Hâtez-vous, hâtez-vous donc d'aller vous faire servir quelques douzaines d'huîtres de Courseulles.

Votre goût et le nôtre sont partagés à Paris par bien des gens; car, en finissant, nous pouvons ajouter que la consommation annuelle de ces testacés ne représente pas moins de huit cent mille francs, encore que le prix de l'huître soit très-variable sur les bords de la mer. Tel jour, en effet, on paiera dix ou douze francs la cloyère ou bourriche qui, le lendemain, ne vaudra que moitié... Mais déjà vous ne nous écoutez plus; allons donc aussi joindre l'exemple au précepte :

Garçon, six douzaines d'huîtres! »

LES PERLES.

Les sauvages nous sont représentés comme fous de parures, de verroteries, de clinquants, ce qui est généralement exact; mais, pour être juste, il faudrait ajouter que les prétendus civilisés ne le leur cèdent en rien.

Tous les hommes recherchent ce qui brille, parce qu'ils aiment à briller.

Les faux savants se parent des travaux et des découvertes d'autrui. Les plagiaires, race innombrable, brillent avec l'esprit des vrais auteurs, les inventions des vrais découvreurs, les idées et le génie des vrais pionniers du progrès. Industrie, commerce, agriculture, sciences, lettres, arts, administration, spéculation, économie politique, tout rentre dans l'immense domaine du très-brillant César Plagiat. Les titres et particules, dont l'éclat éblouit les sots, ont fait une foule d'usurpateurs, les uns par niaise vanité, les autres par calcul frauduleux; — mais dans ce dernier ordre d'idées nous risquerions d'aller trop loin.

Qu'est-ce que la gloire? — la renommée? — la célébrité? — la réputation? — la notoriété? — Autant de brillants d'eau plus ou moins limpide.

Au propre, nous voyons que les uniformes chamarrés, les épaulettes constellées, les galons, les

broderies frappent d'admiration les enfants, les
badauds et la foule. Les petits-maîtres sacrifient singulièrement à la toilette ; bagues, chaînes, bijoux
leur sont chers ; ils se pavoisent d'oripeaux. Quant
aux femmes, en tous temps, en tous pays, elles ont
adoré les parures : que la mode s'en mêle, on les
verra se passionner pour les plus ridicules. Qu'on
n'oppose donc pas le bon goût au mauvais goût. Le
tatouage et la poudre à cheveux, le roucou, l'indigo,
le safran des sauvagesses, le fard et les teintures des
Européennes, les manches à gigots, les vertugadins,
paniers et crinolines, les chaussures des Chinoises,
les dents noires des Malais, les anneaux passés dans
les narines, la botoque des lèvres brazilianes, les
boucles d'oreille disproportionnées, les corsets dé-
primant et déformant la taille, tout cela se vaut. Les
plus sauvages parfois ne sont pas ceux qu'on pense.

Lorsque les compagnons de Pizarre et de Moralès,
abordèrent l'archipel des Perles, dans le golfe de
Panama, le cacique de l'Isla Rica, forcé de leur demander la paix, leur offrit un panier rempli de perles
de la plus grande beauté. « Il s'en trouvait entre
autres deux d'une dimension et d'une valeur extraordinaires. L'une pesait vingt-cinq carats, l'autre de
la grosseur d'une muscadelle, pesait plus de trois
drachmes, et avait le lustre d'une perle d'Orient (1). »

(1) Washington Irving, *Histoire des Compagnons de Christophe Colomb*.

Le cacique reçut en échange des haches, des clochettes, des miroirs, et voyant les Espagnols sourire : — Je puis me servir utilement de ce que vous me donnez, leur dit-il, mais à quoi bon ces perles?

Qui raisonnait en homme de sens? quel était le plus sauvage?

Le coq trouvant une perle disait fort sagement que le moindre grain de mil ferait bien mieux son affaire. *Margaritas ante porcos* est un adage qu'il serait facile de retourner en faveur des pauvres pourceaux. Cléopâtre, dit-on, fit dissoudre une perle du plus grand prix pour se-donner l'insolent plaisir de boire d'un trait un million de sesterces. Ce qu'elle avala était aigre et nauséabond; l'histoire ne nous apprend pas comment s'en trouvèrent l'estomac et les entrailles de la reine d'Egypte. Le simple bon sens nous enseigne qu'une coupe de vin de Chypre, qu'un verre d'eau claire, même, eut beaucoup mieux valu.

Quant aux perles d'Isla Rica, objet d'une admiration générale, elles surexcitèrent la cupidité des aventuriers espagnols et contribuèrent d'autant à l'expédition des Pizarre qui se termina par la conquête du Pérou. La plus belle finit par être présentée à l'impératrice Isabelle de Portugal, femme de Charles-Quint; elle en donna mille ducats.

Les perles sont connues et recherchées depuis l'antiquité la plus reculée. Sémiramis se paraît des perles du golfe persique où abonde encore de nos jours l'huître perlière, pintadine mère-perle, *Meleagrina margaritifera*. Les Pharaon, les Cyrus, les Darius ornaient de perles leurs diadèmes. Le roi Salomon les faisait pêcher, et les Anglais dans l'île de Ceylan imitent son exemple.

Certaines perles ont atteint des prix fabuleux. Jules César offrit à Servilia une perle évaluée à un million de sesterces, plus de 1,200,000 francs. Le voyageur Tavernier vit, en 1633, la perle du Shah de Perse, estimée à un million et demi. On a prétendu que celle de la couronne impériale de Rodolphe II était grosse comme une poire et pesait trente-deux carats. Le pape Léon X acheta d'un vénitien une perle qu'il paya 350,000 francs. En 1686, un gentilhomme gênois, nommé Gianetino Semeria, fit hommage à Louis XIV d'une perle pesant cent grains, qui par un jeu de la nature, représentait le buste d'un homme

» On montrait à Madras, il y a peu d'années, une grosse perle javanaise, ovale et d'une blancheur de lait admirablement pure. Elle formait le corps d'une sirène, dont la tête et les bras étaient d'émail blanc, et la partie inférieure ou queue de poisson était d'émail vert. Sur la ceinture étaient gravés ces mots : *Fallunt aspectus cantusque syrenis*; la beauté et le chant de la sirène sont trompeurs.

« La plus belle perle connue est dans le musée de Zozima à Moscou. Elle pèse près de vingt-huit carats. Sa forme est entièrement sphérique, et elle est d'un si parfait éclat qu'au premier moment on la croit transparente (1). »

Plusieurs années avant la découverte de la mer du Sud, par Vasco Nunez de Balboa et conséquemment avant l'expédition de Pizarre et Moralès à l'Isla Rica, les Espagnols, sous la vice-royauté de Diégo Colomb, avaient établi avec succès la pêche des perles au nord de la côte de Cumana dans l'îlot de Cubagua. Aujourd'hui stérile et désert, ce point, durant la première moitié du XVIe siècle, fut extrêmement florissant. On y bâtit le Nouveau Cadix dont les richesses devinrent bientôt proverbiales. La couronne d'Espagne percevait quinze mille ducats pour ses droits d'un cinquième sur la pêche des perles à Cubagua, et aux îles avoisinantes Coche et la Marguerite. Jusqu'en 1530, la valeur des perles importées en Europe dépassa quatre millions par année. Mais les pêcheurs ayant abusé des dons de la nature, le produit devint insignifiant; les habitants du Nouveau Cadix émigrèrent et les vestiges de cet établissement ont disparu.

La perle est, au résumé, l'une des plus jolies choses du monde, et le goût des femmes pour un si gracieux ornement est justifié par la douceur des tons de cette fille de la mer, humble sœur de Vénusphrodite.

Les impitoyables modernes affirment que les perles sont le résultat d'une maladie de l'animal habitant la coquille nacrée où on les trouve.

(1) *Magasin pittoresque*, t. VI, p. 399.

Je regrette la charmante explication des anciens :
Vers le mois d'avril, on voit quantité d'huîtres qui
s'élèvent sur l'eau, ouvrent leurs écailles, et ayant
reçu quelques gouttes de rosée ou de pluie, se resserrent et se retirent au fond de l'eau jusqu'à ce que
sur la fin de juillet et tout le mois d'août, les perles
soient mûres (1).

De là, l'aimable apologue attribué à Addisson qui
l'emprunta aux poètes de l'Orient et que notre fabu-
liste Lachambeaudie a traduit ainsi :

> Un orage grondait à l'horizon lointain,
> Lorsqu'une goutte d'eau, s'échappant de la nue,
> Tombe au sein de la mer et pleure son destin :
> « Me voilà dans les flots, inutile, inconnue,
> Ainsi qu'un grain de sable au milieu des déserts.
> Quand, sur l'aile du vent, je roulais dans les airs,
> Un plus bel avenir s'offrait à ma pensée ;
> J'espérais sur la terre avoir pour oreiller
> L'aile du papillon ou la fleur nuancée,
> Ou sur le gazon vert et m'asseoir et briller...»
> Elle parlait encore : une huître, à son passage,
> S'entr'ouvre, la reçoit, se referme soudain.
> Celle qui supportait la vie avec dédain
> Durcit, se cristallise au fond du coquillage,
> Devient perle bientôt, et la main du plongeur
> La délivre de l'onde et de sa prison noire,
> Et depuis, on l'a vue, éclatante de gloire,
> Sur la couronne d'or d'un puissant empereur (2).

. . . .

(1) Le père Fournier, Hydrographie, liv. IV, ch. XXVI.
(2) *Fables et Poésies*, liv. I. *la Goutte d'eau*.

Je me rallierais volontiers à l'opinion de Sténon sur l'origine des perles. Ce n'est point, au dire de cet ancien savant, une lèpre ni une concrétion graveleuse du suc des huîtres malades, mais une matière semblable à celle de la nacre des coquilles. La perle serait produite par l'abondance de la liqueur nacrée qui, en transudant de l'animal, au lieu de s'aplatir, s'agglomèrerait et prendrait tantôt des formes capricieuses, tantôt les formes régulières de la poire, de la sphère et de l'œuf.

Mais, provisoirement, il faut bien donner raison à la science contemporaine : — « Les perles adhérentes, nous enseigne-t-elle, sont le produit des blessures faites à la coquille par des animaux carnassiers ; elles sont formées par une sécrétion abondante de l'animal blessé, dans un but de guérison. Les perles libres se forment lorsqu'un corps étranger pénètre dans l'animal ; ce corps, irritant par sa présence le mollusque, s'entoure de matière calcaire nacrée déposée par couches concentriques, et finit par former une petite boule plus ou moins régulière qui constitue la perle et reste toujours détachée dans les organes de l'animal (1). »

La pêche des perles qui rentre dans celle des huîtres et des coquillages, est essentiellement riveraine puisqu'elle est faite par des plongeurs, mais

(1) *Magasin pittoresque*, t XVIII, p. 11.

elle n'est guère française, bien qu'on en recueille encore quelque peu dans la Méditerranée.

Les pêcheries de perles les plus renommées sont celles du golfe Persique, de l'Arabie heureuse, de Ceylan et du golfe de Panama.

Le plus riche banc actuellement connu est ce dernier. Les Anglais en ont aménagé la pêche en dix coupes parfaitement réglées parce qu'il faut dix ans pour l'entier développement d'une coquille perlière.

On pêche aussi de fort belles perles dans les mers de la Chine, du Japon et de la Malaisie. On en trouve dans plusieurs archipels de la Polynésie. Elles n'ont pas disparu du golfe du Mexique. On en prend même en Écosse et sur les côtes de Suède et Norwège.

La perle peut se former dans un très-grand nombre de coquillages ; on en trouve dans les huîtres communes, dans les moules, dans toutes les coquilles nacrées ; les mulettes d'Europe en fournissent assez abondamment.

Linné fit des perlières artificielles. Après avoir remarqué qu'une piqûre provoquait chez le testacé une secrétion plus abondante, il parvint à multiplier et faire grossir les perles des moules et des huîtres du Nord. Le roi de Suède l'anoblit pour le récompenser de cette découverte, restée d'ailleurs à l'état d'expérience scientifique, car les produits ne furent pas en proportion avec les frais.

Dans les parages où les perles sont le plus abon-

dantes, les frais sont déjà très-considérables, car on
ignore dans quelle proportion les huîtres perlières,
les mères des perles, ont pu être fécondes. Venue la
bonne saison qui, à Ceylan est le mois d'octobre, il
faut commencer par explorer les bancs d'huîtres. Et
sur un millier de coquillages ouverts comme échantillon, si l'on trouve des perles pour la minime valeur
de 75 fr. on s'estime heureux ; la pêche de l'année
est réputée bonne.

D'après cela, il est facile de juger du travail excessif
des plongeurs qui, de bon matin se mettent à l'œuvre,
et durant six heures consécutives vont recueillir les
coquillages au fond de la mer jusqu'à dix et quinze
mètres. Terme moyen ils ne passent guère sous l'eau
qu'une minute et demie, mais ils ne remontent presque jamais dans la barque où se fait le premier tri
des charges, soit de leurs paniers, soit de leurs sacs.
Généralement ils restent à la nage près de la chaloupe d'où ils s'élancent tour à tour.

La disposition des appareils destinés à faciliter
leurs opérations varie selon les lieux de pêche. Tantôt un poids fixé à des cordages, immergé à deux ou
trois mètres leur sert d'étrier ou de point de départ ;
— tantôt un système de contrepoids les aide dans
leurs dangereuses tentatives ; — souvent le pêcheur
s'attache aux pieds un corps lourd qui l'entraîne au
fond ; il est amarré d'autre part à un cordage avec
lequel les marins le rehissent ; parfois enfin il n'a

d'autre aide que la corde correspondante au bateau à laquelle pend le sac ou le panier qu'il remplira précipitamment d'huîtres perlières; il s'en sert fort souvent pour remonter et donner lui même aux rameurs le signal de hisser sa pêche.

On cite des plongeurs capables de rester jusqu'à dix minutes sous l'eau. En plusieurs parages, ils ne descendent qu'avec de l'huile dans la bouche, et par ainsi, disent-ils, leur séjour sous-marin peut se prolonger davantage. Ces hommes, après leur violent exercice, sont sujets à des saignements de nez et d'oreilles qui paraissent les soulager.

Le déchargement des bateaux a lieu dans des enclos ou parcs où les coquillages passent une dizaine de jours. Ce temps est nécessaire pour que le malheureux habitant de l'huître tombe en décomposition; après quoi les coquilles sont jetées dans un réservoir d'eau de mer où on les laisse douze heures. Alors enfin on les ouvre, on les lave, et les rogneurs en détachent les perles avec des tenailles.

Quel triomphe si l'on trouve dans cet amas de coquillages une de ces perles magnifiques dont la rareté fait le prix, ou seulement si l'on trouve des huîtres très-fécondes, comme on en voit quelques-unes, contenant jusqu'à cent et cent-cinquante perles. Mais toujours trop grand est le nombre de celles qui ne fournissent que de la nacre.

Sur les côtes d'Amérique, les coquillages sont

placés dans des fosses exposées à l'air, et l'on attend
qu'ils s'ouvrent d'eux-mêmes pour recueillir les perles
qu'on passe ensuite au crible, car c'est en les tami-
sant qu'on les classe par catégories pour le commerce.

Riveraine de fait, la pêche des perles et de la
nacre peut, comme celle du corail, être rangée
parmi les grandes pêches, lorsqu'elle donne lieu à
des armements de long-cours. Nous ne sachions pas
qu'aucun navire français se soit équipé dans le but
spécial de s'y livrer ; mais les Anglais et les Américains entreprennent de tels voyages.

On trouve de magnifiques perles aux île Sandwich
ou Haouaï ; on en pêche en très-grande abondance
aux îles Pomotou communément dites Archipel-Dan-
gereux.

Frappé de la facilité de se procurer à peu de frais
une riche cargaison, le capitaine du trois-mâts anglais la *Pomaré*, ayant jeté les yeux sur l'île de La
Harpe (Heïou), qui fait partie de ce dernier archipel,
commença par enrôler à Taïti vingt-quatre plongeurs
indigènes. Avec ce surcroît d'équipage, le 24 février
1832, il mouillait non loin des bancs d'huîtres perlières ; les naturels d'Heïou l'accueillirent parfaitement et prêtèrent même leur concours aux plongeurs
Taïtiens. Chaque jour, quatre embarcations se char-
geaient de coquillages nacrés ; rien ne semblait devoir
troubler le succès de l'opération ; le roi de l'île s'était

installé à bord, où il faisait bonne chère. Marins anglais, plongeurs taïtiens et insulaires de La Harpe, ainsi que des îlots avoisinants, fraternisaient au mieux.

Cependant un complot concerté entre les plongeurs taïtiens et les gens de l'île éclata inopinément. Le capitaine fut fait prisonnier sur le lieu de pêche, et son navire envahi par une foule de naturels que le second y avait laissé monter sans défiance ; tous les européens, désarmés et garrottés, se virent réduits au plus horrible esclavage.

Le navire pillé avait mis à la voile pour ramener à Taïti les vingt-quatre perfides plongeurs, qui s'étaient vus obligés d'en confier le commandement à l'interprête de l'expédition et de délivrer deux matelots pour diriger les manœuvres.

Le capitaine et le reste de l'équipage, accablés de mauvais traitements, couverts de plaies, privés de vivres, sans cesse exposés à périr de faim ou de misère, manquant d'abris, livrés aux rats, aux moustiques, aux fourmis, inondés par des pluies torrentielles et parfois menacés de mort, désespéraient d'être secourus et surtout de l'être efficacement, quand au bout de deux mois de tortures ils furent providentiellement sauvés.

Presque tous les hommes d'Heïou étaient partis en pirogues pour aller chercher des vivres dans une île située à trois lieues, et conséquemment les européens se trouvaient relativement en nombre , quand l'un d'eux aperçut une baleinière montée par des gens armés. Elle s'avançait à force de rames. D'où venait-elle? on l'ignorait. Aucun navire n'était en vue ; mais au moins allait-on recevoir du renfort.

Le roi d'Heïou , les rares naturels restés avec lui , les femmes, les enfants découvrent à leur tour l'embarcation , poussent des cris de fureur, et vont jusqu'à tirer des coups de fusil sur les nouveaux arrivants. Le capitaine de *la Pomaré* et les gens de son équipage désarment les hommes, dispersent les femmes, et recevant leurs compatriotes à terre, apprennent avec transport que ceux-ci appartiennent à un navire expédié tout exprès de Taïti pour les délivrer, mais retenu par le calme à dix-huit milles au large.

La face des choses changea soudain. Les captifs, emmenés par la baleinière, rejoignirent le brig goëlette l'*Élisa* , qui , le lendemain , jetait l'ancre au lieu même de la trahison des sauvages. Prompte justice en fut faite : le roi et trois des plus coupables indigènes reçurent chacun cinquante coups de corde, on brûla les cases, les pirogues et les ustensiles des perfides insulaires, et on leur reprit tous les objets volés à bord de *la Pomaré*.

Depuis ces lamentables événements, la colonisation de l'archipel de Taïti par les Français a modifié les relations des insulaires avec les Européens. La pêche des perles se fait désormais sans danger non-seulement dans le groupe d'Heïou, mais aussi dans les parages de Tioukéa, qui dépend du même vaste archipel, et enfin sur plusieurs autres îles de la Polynésie.

Le monopole des perles appartint aux Portugais lorsque, devenus maîtres des Indes, ils eurent dépossédé les Vénitiens de leur puissance commerciale. Les Castillans rivalisèrent bientôt avec eux par suite de la découverte des îles perlières de Cumana et puis de Panama. Dans les Indes Orientales, la Hollande succéda au Portugal. L'Angleterre est désormais en possession des plus importantes pêcheries. Le gouvernement de Ceylan fait parfois la pêche des perles à ses propres frais, souvent il vend le droit de pêcherie à des entrepreneurs qui le sous-louent.

Les perles ont été imitées avec le plus grand art ; mais la nature est toujours et partout victorieuse de nos contrefaçons dont nous sommes fiers à bon droit, surtout quand nos essais nous conduisent à surprendre quelqu'un de ses mystères. Ainsi l'on a découvert avec un profond étonnement que la substance nacrée a le don d'absorber et de s'assimiler les effluves lumineuses.

Rien de plus merveilleux, rien de plus inexplicable dans l'état actuel des connaissances humaines.

Les écailles d'huîtres pilées, calcinées, mélangées avec leur poids de soufre, recalcinées ensuite au creuset, et, une fois refroidies, enfermées dans un

vase transparent qu'on expose au soleil, s'imbibent
de lumière. Sans avoir augmenté de poids ni de volume, elles la recèlent durant un temps assez long,
pourvu qu'on ait eu soin d'entourer le vase d'une
enveloppe opaque. L'enveloppe ôtée dans un lieu
profondément obscur, la clarté dérobée au soleil se
dégage, à froid, sans aucune combustion apparente,
avec une intensité très-vive. Durant plusieurs minutes on peut lire à la lueur des écailles d'huître
préparées comme on vient de le voir.

L'étude de cet étrange phénomène ne pourrait-il
pas conduire à trouver le secret de pomper et d'emmagasiner la lumière diurne pour la dépenser pendant la nuit sans le secours d'huile, de gaz, ni de
feu? Si jamais il en est ainsi, d'objets de luxe et de
parure, la nacre, la perle, deviendront la lampe
économique du pauvre.

La physique tâtonne encore; la chimie n'est
qu'une enfant, — passablement terrible par parenthèse. A la faveur de la paix, que ces deux sciences
jumelles grandissent, progressent, fassent des conquêtes de plus en plus heureuses, elles finiront par
nous éclairer, par nous chauffer, par nous adoucir
la vie sous tous les rapports. Et sans doute, c'est du
fond des mers qu'elles extrairont la substance à peine
soupçonnée, qui nous permettra d'emprunter aux
corps lumineux leur fluide pour nous en servir durant
les ténèbres

Ainsi la perle qui brillait au diadème des rois, sera

le phare de nos cités ; elle illuminera les peuples en déversant sur leurs demeures le trop plein des splendeurs du jour.

Rêveries de poète !... direz-vous,

Viennent les temps futurs ; la matière obscure, inerte et rebelle, lentement vaincue par le travail, la science et le génie de l'homme ne sera plus qu'une esclave docile réalisant pour lui sans relâche, les prodiges des antiques légendes.

L'orgueilleux Prométhée qui veut être créateur et dérobe le feu du ciel, est téméraire, impie et justement châtié. Mais il ne pèche point l'humble savant qui, s'inclinant devant la toute puissante sagesse de Dieu, cherche, creuse, fouille, trouve, applique sa découverte et livre enfin à l'humanité un de ces sublimes secrets qui sont les lois de l'univers. La Science Infinie se découvre lentement devant les laborieux efforts et les veilles persévérantes de ses adorateurs qui, éperdus d'admiration, la reconnaissent à ses œuvres. A chaque nouveau progrès, écoutez-les, ils s'écrient avec enthousiasme :

—Ce n'est pas à nous, Dieu éternel, mais à votre seul nom qu'en appartient toute la gloire !

MADRAGUES ET PÊCHERIES.

La nomenclature des filets flottés et lestés en usage pour les différentes pêches sédentaires, tels que *folles*, *rieux*, *bastudes*, *cibaudières*, *rets à crocs*, *traversis*, *bretellières*, *tramaux*, etc. est littéralement interminable. Les pêcheurs n'en connaissent que la moindre partie, car chacun se borne à savoir le nom des engins dont on se sert dans son quartier.

Mais entre tous ces rets et filets, par droit de haute seigneurie, la madrague ou thonnaire a une importance telle que l'on ne saurait la passer sous silence.

L'en entend d'abord par *madrague*, un vaste établissement de pêcherie destiné dans la Méditerranée à la capture des thons, et par extension on donne le nom de *madrague* aux grands filets, proprement dits *thonnaires* qui, subdivisés en chambres, enclosent toute une crique qu'ils barrent jusqu'à la distance d'environ un demi-mille.

Les thons qui voyagent par troupes poursuivant le maquereau, cotoient les bords de fort près. On les effraye aisément en faisant du bruit. La bande craintive se jette alors tête baissée dans les filets tendus à poste fixe. Les thons s'égarent de chambre en chambre, tentent vainement d'en sortir et deviennent la proie des pêcheurs qui, comme chacun sait, font de leur chair une conserve marinée des plus délicates.

L'aimable auteur des *Souvenirs de chasses et pêches*, M. le vicomte Louis de Dax, a consacré à leur prise une description pittoresque et vivante comme ne peut en faire qu'un praticien consommé. Il commence par décrire le thon qui, parfois, pèse jusqu'à quatre-vingt-dix kilogrammes. « Ses formes, ajoute-t-il, sont élégantes, ses couleurs d'un magnifique éclat ; quand il nage dans les eaux peu profondes, ses évolutions sont gracieuses et rapides. Son dos vert émeraude, son ventre d'argent brillent comme des lames de métal ; toujours en compagnie nombreuse, tantôt il rase le sommet de la vague, tantôt il plonge profondément, mais les eaux qu'il fréquente sont si limpides, si transparentes, que l'œil de l'observateur peut le suivre aisément dans ces capricieux méandres ; peu craintif, il nage autour des navires et des bateaux, ne s'éloigne jamais des côtes, qu'il suit dans toutes leurs inflections ; doublant les caps et pointes, il pénètre jusqu'au fond des golfes, des baies, des moindres criques ; la terre est un aimant qui l'attire et dont il ne s'écarte que lorsqu'il y a pour lui danger évident, ou que les eaux trop basses le menacent d'un échouement funeste ; si un obstacle se présente, il ne le franchit point, mais le longe ou le tourne. Toutes ces habitudes bien étudiées, les pêcheurs ont combiné un système de filets, l'ont établi dans les lieux fréquentés par les thons, et l'ont nommé *madrague*. »

Le nombre des madragues installées depuis l'Italie jusqu'en Espagne, sur notre littoral méditerranéen, est assez restreint, ajoute le vicomte de Dax, « car la première mise de fonds est considérable, et ce

n'est guère que par entreprise ou association que les
dépenses sont couvertes ; 25 ou 30,000 francs sont
employés à l'achat et à la pose des filets, qui, mis
à l'eau vers la fin de février, y restent pendant six
mois, exigeant de fréquentes réparations, un entretien pour ainsi dire journalier, et un personnel
nombreux.

« Ces filets sont faits en sparterie (esparta), que
l'on fait venir d'Espagne ou de Sardaigne et qui,
offrant une grande force de résistance, n'a pas comme
le fil de chanvre l'inconvénient de se tordre et rétrécir
au contact de l'eau. Ils sont composés de cinq parties
distinctes formant un tout dont je vais chercher à
bien faire comprendre l'emploi.

» Le choix de l'emplacement est de première importance ; on doit faire des sondages pour s'assurer de
la nature du fond, toujours donner la préférence à
celui qui est sablonneux, dont la pente à partir de
terre va en augmentant d'une manière uniforme, et
où les courants maritimes se font peu sentir.

» Avant de placer les filets, on établit de très-gros
câbles dans la direction que doit occuper la madrague;
ces câbles sont retenus et tendus au moyen de vingt-
deux grosses ancres profondément fixées et qui
doivent maintenir l'ensemble d'une façon immuable.

» La première partie du filet, d'une longueur d'un
kilomètre et allant en augmentant de hauteur, suivant la profondeur de la mer, suit une direction per-

pendiculaire à la côte, c'est-à-dire du nord au sud;
un chapelet de plomb la maintient par le bas au fond
de l'eau, tandis que de forts morceaux de liége, quelquefois même de petits barils goudronnés, font surna-
ger la partie supérieure; les câbles, au nombre de six,
trois de chaque côté, la fixent solidement; l'extrémité
nord touche à la terre, où une ancre la retient, tandis
que l'extrémité sud se joint au corps principal de la
madrague, à peu près à son milieu; cette première
partie offre des mailles de vingt centimètres, forme
barrière, et donne aux thons la direction voulue.

» La deuxième partie, longue aussi d'un kilomètre,
court parallèlement à la côte, c'est-à-dire de l'est à
l'ouest et forme un grand parallélogramme allant en
se rétrécissant vers l'ouest à partir de l'endroit où le
filet barrière, partant de terre, vient la rejoindre.
L'intérieur de cette enceinte est divisé en quatre
parties ou chambres; de lourds chapelets de plomb
garnissent le bas; des liéges ou des barils soutiennent
le haut; des câbles et des ancres placés convenable-
ment font un tout solide et capable de résister à une
forte houle.

» Les trois premières chambres forment des com-
partiments d'à peu près vingt-cinq ou trente mètres
de largeur, communiquant entre eux par des ouvertures qui permettent aux poissons de passer de l'un
dans l'autre et d'arriver dans le quatrième qui,
formé d'un tissu de cordes de la grosseur du pouce,

va en se rétrécissant et se termine en poche dont l'extrémité est maintenue à fleur d'eau par trois bateaux auxquels elle est attachée. Le second compartiment, appelé en terme de pêche *izolette*, offre à lui seul trois ouvertures: la première s'ouvre sur la mer, juste à l'endroit où le filet conducteur partant de terre vient aboutir; la deuxième donne accès dans le compartiment qui précède la poche, et peut se fermer par un filet qui, reposant sur le bord, peut être remonté à volonté; le troisième enfin donne aux poissons qui se détourneraient de leur route la possibilité d'entrer dans le premier compartiment, de s'y remettre de leur effroi et de pouvoir entrer en toute sécurité par l'ouverture à porte et arriver ainsi jusque dans le compartiment à poche nommé : *la mort !* A la deuxième entrée, se tient dans une barque un pêcheur qui, placé en vigie, a à sa portée la corde qui sert à faire remonter du fond le filet-porte, qui doit fermer l'ouverture, et un drapeau pour faire des signaux.

« En outre de ce pêcheur ou vigie, le personnel se compose de douze ou quatorze hommes et d'un patron, qui forment l'équipage d'une grande chaloupe, résident à terre et attendent pour se mettre en mer que le drapeau de la vigie donne le signal du départ. »

Cette pêche dure pendant six mois, au bout desquels le produit de la saison est réparti d'après les conditions stipulées par contrat; mais le gain est acquis par de nombreuses fatigues ; les hommes doivent toujours être à leur poste la nuit et le jour ; le pêcheur en vigie est remplacé toutes les douze heures , et sa faction est souvent fort ennuyeuse.

Après ces détails techniques , l'auteur raconte comment il prit part à une pêche superbe : — « Le thon qui formait tête de colonne passa par l'ouverture que nous dominions , disparut dans les profondeurs de la dernière chambre , où tous les autres le suivirent d'un mouvement tellement rapide que l'œil ne pouvait les compter , et quelque nombreux qu'ils fussent , leur passage dura à peine quelques minutes ; un seul poisson d'eau douce , la truite , peut donner une idée de cette vitesse. »

Bientôt commença , non plus une pêche , mais une vraie bataille , une déroute complète. « Les thons , acculés dans la poche à la mort , nageaient éperdus , fous de terreur ; sous l'effort des douze pêcheurs l'espace se resserrait , le filet se rétrécissait de plus en plus ; quelques thons frappés à mort présentaient leur ventre d'argent , les victimes devenaient à chaque instant plus nombreuses , et quand vint le moment suprême , cent vingt thons , dont quelques-uns respiraient encore , quittèrent pour toujours les eaux bleues de la Méditerranée.

» Les revenus d'une madrague sont très-variables , mais il est rare que les dépenses ne soient pas au moins couvertes ; dans certains moments de fort pas-

sage, le gain atteint un chiffre fort considérable; je
tiens de M. Chambre, qui habitait Nice en 1856,
qu'un jour à la madrague de Saint-Jean, quatre
mille thons, évalués 20,000 fr., avaient été capturés
en une seule journée. »

Le produit de la pêche des madragues françaises
peut s'élever à plus de 800,000 francs. — Ce chiffre
même indique l'importance du privilége dont jouissent les propriétaires de ces établissements de pêcherie, — objet d'une foule de règlements, car il
faut éviter que de tels filets gênent la pêche et la
circulation maritime. Mais aucun règlement ne saurait complétement obvier à des abus tenant à la nature même des choses. Il est bien évident que les
madragues occupent, durant six mois entiers, un
trop grand espace, pour ne point porter atteinte à la
liberté de pêche et de navigation cotière. Leur abolition est donc réclamée, accordée en principe et
accomplie en majeure part, c'est-à-dire autant qu'ont
pu le permettre les droits, généralement très-anciens,
des concessionnaires en possession. L'administration
se trouve encore là en présence d'une infinité de
difficultés qu'elle ne parvient pas toujours à vaincre.
Elle s'efforce au moins d'atténuer le mal, avec un zèle
persévérant dont les résultats sont de plus en plus
utiles à notre population maritime.

Partout où les madragues sont supprimées, l'on en
est revenu à pratiquer, comme jadis, *la seinche* qui

consiste à enceindre un banc de poissons-voyageurs
avec les filets d'embarcations nombreuses réunies sous
le commandement d'un pêcheur en chef, dit capitaine
de *seinche*. Mais cette pratique qui rentre dans la
petite pêche, cesse conséquemment d'être riveraine.
Nous en parlerons plus loin ; bornons-nous à dire ici,
que, dans tous les cas, — que l'on se serve de thonnaires ou de tous autres filets analogues, — il faut
amener la prise auprès du rivage, et là faire usage
d'un filet emmanché nommé *grand bulier* pour se
rendre définitivement maître des thons captifs.

Toutefois, il y a *seinche* et *seinche*. Dans son volumineux et substantiel *Traité général des pêches*,
Duhamel du Monceau nous apprend à distinguer :

« On appelle aussi *seinche*, dit-il, un filet ajusté
pour prendre des loups ou des muges, ou au moins
les forcer d'entrer dans une *bourdigue*. (1) » Or, la
bourdigue ou bordigue, engin de pêcherie riveraine,
s'il en fût, n'est autre chose qu'un labyrinthe de
roseaux dans lequel, comme dans la madrague, le
poisson s'égare et se livre au pêcheur. L'abolition
des bourdigues est demandée d'une part, refusée
fort énergiquement de l'autre. Il est telles bourdigues
qui représentent un immense revenu, comme par
exemple celle qui est établie à l'entrée de l'étang de
Caronte aujourd'hui traversé par le canal maritime
de l'étang de Berre.

(1) Tome II, p. 168-170.

La création même de cette précieuse voie de communication avec la Méditerranée, a porté un évident préjudice à la fameuse bordigue de Caronte, dont les propriétaires se fondant sur l'ancienneté de leur occupation et sur la richesse même de leur pêcherie, n'ont pas manqué de se plaindre. Force a donc été de leur accorder la faculté de barrer le canal au moyen d'un filet mobile, qui n'est déplacé que pour livrer passage aux barques et aux navires..

Si les madragues de la Méditerranée aujourd'hui menacées de suppression totale, sont assujetties à de nombreuses dispositions réglementaires, les pêcheries en pierre et en bois, — analogues aux bordigues, — les parcs et bouchots ont nécessité à plus forte raison des mesures repressives.

Sur les côtes qui découvrent à marée basse, les riverains font des enclos dans lesquels le poisson se trouve pris quand la mer se retire. Tout est abusif dans cette coutume.

D'abord il y a usurpation sur le droit naturel de pêche. Nul n'est fondé à confisquer pour son profit un espace qui devrait être librement laissé à la jouissance de tous. Ainsi qu'à terre il n'est point permis de s'emparer de la voie publique, d'encombrer les rues ou les routes, d'y bâtir et d'y tendre des piéges, de même il est contraire à toute justice de porter atteinte à la propriété commune par l'établissement sédentaire de pêcheries et d'écluses. A chaque

retour de marée, malgré les dispositions réglementaires qui fixent les dimensions des trous d'écoulement
pour les eaux, le petit poisson périt à foison au détriment de l'intérêt général. Les côtes sont dépeuplées
par les pêcheries fixes bien plus que par l'emploi
d'aucun des engins de pêche prohibés. Les pêcheurs
de profession en certains parages subissent une concurrence tellement redoutable qu'ils ne peuvent y
résister et renoncent à leur industrie. Enfin, chaque
pêcherie est un écueil artificiel qui menace la sécurité de la navigation.

Nous savons une baie de l'Aunis, l'anse de l'Aiguillon, où à force de planter des murailles de pieux en-
trelacés de clayonnages pour l'élève des moules, on
avait presque obstrué le chemin des caboteurs. Les
avaries et les naufrages des barques se renouvelant
sans merci, l'autorité maritime usa de son droit pour
faire détruire la plupart des parcs et *bouchots*.

Mais il n'est pas toujours possible de sévir de la
sorte. Tantôt une prescription plusieurs fois séculaire
protége dans une mesure respectable les établissements de pêcherie ; tantôt ils ont été régulièrement
autorisés dans un grand intérêt d'ordre spécial, tel
est le cas des huîtrières et des moulières ; — les deux
arguments, par parenthèse, furent invoqués par les
habitants d'Esnandes, centre de l'industrie des bouchots importée dès le treizième siècle dans la baie de
l'Aiguillon par un irlandais naufragé, nommé Wal-

ton ; — tantôt enfin, il y a simple tolérance en faveur de populations dignes de pitié.

Ici, comme partout, on a dû transiger avec le *summum jus* dont l'application littérale dégénèrerait en oppression. Ainsi l'autorité ferme parfois les yeux et fait bien. Souvent encore elle est mal informée, mal secondée et les abus se perpétuent malgré ses meilleures intentions. Bref, il faut constater qu'elle redouble de vigilance, que des commissions d'enquête parcourent fréquemment le littoral, et que l'ardent désir de concilier les deux intérêts contradictoires en fait de pêche maritime anime constamment notre administration supérieure.

Le moyen le plus efficace pour prévenir la ruine des fonds de pêche, est d'y créer des cantonnements inviolables. Les efforts du ministère de la marine tendent vers ce but, atteint en majeure partie pour le poisson de rivière par une loi récente sur la pêche fluviale.

PÊCHE SOUS LA GLACE.

Les peuples du nord, pour se procurer, pendant leurs longs hivers, du poisson frais, ressource alimentaire qui leur est presque indispensable, usent de procédés dont quelques-uns sont extrêmement curieux.

Toujours, bien entendu, il faut commencer par se

rendre en traineau sur les points où l'épaisseur de la glace n'offre pas une trop grande résistance et y percer des trous par lesquels on coulera des lignes ou des filets.

Les pêcheurs, vêtus de fourrures et chaussés à glace, piochent, ouvrent les orifices et y établissent des lignes amorcées qui, fixées sur des bâtons posés en travers, sont successivement relevées. Chaque ligne est garnie de nombreux hameçons. Les pêcheurs circulent en traineaux d'une ouverture à l'autre, empêchent incessamment la glace de se reformer et ne manquent guère de faire d'importantes captures.

Les russes ont perfectionné d'une manière trèsrécréative cette pêche à la ligne, en imaginant le moyen de ne plus prendre la peine de visiter ni de retirer l'hameçon. Le poisson même aura la douleur de se charger de tout. Il mordra, se prendra et se pendra en l'air en trahissant sa propre infortune par d'éloquents gestes de détresse. Sur un trépied de cannes plantées auprès de l'orifice, est disposé à pivot un manche de ligne chargé d'un contre-poids à son extrémité libre. A l'autre extrémité est fixée la ligne qui, au ras du trou, est retenue par un déclic. Dès que le poisson s'est accroché, les efforts qu'il fait pour se dégager du piége, mettent le comble à son malheur. Le cliquet s'échappe, le contre-poids agit, la hampe bascule, et le captif se débat hors de son élément, jusqu'à ce que le perfide pêcheur vienne

sournoisement le loger dans le sac ou le panier pré-
curseur du dernier supplice.

Pour rendre productif ce genre de pêche, on multiplie les trous et les bascules ; on fait de longues
allées de potences à poisson , entre lesquelles glisse
ou patine le guetteur qui passe de l'un à l'autre
pendu, rétablit l'amorce et le déclic , inspecte les
contre-poids , balaye la neige, charge le traineau, et
en somme a fort à faire tant les esturgeons, les bié-
lougas et consorts ont bon appétit sous les glaces.

Pêche-t-on au filet, on fait alors usage du *verveux*
ou *vervier-renard*, filet conique communiquant avec
la poche dont il est impossible de ressortir. Le verveux n'est pas inconnu sur nos côtes, où il se tend
sur une perche , est parfois fixé au fond par des
pierres, et le plus souvent posté à l'extrémité des pêcheries. Les russes, pour pêcher sous la glace, font
trois trous, le plus grand pour livrer passage au filet,
les deux autres pour recevoir les bouts de cordes
avec lesquels on le manœuvre. Au moyen de longues
perches, on fait glisser les amarres sous la croute
glacée; une fois qu'on les tient on laisse filer le
verveux à une petite distance. Les secousses que lui
imprimeront le poisson avertiront assez les pêcheurs
de ce qui se passe dans la poche étranglée, pour
qu'on ne la ramène ni trop tôt ni trop tard au bord
du grand trou.

Du filet à la nasse, il n'y a pas de transition. La

pêcherie où bout la chaudière, où l'on sale, où l'on sèche, où l'on prépare de mille façons les poissons capturés, n'est jamais fort éloignée. D'ailleurs les traineaux vont vite, la glace est solide, le froid vif, la chaleur du balagan fort désirable, et le *Kaviar* est attendu par des milliers d'affamés.

Personne n'ignore que les œufs d'esturgeon ou kaviar donnent lieu en Russie à une consommation et à un commerce immense. On les met dans toutes les sauces et on en met à toutes sauces, on les mange parfois comme du pain, on en charge des navires et des caravanes, sans que l'esturgeon qui a fui nos parages, semble diminuer sur les rivages du Nord. Nos pêcheurs regrettent à bon droit ce monstre marin, qui pèse parfois jusqu'à deux cents kilogrammes et peut atteindre 11 à 12 mètres de longueur; mais si nous sommes désormais privés de ses excellentes dépouilles, en revanche nous ignorons les loisirs de la pêche sous la glace. Sur nos côtes la mer n'est jamais gelée, et sur aucune de nos rivières, sur aucun de nos étangs, personne ne fait métier d'un si cruel labeur.

III.

PETITE PÊCHE.

———

La capture du poisson frais destiné à la consommation immédiate et celle des poissons sujets à être préparés pour une longue conservation, sont les deux objets de la petite pêche dont l'importance est telle qu'elle a souvent été à l'abri des maux de la guerre. Les *trèves pécheresses*, dit Beaussant, étaient autrefois d'un usage fréquent. Avant 1669, l'amiral accordait aux pêcheurs de la nation ennemie des saufs-conduits qui devaient amener un traitement réciproque en faveur de nos pêcheurs. On lit dans Froissard : « Pescheurs sur mer, quelque guerre qu'il soit entre la France et l'Angleterre, jamais ne se firent mal, ançois sont amis et aident l'un et l'autre au besoing, vendent et acheptent sur mer l'un à l'autre leurs poissons, quand les uns en ont plus largement que les autres; car s'ils se guerroyoient, on n'aurait point de marée. »

Excellent motif, — précieuse et parfaite- raison
qui, seulement, devrait bien être appliquée partout
où elle est applicable. Si les trèves pêcheresses et
les saufs conduits avaient pour but d'empêcher qu'on
manquât de poisson, il est bien clair que la guerre
faisant peu à peu manquer de tout, — d'aliments, de
bois, de domicile, de santé, de liberté, de sécurité, —
le mieux serait de respecter les hommes à l'égal des
poissons et d'instituer à perpétuité par traités internationaux les trèves agricoles et commerciales ou en
d'autres termes la paix universelle.

Utopie, dira-t-on : — Utopie qui tend à se réaliser et qui se réalisera définitivement dès que les nations moins barbares cesseront d'admettre que les
canons rayés, les projectiles explosifs, les monitors
et les torpedos soient l'*ultima ratio*, quand au contraire ces engins monstrueux ne sont que la démence
suprême.

Avec la dépense de temps, d'argent et d'intelligence qu'occasionne la moindre guerre, il serait
toujours facile d'acheter la paix, et l'on aurait économisé du sang, de la misère, des désastres sans
nom au profit de l'humanité tout entière.

Pour le prix qu'aura coûté aux États de l'Amérique
leur guerre impie, on eût désintéressé tous les plan-
teurs de sucre et de coton, racheté, doté, éduqué
tous les esclaves émancipés, on eût défriché des
solitudes immenses, on eût construit une flotte com-

merciale innombrable, on eût donné un nouvel élan industriel à tous les états du Sud et du Nord, on eût créé dix fois plus de richesses qu'on n'en a détruites.

Les guerres de l'avenir ne seront pas dirigées contre les hommes et n'en seront que plus glorieuses; elles conserveront le courage et les traditions de l'honneur militaire, sans qu'il faille des dévastations et des massacres, des villes bombardées, des assauts, des famines, des blocus, des mines et des contre-mines, des machines incendiaires, des ravages anéantissant pour des siècles la prospérité d'une contrée, des prisonniers jetés par ceux-ci aux bagnes de Cherbourg ou de Brest, par ceux-là sur les pontons de Chatham ou de Portsmouth, relégués par les autres dans les déserts glacés de la Sibérie.

Les guerres de l'avenir pour lesquelles il faudra plus de science, plus de vrai courage, plus de tactique, plus de génie, plus de dévouement que pour celles de nos siècles barbares, auront pour but d'immenses victoires à remporter contre les fléaux naturels. Combattre les épidémies, les sécheresses, les tempêtes, les hivers rigoureux, les chaleurs torrides, les inondations, les incendies, les tremblements de terre, les disettes, l'ignorance et les mauvaises passions humaines; détruire les foyers pestilentiels, dompter les vents, asservir le calorique, l'électricité, la lumière, féconder les déserts, triompher des rigueurs de la température, arrêter les

eaux et transformer en irrigations bienfaisantes les
débordements dévastateurs ; conquérir notre globe,
rendre habitables non-seulement toute la surface
des terres, mais leurs profondeurs, et les océans,
et les régions atmosphériques, décupler, centupler
l'espace que la malheureuse humanité se dispute
encore les armes à la main, paralyser enfin ses penchants criminels, tels seront les travaux héroïques
des armées de l'avenir. Et certes les légions, les
flottes et les gardes nationales d'alors auront assez à
faire sans que le grand art consiste à envahir des
territoires, à bombarder des villes, à désoler des
campagnes, à submerger des vaisseaux, à couper des
ponts, à effondrer des routes, à incendier des forêts,
à réduire au désespoir des populations innocentes (1).

Si toute exception est l'indice d'une loi nouvelle,
l'exception faite aux usages de la guerre en faveur
des pêcheurs, par l'institution des trèves pêcheresses,
fondée sur le besoin de marée, indique clairement
que d'autres besoins non moins impérieux devraient
faire naître d'autres trèves non moins sacrées. S'il
fut heureux de voir la petite pêche respectée par les
belligérants, combien ne sera-t-il pas plus heureux
dé voir un jour l'agriculture, l'industrie, le commerce mis hors de cause, lorsque se produiront d'inévitables dissidences d'opinions ou d'intérêts qu'une

(1) Voir la note A. — Les grands Progrès : *Des Guerres de
l'Avenir.*

civilisation réelle saura concilier sans commencer par des boucheries sur les champs de bataille.

Les trèves pêcheresses ne furent pourtant pas aussi générales que Froissart nous porterait à le croire.

Le savant commentateur de l'ordonnance de 1681, Valin, dit que : « L'infidélité de nos ennemis, qui enlevaient habituellement nos pêcheurs pendant que les leurs faisaient leur pêche en toute sûreté, contraignit Louis XIV à renoncer à ces sortes de traités. Une ordonnance du 1er octobre 1692, porte défense à tous corsaires de donner à tous bâtiments ennemis qu'ils rencontrent, pêcheurs ou autres, la permission de continuer leur pêche ou leur navigation. D'autres principes triomphèrent plus tard. Une lettre du Roi en date du 5 juin 1779, veut qu'on respecte les pêcheurs anglais ou les navigateurs de cette nation qui auraient à bord du poisson frais pêché même par d'autres, pourvu qu'ils n'aient point d'armes offensives, et cela, dit le texte, afin d'adoucir les calamités de la guerre en faveur d'hommes qui n'ont d'autres ressources que le commerce de la pêche. » (1)

L'un des auteurs spéciaux qui nous paraissent avoir le plus judicieusement traité de *la pêche côtière*, M. Raimbaud, aide-commissaire de la marine, signale parmi les principaux instruments dont nos pêcheurs

---

(1) BEAUSSANT, *Code maritime*, titre II, § 748.

de la Méditerranée font usage , les filets traînants,
tels que l'*Eyssaugue*, le *Bregin*, et le *Gangui*.

« L'Eyssaugue, dit-il, est une vaste seine (1),
manœuvrée par un équipage de dix à douze hommes;
elle est figurée par un sac ayant la forme d'un chau-
dron, auquel sont adaptées deux ailes lestées et
flottées, offrant ensemble un développement de 400
à 460 mètres. Jeté à la mer à une longue distance
du rivage, cet immense filet se déploie sur le fond,
le sac tenu ouvert par une combinaison de plombs et
de liéges fixés à la ralingue de l'orifice, et les ailes
cernant au loin le poisson. On le hâle à terre par ses
deux extrêmités à la fois, et il balaye rapidement en
décrivant un large demi-cercle. »

Rude est le travail des pêcheurs qui font usage de
cet immense filet traînant. Tandis que l'exercice de
la seine est un plaisir pour les équipages de nos navires de guerre, lorsqu'en certains parages on les
autorise à s'y livrer, les pêcheurs de profession
s'épuisent en longs efforts incessamment renouvelés
au milieu de difficultés tenant surtout à ce que le
grand développement de l'eyssaugue ne permet de la
jeter qu'à des conditions particulières. Il faut un
large espace, il faut que le fond soit uniformément
incliné de la côte vers le large, et enfin que les mailles

(1) *Seine,* orthographe académique. On écrit aussi *Seyne* et
Senne.

du filet traînant ne puissent s'accrocher à aucune aspérité sous-marine.

Le spectacle de la pêche à l'eyssauge offre souvent un vif intérêt. Si la mer clapote doucement à la rive, si les rayons lumineux se brisent à facettes sur ses miroirs mouvants, on voit à travers l'onde bleue le poisson qui fuit, frétille, s'agite, se débat avec épouvante. Les femmes et les enfants poussent des cris de joie en venant à l'aide de leurs parents qui montent la barque; les chiens des pêcheurs s'attèlent au lourd filet, et il y a fête sur la grève quand des poissons de cent espèces s'y empilent à l'envi. On le recueille dans des mannes d'osier, on en charge des charrettes ou on les arrime dans la chaloupe qui, voiles déployées, regagnera le port.

Mais sans parler de la tempête ni de la rupture du filet, que l'eyssaugue, — ce qui devient trop fréquent, — n'ait ramené qu'un fretin misérable, ces familles qui attendaient de la mer le fruit de leurs peines, se dispersent silencieuses. Les hommes relèvent tristement leur filet vide, et vont recommencer sur un autre point, à grande distance parfois, un essai qui, peut-être, ne répondra pas mieux à leur espoir.

L'eyssaugue, tirée de bas en haut, exerce sur le fond une pression qui cause beaucoup de dégâts, et pourtant cet engin lesté avec mesure et traîné à bras est bien moins dévastateur que le *bregin* dont on

se sert pour pratiquer les pêches dites *aux bœufs* et
à la vache.

Deux forts bateaux accouplés pour traîner chacun
par une aile le même bregin sont *les bœufs* qui avec
ce filet moins grand que le précédent labourent le
fond des eaux. Les deux barques pontées filent à la
voile, le bregin racle et fouille dans les herbes, dans
la vase, n'épargnant rien. Il engouffre tout ce qu'il
rencontre. Quand le filet trop lourd commence à ra-
lentir sa marche, on le relève, on le décharge dans
les tartanes jumelles et on le mouille de nouveau
pour recommencer sur l'autre bordée.

Comment le poisson ne finirait-il point par devenir
très-rare, dans des baies où tous les jours trente
couples de bateaux exercent de tels ravages !

La pêche *à la vache* est celle que fait une seule
tartane dérivant avec un bregin à la traîne.

La pêche au gangui se fait de même, — mais avec
un bateau monté d'ordinaire par un seul homme et
un mousse.

Le Gangui, petit bregin à mailles serrées, dont le
sac porte à sa partie inférieure une armature lestée de
plomb, ou même *abusivement*, une lame de fer faisant office de faux, — passe, — dit M. Raimbaud,
— pour le plus ravageur de tous les engins de pêche.
Il est d'autant plus dangereux que ses petites dimensions permettent de le traîner aux abords des plages,
jusque dans les moindres criques.

L'usage des filets tendus entre deux eaux à poste fixe, diminue de jour en jour. Le pêcheur n'attend plus le poisson devenu plus rare; il le poursuit, il le traque, et l'apauvrissement des produits de la pêche augmente en raison de ces pratiques trop excusables.

« Pour conserver à la pêche son importance actuelle, dit en conclusion l'auteur de *La pêche côtière dans la Méditerrannée*, il est impérieusement nécessaire d'en entraver légèrement l'exercice sous le rapport des lieux. Elle ne serait pas ruinée dans le présent, et, assurément elle serait plus productive dans un avenir peu éloigné, par l'amoindrissement d'un huitième ou d'un dixième de son vaste domaine. La prodigieuse fécondité du poisson et la stabilité des espèces autochtones, garantissent le plein succès de toute mesure qui sera prise en ce sens.

« Toutefois, les résultats de cette mesure ne seraient pas obtenus immédiatement, et il est certain, au contraire, que son premier effet serait d'aggraver pour quelque temps les difficultés existantes. Par suite, les pêcheurs ne la verraient pas d'un œil favorable, mais leur mécontentement serait de courte durée, attendu qu'ils ne manqueraient pas de trouver un dédommagement dans le renchérissement passager du poisson. D'ailleurs, la question pourrait être soumise aux pêcheurs eux-mêmes. Réunis depuis longtemps en prud'homies ou associations représentant l'intérêt commun, ils doivent mieux comprendre

l'utilité des mesures qui doivent tourner au profit
général (1). »

Il ne faudrait pas conclure de ces dernières lignes
que l'institution des prud'hommes pêcheurs soit générale sur notre littoral ; bien loin de là. Elle n'a
jamais existé qu'en Provence où elle fut créée par le
roi René, suivant lettres patentes de 1452 et 1477,
reconnues et confirmées depuis jusqu'en 1778, par
une foule d'arrêtés ou d'ordonnances.

En conséquence, à Marseille, à Toulon et dans
quelques autres ports du même littoral, les délits et
contraventions de pêches étaient soumis à la juridic-
tion des prud'hommes qui, dans quelques localités,
s'est exceptionnellement maintenue jusqu'à nos jours.

Mais sur les côtes de l'Océan et de la Manche, les
délits étaient de la compétence de l'amirauté dont
les attributions ont été transportées à des juridictions
très-diverses, ce qui complique d'autant les difficultés.

Les différends relatifs à la pêche côtière ressor-
tissent des tribunaux de commerce ; s'agit-il de délits,
la police appartient à l'administration de la marine et
la justice est rendue par les tribunaux ordinaires où la
question est fort médiocrement connue. Enfin une
partie des anciennes attributions de l'amirauté s'est
trouvée détruite au grand préjudice de l'intérêt public.

(1) *Revue maritime et coloniale*, juin 1861.

Un projet qui rétablirait l'unité nécessaire, fut, en 1846, l'objet d'une excellente brochure publiée par M. le comte Jean d'Harcourt (1), travail consciencieux qui témoigne d'un grand zèle pour le bien général du service et les progrès de la question. Beaussant a traité avec les plus intéressants détails, des incertitudes, des contradictions et des lacunes du régime actuel qui, néanmoins, il faut le proclamer, place les pêcheurs dans des conditions relativement bien meilleures que le régime, font complexe aussi, du temps des amirautés. Les considérations et les travaux statistiques de l'auteur des *Études sur la pêche en France* (2) en fournissent surabondamment les preuves.

Il n'en est que plus vrai de dire que l'opinion des pêcheurs, réunis ou non en prud'homies, est fort utile à connaître ; — aussi bien les anglais n'ont-ils pas dédaigné de consulter les pêcheurs de leur littoral et de tenir compte des témoignages de ces hommes spéciaux dans l'enquête ouverte, par décision du Parlement, pour examiner s'il convient de modifier la législation relative à la pêche côtière.

« Les pêcheurs doivent, les premiers, profiter des produits qu'on retire de la mer. Qu'on s'attache à le leur faire comprendre, et on les verra réclamer l'appui

(1) *Pêche côtière*, (Amyot, libraire-éditeur), 1846.
(2) *Revue maritime et coloniale*, 1864, 1865.

et solliciter les conseils de ceux qui se vouent à la défense de leurs intérêts (1). »

Du reste, un esprit d'individualisme plus rétif, plus étroit, plus arriéré peut-être qu'il ne le fut sous le régime d'autrefois, nuit évidemment aux progrès d'ensemble aussi bien qu'aux bénéfices journaliers. L'auteur que nous venons de citer, dit à ce sujet :

« Si les patrons consentaient à s'associer entr'eux de manière à former des groupes de bateaux restant à la mer, et faisant apporter par l'un d'eux, à tour de rôle, le produit de la pêche au port, les résultats de l'opération seraient supérieurs à ce qu'ils sont. Malheureusement il n'en est pas ainsi. Le pêcheur ne veut pas se soumettre à une association qui gêne la liberté de ses allures. Il aime mieux opérer isolément. L'équipage navigue à la part, et dans le calcul des profits de chacun on voit figurer le bateau, les filets, le patron, les matelots, suivant une proportion déterminée. »

Chose remarquable, de temps immémorial sur la plupart des barques de pêche existe l'association d'où résulte le partage proportionnel des bénéfices, mais l'association entre bateaux appartenant à des maîtres différents est, au contraire, fort rare.

Sur certains points de Normandie cependant on voit parfois de nombreux pêcheurs mettre leurs inté-

(2) *Revue maritime et coloniale*, octobre 1864, p. 246.

rêts en commun et reconnaître l'autorité de l'un
d'entr'eux, *l'équoreur*, dont la mission est de partager les gains entre les associés.

« Il reçoit le poisson, surveille la vente qui en es
faite, reçoit l'argent et en reste responsable. Un bon
équoreur enrichit l'association à laquelle il préside,
non-seulement par son administration, mais par son
autorité sur les pêcheurs sociétaires, grâce aux conseils qu'il donne et fait suivre à chacun. Les bateaux
appartiennent habituellement à la communauté,
chaque pêcheur n'apporte que ses bras et un certain
nombre d'engins dits *appelets*. Les parts sont établies
d'après la quantité de filets ainsi fournis. Les sociétaires s'embarquent à tour de rôle, d'après un arrangement amical dans lequel on consulte les besoins du
ménage et les affaires personnelles. Si l'un des associés meurt, sa veuve reste intéressée pour le même
nombre de parts que le défunt, pourvu qu'elle en-
tretienne la même quantité d'*appelets* et qu'elle loue
un homme qui puisse s'embarquer à son tour. Les
pêcheurs trop pauvres pour fournir des engins en
empruntent, et peuvent ainsi participer aux bénéfices de la société. On prélève sur chaque pêche, et
avant tout partage, le septième de la recette brute;
c'est le fonds social destiné à entretenir les bateaux
et à les remplacer si quelque naufrage les enlève.

» Toutes ces conventions sont établies par l'usage
et ne donnent lieu à aucune discussion. Fondées sur

une justice naïve et sur un sentiment de fraternité sincère, elles forment un véritable code auquel personne ne pourrait se soustraire impunément. Le pêcheur qui ne remplirait point ses devoirs, qui chercherait à frustrer ses associés ou qui voudrait décliner la décision de l'*équoreur* pour recourir aux tribunaux, se déshonorerait aux yeux de la commune et n'y trouverait plus ni sympathie ni secours (1). »

Voilà qui rentre complétement dans les idées de M. le comte d'Harcourt et qui est du meilleur exemple. Combien ne serait-il pas heureux de voir se généraliser la coutume aussi sage que confraternelle dont on vient de lire le tableau.

Mieux que toutes les argumentations, elle prouve que l'amélioration des lois et règlements, de la police et des mesures en vigueur ne suffisent pas. Il faut, en outre, adoucir les mœurs généralement âpres des pêcheurs, en leur inculquant la complète connaissance de leurs intérêts collectifs; mais ici la tâche de l'administration est d'autant plus difficile qu'ils ont été rendus ombrageux par des exactions de toutes sortes. Pressurés par les seigneurs riverains, mal protégés et souvent tracassés par les amirautés, assujettis à des impôts oppressifs, soumis à des règlements fluctuants, contradictoires, ruineux et parfois injustes, menacés eux et leurs femmes, des peines les

(1) Voir le *Magasin pittoresque*, tome XIX, p. 12.

plus terribles, les galères, le fouet, la déportation
aux colonies et la servitude, pour des actes moralement
inoffensifs, comment ces pauvres gens ne seraient-ils pas devenus rogues, défiants, hargneux et
par suite ennemis de toute autorité? L'histoire du seul
chalut, engin analogue au gangui des Provençaux,
justifierait suffisamment leur esprit ombrageux.

Successivement toléré, prohibé, permis, défendu,
le chalut est celui de tous les filets traînants qui a le
plus occupé les législateurs. Il a la forme d'un sac
qui va se rétrécissant. La partie supérieure est fixée
à une vergue de dix à quinze mètres de long. Un
système de barres de fer maintient la vergue à une
hauteur constante, tandis que la partie inférieure du
filet, garnie de plombs ou de chaînes de fer, glisse
en festons sur le sol exactement raclé par la traction
du sac qui engouffre tout sur sa route.

En proscrivant absolument l'usage du chalut, sans
avoir sensiblement favorisé la pêche riveraine, on
réduisit au désespoir et à la détresse tous les pêcheurs
côtiers. Aussi fallut-il bientôt se relâcher de cet excès
de rigueur. Mais une nouvelle défense d'employer le
chalut est faite en 1744. Aussitôt des plaintes et réclamations se font entendre sur tout le littoral. Une
ordonnance consacre définitivement l'existence de
cet engin si décrié qui, d'après un auteur très-com-
pétent, a été le signal d'une heureuse révolution dans
les pratiques de la pêche.

« Au lieu de la misère, il a répandu l'aisance, et si quelques abus ont été commis par son emploi, il y aurait injustice à ne pas reconnaître qu'il a été la cause et le principe d'une véritable prospérité sur nos rivages. »

La distance à laquelle il sera permis ou défendu d'user des filets traînants est désormais l'objet d'une législation qui, — bien qu'incomplète, — est de tous points préférable aux prohibitions et réglementations antérieures.

C'est plaisir, d'ailleurs, que d'assister à ces pêches actives où le marin développe une intelligence et une adresse de tous les instants. Les eaux sillonnées par les chalutiers sont vivantes. La mer, dont ils moissonnent les produits, et les rivages qui la bordent, sont le champ d'une industrie pittoresque à laquelle prennent part de nombreuses familles. Enfin, le succès rend au pêcheur la gaîté, l'entrain et la force morale nécessaires à l'exercice de sa profession.

S'il a été convenable de transiger avec les pêcheries sédentaires, à plus forte raison doit-on faire une part équitable aux filets traînants, rets traversiers et autres engins analogues, ce qu'a, du reste, parfaitement compris l'administration supérieure de la marine.

L'abus le plus grave est l'emploi du frai ou du fretin à l'engrais des terres, l'arrachement des plantes maritimes et la récolte dévastatrice des petits poissons qu'on réduit en pâte pour fumer les champs. Sur ces points toute concession est funeste, et la police des côtes ne saurait être exercée avec trop de fermeté, car, en quelques heures de leur maréyage barbare, les gens adonnés au commerce de l'engrais pisciforme font plus de mal, pour un gain misérable, que ne feraient de bien, à très-grand frais, nos plus zélés pisciculteurs en des années de travaux assidus.

Poissons voyageurs.

HISTOIRE LAMENTABLE.

L'hirondelle, d'où vient-elle? Et la cigogne, l'oie et le canard sauvages, la modeste caille elle-même et tant d'autres oiseaux de passage, d'où viennent-ils? Où vont-ils?

La mer, pour ses poissons voyageurs, ne daigne pas plus que l'atmosphère répondre à notre curiosité. Savants et poëtes sont logés en ceci à la même enseigne. Bien impertinente est la créature qui ose se targuer de science quand les moindres secrets du Créateur sont pour elle impénétrables.

Où va se cacher l'hirondelle après s'être abritée

sous nos propres toits? Où donc éclosent par myriades de myriades les harengs, les maquereaux, les
sardines qui, tous les ans, à pareille époque, viennent
visiter notre littoral? Dans quelle mystérieuse officine la nature élabore-t-elle cette manne du peuple
marin ?

On ne sait qu'une chose, — celle qu'on touche du
doigt, — c'est que, parcourant toujours le même
itinéraire, les harengs descendent du nord, que les
sardines arrivent du midi, et que les maquereaux
apparaissent au printemps sur les côtes d'Islande.

On affirme que le Septentrion est la patrie de ces
derniers et qu'après les cruels hasards de leurs pérégrinations, les Philopœmen de leurs bandes vont y
reprendre leurs quartiers d'hiver. Ils y pondent,
ils y meurent, et cela sans avoir fait leur testament. Leurs progénitures, manquant de biblio-
thèques, d'imprimeries, de journaux, de traités
d'histoire et d'économie politique, ignorent les tribulations d'ancêtres dont les relations de voyage ne
sauraient les porter à réfléchir. Toute tradition fait
défaut à ce peuple inexpérimenté qui a froid, qui a
faim et foisonne au point de se trouver fort à l'étroit
dans sa glaciale résidence. Plus excusables mille
fois que les hommes, ils refont de génération en génération la même folie, le même voyage vers l'inconnu, la même révolution qu'ils paieront sur le
gril, dans la poële à frire ou en sauce à la maître-

d'hôtel. Ah! ils avaient trop froid!... hélas! ils ont trop chaud maintenant.

Aventureux comme il convient à leur âge juvénil, et confiants dans les paroles dorées des meneurs, ils se laissent aveuglément séduire par l'annonce d'une félicité imaginaire. Du reste, les arguments des no-vateurs sont captieux.

— Frères et amis, s'écrient ces audacieux poissons trop avancés en connaissances physiques et astrono-miques, remarquez que la lumière et la chaleur nous viennent du midi! Le midi est la maison du Soleil dont la réfraction pénètre jusqu'à nous! Le midi doit être le climat de l'abondance, le pays du bonheur. Les courants du midi sont tièdes, les vents du midi sont doux ; voilà des faits irrécusables, palpables pour les arêtes les moins sensibles.

— Oui! oui! c'est positif!

— Au nom de ces notions positives, chers frères et sœurs, devançons les temps! n'attendons pas dans nos banquises inhospitalières des bienfaits qu'il ne tient qu'à nous de conquérir! Osons aller vaillam-ment nous emparer de la chaleur et de la lumière!

— Bravo! bravissimo!

— Serrons les rangs! qu'on se soutienne! Aban-donnons les contrées obscures où nos aïeux eurent la sottise de se confiner, grelottant, n'ayant rien à croquer, végétant comme des testacés au lieu de vivre librement comme poissons dans l'eau!

A ces paroles, les applaudissements redoublent; toutes les nageoires s'entrechoquent avec enthousiasme, les bonds désordonnés de la multitude font bouillonner la mer.

— Laissons ces ondes ennuyeuses à la monstrueuse baleine, stupide colosse, cétacé indigeste qui déguise sa poltronnerie en prudence! Alertes, fringants et braves, jouissons mieux de la vie!... En route donc! en route! vive la liberté!

— Vive la liberté! répondent comme un seul homme tous ces poissons dont aucun, à la vérité, n'a mis en thème l'histoire des républiques grecque, romaine ou carthaginoise, et qui n'ont pas même ouvert les journaux relatant la guerre des États-Unis d'Amérique.

Bref, aux premiers jours du printemps ils cotoient l'Islande, dont les pêcheurs commencent à leur donner quelques sévères leçons d'indépendance. C'est égal! Loin de rétrograder, ils descendent vers les Iles Britanniques, s'y font pêcher à bouche que veux-tu et là se partagent en deux bandes.

Les opiniâtres, les enragés de lumière et de chaleur se jettent dans l'Atlantique, admirent les rivages occidentaux de la France, et s'enivrent aux embouchures de la Loire et de la Gironde, dont les marins ne les épargnent guère; les oiseaux et les poissons de proie poursuivent leurs phalanges, mais ils flairent le parfum des orangers au bas du Tage, où

maints filets les retiennent plus ou moins. Cadix reçoit leur visite, les cuisinières de Rota s'en réjouissent. En colonnes serrées, on franchit ensuite le
détroit de Gibraltar. Les Maures, les Espagnols et
les Anglais rivalisent d'ardeur avec les requins et les
rapaces de l'air. Hélas! que de dangers on court en
voyage, surtout quand on est bon à manger à l'o-
seille. A droite, cependant, voici les rives barba-
resques, Oran, Alger, Tunis, Tripoli; mais à gauche
sont Malaga, Carthagène, Valence, Barcelone et
puis Cette qui approvisionne la poissonnerie de
Montpellier, et la superbe Marseille, le golfe de
Gênes, la belle Italie, Parthénope au pied du Vésuve,
la Sicile que domine l'Etna, autant de terres et de
mers non moins barbares pour les intrépides voyageurs
que les ci-devant repaires des forbans d'Afrique.
Quel que soit l'itinéraire choisi, Carybde, c'est l'hameçon et la grillade; Scylla, c'est le filet et le court
bouillon, sans parler des gouffres industriels : salaison et marinade.

Les hommes du nord salent et caquent les maquereaux ; les gens du midi préfèrent les mariner. Mais,
pour peu que la caravane pélagienne ait franchi la
mer Adriatique, elle pénètre dans l'Archipel; on
contemple le Péloponèse et l'Attique, on aura la
gloire d'être pêché par les descendants de Léonidas
ou de Thémistocle. Bon nombre de pèlerins seront
assaisonnés avec de l'huile athénienne, d'autres se

feront fricasser sur les rivages où fut Troie. Tel est le sort des progressistes, dont les plus heureux expireront dans la mer Noire.

Cependant, instruits par une douloureuse expérience, les ganaches, les arriérés, les réactionnaires voudraient bien s'en retourner chez eux, dans leurs glaciers féodaux ; malheureusement, ils n'osent prendre la ligne la plus courte, de crainte de rencontrer encore les longues lignes des perfides insulaires d'Albion. Ils essayent donc d'un autre chemin. Les voici dans la Manche ; Cherbourg, le Havre, Dieppe, Boulogne et Calais d'un côté, Falmouth, Plymouth, Darmouth, Portsmouth et Douvres, de l'autre, leur jouent mille tours affreux ; partout des guet-à-pens, des rets, des piéges et des sauces au beurre noir. C'est en vain que, se fiant à l'hospitalité batave, les infortunés gagnent les bancs des Pays-Bas, ils ne s'y asseoiront que pour faire l'affligeante connaissance de l'assaisonnement aux groseilles. Épouvantés, consternés, affolés, les fuyards s'engagent imprudemment dans le Sund, c'est pour se perdre dans l'impasse scandinave, la Baltique, dérisoirement nommée par les anciens géographes *pigrum mare*, mer paresseuse, mer du repos ; ils n'échapperont pas au plus détestable des beurres rances, on ira jusqu'à les faire frire dans la graisse d'autres poissons. Ils périront tous sous les dents des Danois, des Suédois, des Prussiens, des Polonais, des Moscovites ; pour eux point de retraite de Russie.

Mais enfin, un petit nombre de vétérans, évitant l'entonnoir du Catégat, longent à l'occident la Norwége, dépassent Drontheim et rentrent au pays natal en jurant bien de ne plus retourner à la conquête de la lumière. Ce sera pour finir dans l'obscurité, non sans laisser une postérité innombrable qui, l'an prochain, commettra les même fautes, repassera par les mêmes lieux, ira se repentir dans les mêmes marmites, satisfaire les mêmes appétits dévorants et réjouir les mêmes palais.

Histoire lamentable qui a trop de rapports avec celle de notre pauvre humanité, toujours sourde aux enseignements des siècles passés, courant toujours au-devant des monstres qui la dévorent, avide de révolutions et de grandes aventures d'où ne reviennent que quelques sages destinés à prêcher dans le désert; provoquant les catastrophes par son aveugle témérité, regardant la guerre comme la raison suprême, tandis que la plus mauvaise paix est mille fois moins déraisonnable; s'égarant sans cesse dans de funèbres impasses, et, en fin de compte, forcée de s'estimer heureuse de se retrouver à son point de départ. Que faire à ces malheurs? Hommes et poissons, à ce qu'il paraît, sont également enclins à se jeter dans la nasse.

LES HARENGS ET LEUR ROI.

Messieurs les harengs se comportent exactement comme les auriols, horreaux ou maquereaux, à quelques modifications près dans leur itinéraire plus développé en tous sens. Le hareng est le poisson voyageur par excellence.

Ses légions transatlantiques visitent le Groënland, le Labrador, Terre-Neuve et les États Américains. Elles ne s'éclaircissent qu'après avoir cotoyé la Caroline du sud.

Les légions orientales s'épandent par cohortes compactes du cap Nord à la mer de Béring, pour la satisfaction des Lapons, des Samoyèdes et des Kamchadales.

Et les milliers de hordes formant les armées du centre vont explorer tous les rivages de l'Europe et de l'Afrique. On en fait la pêche jusqu'au cap Bonne-Espérance.

Quelques auteurs, admettant que le hareng est cosmopolite, disent qu'il part des mers boréales pour fournir au monde une nourriture saine et abondante. Toutefois les harengs des Moluques et des archipels avoisinants diffèrent assez de ceux de notre pôle pour qu'on ne puisse croire qu'ils en arrivent directement.

Pourquoi quelques grandes colonies de harengs n'auraient-elles pas fondé des métropoles dans des parages encore mystérieux? Si l'ichthyologie boréale est incomplète, si nos naturalistes n'ont découvert qu'une minime partie des mœurs de nos poissons les mieux connus, que dire d'un peu vraisemblable sur l'ichthyologie australe ? La zone polaire du sud recèle sans doute les pépinières d'espèces nombreuses que la Providence y tient en réserve pour les siècles à venir.

Malgré les pertes que leur font éprouver d'innombrables ennemis, on ne s'aperçoit pas, dit-on, que les harengs deviennent plus rares ; cependant, avant l'immense industrie à laquelle donne lieu sa pêche, il abondait en certains parages au point d'y gêner la navigation, et de nos jours il n'en est plus ainsi.

« Sa pêche nommée *Droguerie*, dit le P. Fournier (1), se faisait anciennement dans la mer Baltique ès côtes de Riga en Livonie, d'où, soit pour punir les habitants de ces contrées, ou par quelque secret ordre et permission de Dieu, elle vint en Poméranie, puis à la pointe de Gothie, vers le bourg de Falsterby, où comme remarque Saxo Gramaticus, il s'en trouvait une si prodigieuse quantité qu'on les prenait à la main, et souvent tout ce golfe en était tellement rempli que les matelots avaient de la peine à y manier leurs avirons. »

En été, d'après nos pêcheurs, il naît sur les côtes de la Manche une multitude de vers appelés *Surfs* et

_____

(1) *Hydrographie,* l. IV, ch. XXX.

de menus poissons dont les harengs se nourrissent :
«C'est une manne qu'ils viennent recueillir fidèlement.
Quand ils ont tout enlevé le long des parties septentrionales de l'Europe, ils descendent vers le midi où
une nouvelle pâture les appelle. Si ces nourritures
manquent, les harengs vont chercher leur vie
ailleurs : le passage est plus prompt et la pêche moins
bonne (1). »

La merveilleuse fécondité de nos poissons sédentaires n'a pu les préserver d'une diminution dont
s'inquiètent à bon droit l'économiste et le législateur;
heureusement la température glaciale des pôles, inabordables pour l'homme, garantit les espèces voya-
geuses. Il n'y aura donc jamais lieu de prendre des
mesures générales pour la conservation du hareng,
non-seulement parce que sa femelle porte plus de
soixante mille œufs, mais surtout parce que la race
se multiplie, en toute sécurité, loin de nos rives hé-
rissées de parcs, d'enclos, d'écluses, pêcheries meur-
trières pour le jeune poisson, et loin de nos fonds
raclés avec des engins qui, arrachant jusqu'aux herbes
marines, doivent empêcher la production des vers
dont se repaissent les harengs.

Après avoir constaté la diminution de leur pêche au
nord du Havre, un auteur spécial ajoute qu'au point
de vue du rendement de cette pêche, il serait inté-

(1) *Le Spectacle de la nature*, t. I, entr. XIII.

ressant de rechercher quelles fluctuations se sont établies dans ses produits : « On sait bien que la morue, la lingue poursuivent les bancs de harengs pour en faire leur nourriture. Mais quelles espèces poursuivent ces derniers ? S'il y abondance des unes, doit-il y avoir abondance des autres (1) ? » — Assurément. Le hareng désertera les parages où ne se trouvent plus les aliments nécessaires à sa subsistance, et notre ignorance qui détruit si souvent des sources de vie, peut en ceci être une cause déterminante. Par conséquent, s'il est prouvé que les abus de la pêche riveraine tendent à éloigner de notre littoral, soit les harengs, soit tout autre genre de poissons voyageurs, de sages dispositions locales ne sauraient être inutiles.

La pêche du hareng était si importante en Danemark, que dans les lois publiées par Eric IX et Marguerite Waldemar, la peine de mort frappait les pêcheurs et leurs femmes qui préparaient mal ce poisson.

En vertu d'une décrétale du pape Alexandre III, de l'an 1160, et d'après les vieilles coutumes de la mer, sa pêche était permise les dimanches et jours de fête, parce qu'elle n'a lieu que pendant une saison et qu'elle fournit l'aliment des pauvres.

(1) Études sur la pêche en France, *Revue maritime et coloniale*, octobre 1864.

7*

Les harengs frais sont excellents, mais on en manque nécessairement fort vite. Les harengs salés, fumés, encaqués, préparés pour l'exportation, sont bien autrement précieux ; on peut dire qu'ils voyagent après leur mort autant et plus que durant leur nomade existence. Ils sont l'objet d'un commerce si considérable qu'il fit dès le treizième siècle la fortune de la Hollande. « Amsterdam, d'après le dicton national, est fondé sur des arêtes de harengs. »

Le flamand Guillaume Bukeldius (Beuckleh) inventeur de l'art de saler et caquer les harengs s'immortalisa comme bienfaiteur de son pays. Il mourut en 1449. L'empereur Charles-Quint et la reine de Hongrie, sa sœur, appréciant la grandeur de ses services tinrent à honneur de visiter sa tombe. De nos jours, comme autrefois, il est rare qu'un tel hommage soit rendu, par les rois et surtout par les peuples, à la mémoire de quiconque n'a rien sabré, dévasté, pillé et saccagé. Aux illustres massacreurs les hymmes et les trophées, les arcs de triomphe et les colonnes de bronze ; aux pères nourriciers l'oubli ou même le dédain.

Conserver le hareng et assurer pour jamais l'aisance de populations laborieuses, que signifie cela ? Fi donc ! Parlez-nous de mettre à feu et à sang des villes, des provinces, des empires ! Alexandre, Attila et tant d'autres disparaissent, il est vrai, sans avoir rien fondé. Qu'importe ! Ils firent, en leur temps,

beaucoup de mal et de tapage : qu'ils soient portés
aux nues à perpétuité ! Les conquérants répondront
peut-être qu'il en est des hommes comme des poissons,
que les plus gros sont faits pour manger les plus
petits , que la destruction est nécessaire à la conservation sous peine de rupture d'équilibre , de famine ,
de misères sans nom , et bref que la guerre, fléau
bienfaisant, nous empêche de nous entasser à la chi-
noise, comme ces harengs de la Baltique dont les
masses compactes allaient jusqu'à contrarier le ma-
niement des rames et la marche des bateaux. Ne nous
avisons pas de discuter avec les conquérants. Mieux
vaut jeter un coup d'œil curieux sur les armées des
harengs voyageurs , denses , serrées , étagées, formées en bon ordre sur trois , quatre et cinq mètres
en profondeur, larges de douze lieues et plus, longues
de soixante à quatre-vingts, entourées d'ennemis dévorants, mais poursuivant, sinon sans peur , du
moins sans reproche, leur merveilleuse circumna-
vigation.

Les pétrels , les mouettes, les goëlands , tous les
rapaces ailés du monde maritime , volent, planent,
fondent sur les harengs ; les chiens de mer, les
dauphins, les cabeliaux , les morues toujours affa-
mées , une multitude d'autres voraces, attaquent les
flancs de l'immense colonne sous laquelle la mer hui-
leuse semble s'apaiser. Tout est signal pour l'homme.
Les nuées d'oiseaux , les mouvements des cétacés ,

les jets qui s'échappent des évents des souffleurs, les
ailerons noirs qui semblent tourner comme des roues,
la phosphorescence de la houle, le clapotis des ondes
qui portent le banc pélagien :

— Voici les *éclairs* du hareng !

Mille cris de joie partent du rivage : aussitôt des
barques mille fois plus terribles que les requins et
les harponniers de l'air, se chargent de matelots et
d'engins de destruction.

—A la pêche ! Pousse au large ! Haut la voile ! Souque sur les avirons ! Attrape à jeter les filets !... Du
sel, des barils, des charrettes !... Voisins, amis,
femmes, filles, garçons ! à l'ouvrage ! Il n'en manquera pour personne ! Voici le hareng ! la nourriture
du pauvre monde !

« O nature ! O Providence ! O Dieu ! s'écrie avec
enthousiasme un pieux naturaliste qui décrit la marche
des poissons voyageurs. L'attention des harengs des
premières rangées se porte sur les mouvements des
harengs royaux, guides généraux de la caravane entière. » Et ceux-ci, d'après la légende, obéiraient
eux-mêmes à un chef unique, *le roi des harengs*.
Lorsque la colonne se met en marche, elle est de beaucoup plus longue que large ; mais une fois en plaine
mer, elle s'élargit et peut occuper une surface égale
à celle des Iles-Britanniques. Faut-il s'engager dans
un canal, elle se resserre, s'allonge, aux dépens de
sa largeur, et sans que la vitesse générale se soit

ralentie, l'évolution s'opère avec une précision, un ensemble qui ferait honte à nos troupes les mieux disciplinées.

L'existence du roi des harengs et de son cortége de maréchaux est rejetée par les sceptiques dans le domaine des fables : « Comment a-t-on pu, demandent-ils, constater semblables merveilles? » Mais ainsi que les observations relatives aux travaux des champs ont été successivement faites par d'intelligents agriculteurs, de même celles qui intéressent la pêche l'ont été par des pêcheurs attentifs.

Immobile dans sa barque, un de ces érudits mariniers islandais qui emploient leurs longs et froids hivers à l'étude des langues mortes et à de savantes recherches dans les livres, s'est attaché à lire dans le grand livre de la nature, quand au retour du printemps les bandes de harengs se sont dirigées vers lui.

Il a vu, de ses yeux vu, à la tête de l'armée polaire, le superbe roi des harengs, l'emportant comme Porus ou comme Charlemagne, sur tous les grands de l'Empire, par une taille majestueuse. Le monarque à robe d'azur et d'argent, nageait avec la sagesse qui convient à un prince expérimenté, parfois entre deux eaux, parfois à découvert. D'un auguste coup de queue, il faisait connaître son bon plaisir. Aussitôt ce coup de queue royal était répété par les hauts dignitaires de la harengerie, personnages fort remarquables aussi, d'un noble embonpoint, de belle

mine et de stature prépondérante. A de tels signes
comment ne pas reconnaître les grands officiers de la
couronne ? Le roi s'arrêtait-il, l'armée se massait sans
que personne se permît de le dépasser ; reprenait-il
son généreux élan, chacun se hâtait de le suivre.
Tournait-il vers la droite ou vers la gauche, son mouvement occasionnait une conversion immédiate.

Patient comme un pêcheur de profession, porté à
la méditation et au rapprochement des faits, le modeste lettré Islandais s'est souvenu du quatrième
chant des *Géorgiques* et du roi des abeilles. Virgile
dit *roi*, nous disons à plus juste titre *reine* ; l'analogie
n'en existe ni plus ni moins. L'observateur a surpris
un des beaux secrets de l'harmonie naturelle, il a
communiqué à ses amis cette aimable découverte.

Après la première armée des harengs, une seconde
légion est apparue sur les côtes d'Islande, vingt nouveaux observateurs, cette fois, ont étudié sur le vif.
— Mais un jour, le plus imprudent, le plus jeune
d'entre eux, n'a pas craint de porter une main témé-
roire sur le roi des harengs. Il l'a pris dans un avano
comme un poisson vulgaire. O désastre, la légion se
débande : les maréchaux inquiets abandonnent leurs
postes ; les serre-files désertent, la déroute est complète, les harengs se sont dispersés, ils iront périr çà
et là sans but et sans gloire.

« Malheur à qui pêche le roi des harengs ! » Les
marins qui le prennent vivant ont grand soin de le

rejeter à la mer , mais d'après un autre dicton : « Hareng hors de l'eau, hareng mort ! » Aussi point de pardon pour le coupable apprenti qui , croyant faire un coup de maître , s'ingénie à capturer le poisson royal : il sera honteusement chassé de la barque et , pour la vie, peut-être , forcé de renoncer à la pêche du hareng. Il a commis un crime de lèse-majesté; un naufrage inévitable attend la chaloupe théâtre de son forfait.

— O mousse de perdition , né pour la désolation des harengs et la ruine des hommes ! s'écrie le patron affligé , tu ne vaux pas le manche d'un fouet à douze brins !

Accablé par les malédictions de l'équipage, Péters a vu toutes les barques se charger de harengs. Celle même où il servait s'en remplit à couler bas, Péters se permit de faire la remarque qu'en résumé le malheur n'était pas grand. — Blasphème irrémissible ! Au même instant une lame vengeresse soulève et engloutit la barque. — Rejeté sur le rivage comme un insigne malfaiteur , l'infortuné mousse s'engagea sur un vaisseau de ligne; il fit trois fois le tour du monde en guerroyant contre les ennemis ; il y gagna les galons de maître-d'équipage ; mais un regret amer ne cessa de naviguer avec lui ; sa propre conscience lui interdisait la pêche du hareng; il vécut et mourut avec la nostalgie de cette pêche bien-aimée.

Les feux de joie de la Saint-Jean sont le signal de

la pêche du hareng dans la mer du Nord. Les pêcheurs de ces parages font serment de ne pas en
prendre un seul avant que la Saint-Jean soit passée.

Mais minuit sonne sur la flottille! Houra! Voici
l'heure! Que les feux de paille s'éteignent à terre, à
bord s'allument les feux rouges qui répondent à la
phosphorescence argentée des eaux. Les harengs accourent à la lumière. Les vastes filets, les larges
seines une fois à l'eau, chaque barque se laissera dé-
river à son poste; sur chacune d'elles on travaille
avec une ardeur égale à décharger et relancer les
rêts qui ont jusqu'à deux cent-vingt mètres de long.

En Hollande et en Angleterre, des règlements très-
minutieux ont pourvu à tous les détails de police de
la pêche. Notre ordonnance de 1681, détermine la
dimension des mailles ou macles en lozange dans
lesquelles les harengs se prennent par la tête. Elles
doivent avoir un pouce au carré. A peine de cinquante
livres d'amende et de confiscation des filets, il est
défendu d'en employer dont la maille soit plus petite.
L'ordonnance prescrit encore d'avoir deux feux allumés, l'un sur l'avant, l'autre sur l'arrière, pour
prévenir les abordages. Tant que les filets sont à la
mer, les feux doivent rester haut. L'équipage qui a
jeté ses filets est tenu de ne pas quitter son rang,
et, de jour comme de nuit, sous peine d'amende, de
réparation et de dommages-intérêts, doit aller à la
dérive le même bord au vent que les autres pêcheurs.

Tout ce qui concerne la pêche, la surveillance de la vente et des salaisons, l'embarillage, le débit et le transport des harengs a été sagement réglé par nos anciennes lois. Et c'est méconnaître le génie organisateur de notre grand Colbert que de répéter, — comme on le fait sans cesse, — que nous soyons dépassés à cet égard par des nations qui, à la vérité, tirent de la pêche du hareng de plus grands avantages industriels et commerciaux.

Les peuples du Nord, les Hollandais notamment, ont la réputation d'avoir les premiers pratiqué l'art de conserver le hareng. Comme on l'a vu, la gloire de cette découverte est attribuée à un Flamand demeuré illustre, et nul doute que Guillaume Beuckleh ne la mérite, lors même qu'il n'aurait que généralisé une pratique peu connue avant lui.

Il n'en est pas moins prouvé historiquement que plus de sept cents ans avant les Hollandais, nos navigateurs dieppois avaient rapporté de la mer du Nord des harengs salés et encaqués. Ces Dieppois furent d'admirables navigateurs. Le sang aventureux des Normands, leurs ancêtres, fermentait dans leurs veines. Bien avant les Portugais et les Espagnols, ils se livrèrent aux grandes entreprises maritimes, aux découvertes, aux colonisations. S'il est probablement apocryphe que le Dieppois Cousin découvrit le Nouveau Monde avant Christophe Colomb, il n'est pas contestable que les côtes du Sénégal et de la Guinée étaient explorées et fréquentées par ses compatriotes bien avant que les Portugais y eussent paru. Dès 1364, d'après une ancienne tradition, ils y fondèrent des comptoirs. En 1383, ils bâtirent à La Mine une église qui existait encore en 1669. L'ancienneté des noms de Baie de France, *Petit Dieppe*, Petit Paris, Château des Français est parfaitement constatée. En 1488, Cousin naviguait le long des côtes de Guinée. Les Dieppois précédèrent les Hollandais dans les mers Glaciales. Ils pêchaient la baleine sur les côtes du Groënland, la morue sur le banc de Terre-Neuve, la tortue aux îles d'Amérique. Dès le quatorzième siècle, ils firent des expéditions au delà du cap de Bonne-Espérance, à Madagascar et jusqu'à Sumatra où les frères Parmentier abordèrent en 1529. Vers 1524, les capitaines dieppois Guérard et Roussel découvraient le fleuve des Amazones. En 1562, le capitaine Dieppois, Jean Ribaud explora la Floride où il bâtit un fort.

A partir de cette époque on rencontre les Dieppois dans les mers les plus lointaines. Ils trafiquent aux Indes, dans la mer Rouge, en Chine, au Japon.

La famille Bart est originaire de Dieppe, les Duquesne y sont nés; c'est à Dieppe que s'organisèrent les premières expéditions de nos célèbres aventuriers flibustiers. La légende et l'histoire des navigateurs dieppois fourniraient à nos annales maritimes des pages du plus puissant intérêt.

Aujourd'hui Dieppe possède seize ateliers pour la salaison des harengs (1). Le hareng *bouffi* de Dieppe jouit d'une renommée particulière. Le hareng bouffi, par parenthèse, est celui qui, saisi par le feu, doit à son genre de préparation une couleur dorée qui séduit certains consommateurs.

Les modes d'apprêts du hareng sont très-divers. D'abord, il est *braillé* ou salé en mer, soit à fond de cale, c'est-à-dire *en grénier,* soit en barils; mais à peine de 500 francs d'amende et de confiscation des marchandises, il est défendu de mélanger ces harengs avec ceux qui seront à terre l'objet d'une préparation supérieure.

Pour être *caqué*, par l'enlèvement des brailles et des ouïes il faut que le hareng soit frais, et plus l'opération du caquage se rapproche du moment où le poisson est sorti des filets, meilleurs sont les produits. D'où il suit qu'entre un hareng d'une nuit et celui de deux nuits la différence est si grande qu'elle doit être signalée au commerce, sans quoi il y aurait contravention, et la peine, en certain cas, sur la date de la pêche, peut aller jusqu'à un an de prison.

On entend par hareng blanc ou *paqué* celui qui, après avoir subi l'opération préalable du caquage, passe dix jours au moins dans la saumure, est ensuite égoutté avec soin et embarillé par des paqueuses qui

(1) *Préparation du hareng*, BURET, 1864.

ont soin de l'aliter le dos en dessous. A Boulogne, on prépare surtout du hareng blanc.

La hareng fumé ou boucané se subdivise en *bouffi*, c'est-à-dire exposé à l'action du feu pendant quelques heures seulement, — en *demi-prêt* qu'on soumet à la fumée durant plusieurs jours, — et en *saur* qu'on fait dessécher complétement dans des ateliers spéciaux dits *coresses* ou *roussables*, et non pas simplement dans des cheminées.

Les chemins de fer tendent, dit-on, à faire disparaître l'industrie du hareng saur, qui, cependant, est très-convenable comme provision de mer, mais le hareng *pec* ou salé s'exporte aussi; les Anglais et les Hollandais en font un commerce immense.

La pêche du hareng qui nage entre deux eaux ne nécessite pas l'usage des filets traînants destructeurs du frai et des plantes marines; elle se fait comme celle de la morue, de la raie, des poissons plats et des crustacés avec des filets dormants, chargés de plomb par la base, mais soutenus à flot par des amarres et des chapelets de liége.

Son origine se perd dans la nuit des temps. Elle ne fut pas ignorée des anciens, s'il est vrai que le mot *hareng* vienne du latin *harens* ou *harescens*, signifiant *qui devient sec*, en sorte, ajoute Trévoux, que *hareng* veut dire poisson qu'on fait sécher.

Cette pêche assura la prospérité des Scandinaves, bien avant de faire celle des Hollandais dont les An-

glais sont désormais les rivaux. Elle occupe de nos
jours des milliers de navires du port de cinquante à
quatre-vingts tonneaux, sans compter les bâtiments
de transports qui s'en chargent pour les colonies lointaines.

Dans nos locutions et proverbes français, le hareng
occupe une place qui témoigne de sa légitime popularité, on dit : — Maigre comme un hareng ;—pressés
comme harengs dans la caque ; — la caque sent toujours le hareng ; — hareng après Pâques vient hors
de saison ; — hareng donné à l'homme, grand tour-
ment (1) ; — une femme qui dit de grossières injures
se fait traiter de *harengère*. Parle-t-on d'un homme
qui mange mal par misère ou par avarice, on dira
qu'il vit d'un hareng.

> Si hareng put, c'est sa nature,
> Si fleure bon, c'est aventure (2).

Les goutteux devraient savoir qu'un hareng ouvert
par le milieu et appliqué sur la partie affligée en
apaise les douleurs. On prétend aussi que la cendre
de hareng bue dans du vin blanc est excellente contre
la gravelle et enfin que la saumure du hareng arrête
la gangrène.

(1) *Trésor des sentences*, seizième siècle.
(2) *La Vie de saint Hareng, martyr*, seizième siècle; Leroux
de Lincy, *le livre des Proverbes français*.

Mais nos médecins modernes refusent de croire à ces vertus du *poisson couronné* comme disent par reconnaissance les pêcheurs de Hambourg, du *roi des poissons* selon un naturaliste qui lui décerne ce titre à cause de son excellence et de son utilité. Il s'ensuit qu'en l'empire de poissonnerie, le roi des harengs, est un roi des rois.

Les harengs disparaissent des côtes de France vers le milieu d'août au plus tard, mais alors déja la sardine y fait son cours de visites; de là, le gai refrain de nos matelots, où la rime est loyalement sacrifiée à la raison :

> Allons à Belle-Isle
> Pécher la sardine !
> Allons à Lorient
> Pécher le hareng !

LES MYSTÈRES DE LA SARDINE.

Savoureuse et délicate sardine, qui s'enquiert de ton origine et du joli lieu de ta naissance, quand, la fourchette en main, il te dépèce dans son assiette? Fraîche et grillée, ou fricassée au beurre, salée et pressée, confite à l'huile ou autrement, tu es toujours savoureuse, nous te croquons à belles dents et n'en demandons guère davantage.

Et cependant, ni plus ni moins que l'héroïne innocente et persécutée de maints fameux mélodrames, tu es un enfant du mystère. Les glaces polaires sont par là-haut pour nous fournir le prétexte d'imposer aux maquereaux et aux harengs une patrie vraisemblable ; mais la sardine, qui doit son nom à la Sardaigne (*Sardinia*), est-elle ou n'est-elle pas une enfant du Midi ? — Elle en arrive, ou plutôt elle semble en arriver ; on se demande pourtant si des canaux salés souterrains ne mettent point en communication les Océans, les Méditerranées et les Caspiennes? Et, à défaut de ces canaux problématiques, n'avons-nous pas des courants sous-marins capables de voiturer d'une mer à l'autre du minuscule fretin qui n'émergera qu'à l'âge de majorité auquel la sardine commence à être bonne sur le gril.

« La sardine a des allures dont il n'a pas été possible, jusqu'à présent, de se rendre un compte même approximatif. D'où elle vient, personne ne le sait ; où elle va, on l'ignore tout autant. » Voilà comment s'exprime l'auteur des *Études sur la pêche en France* (1). Un *pêcheur* anonyme décrit ainsi l'itinéraire de la sardine :

« Elle commence, dit-on, à paraître dans le golfe Adriatique, sur les côtes d'Afrique et le littoral méditerranéen de la France et de l'Espagne, en mars ou avril ; puis elle passe le détroit, suit les côtes

(1) *Revue maritime et coloniale*, octobre 1864, p. 260.

de l'Espagne sur l'Océan et celles du Portugal, et elle arrive sur les côtes de France, vers la Rochelle et les Sables, en mai; enfin, sur les côtes de la Loire-Inférieure et du Morbihan, en juin, et sur celles de Doëlan et de Concarneau, quelques jours plus tard; en août, on la trouve dans la baie de Douarnénez, et en septembre et en octobre, au-delà, à l'île de Batz, à Lannion et sur les côtes d'Angleterre (1). »

La sardine, émigrant de baie en baie, malgré tous les efforts des pêcheurs pour la retenir dans leurs eaux, il s'ensuit qu'à la Rochelle, par exemple, la sardine a disparu, quand on est en pleine pêche à Concarneau ou à Douarnénez.

Le voyage périodique des sardines dure environ six mois; mais, après novembre ou décembre, que deviennent-elles? Retournent-elles dans la Méditerranée? Personne ne les a rencontrées même dans le détroit de Gibraltar. Leur disparition est complète; on ne les revoit qu'au printemps suivant, parcourant sans variantes leur itinéraire accoutumé.

D'après ce qui précède, on supposerait à tort que la sardine n'est connue que sur nos rivages. Elle abonde dans le nord de l'Europe et de l'Asie, en Islande, en Norwége, en Sibérie, au Japon. La

(1) *De la pêche de la sardine,* brochure in-8° de 54 pages. Quimperlé 1864.

Chine n'en est pas dépourvue. En Arabie, l'on fait une espèce de gâteau avec des sardines sèches réduites en poudre. Sur les côtes du Congo, les sardines pullulent au point que, trop serrées dans l'eau, il leur arrive souvent, dit-on, de sauter à terre, où les nègres les ramassent pour les faire bouillir avec du poivre et des plantes aromatiques. Le Brésil n'est pas privé de sardines exquises. Bref, s'il est de nombreux parages qu'elle ne fréquente point, la sardine a ses escales atitrées dans toutes les parties du monde. Seulement, nous sommes au courant de ses visites annuelles aux côtes d'Italie, d'Espagne et de France, et nous ignorons comment elle se comporte ailleurs, ce qui permettrait d'ajouter une foule de paragraphes hypothétiques au chapitre de ses mystères.

Il est tout simple d'admettre que, guidée par le grand instinct de destruction et de conservation qui est la loi universelle, la sardine se dirige vers les parages où abonde sa pâture, — qu'elle y va faire ses fouilles, sa police, ses exécutions de hautes-œuvres, qu'elle y vient remplir sa mission et dévorer les œufs ou les embryons d'espèces qui, sans elle, surabonderaient bientôt d'une manière nuisible à l'économie générale. Tel est assurément le vœu de la nature. Mais l'industrie humaine est venue en aide à l'instinct du frétillant poisson de passage, et la sardine rencontre dans nos baies une hospitalité cruellement

intéressée. L'homme devance ses appétits en la gor-
geant du mets qu'elle recherche entre tous , c'est-à-
dire de *rogue* ou frai de morue; il lui prodigue cet
appât granulé dont elle est si friande , et le filet perfide est déjà tendu , et l'imprudente sardine se punit
elle-même de sa trop excusable gloutonnerie en se
jetant tête baissée dans les mailles.

La vorace morue avale les sardines comme de la
purée ; la sardine , par représailles , détruit ses œufs
par milliards de milliards ; encore faut-il qu'une infinité d'autres espèces collaborent avec elle pour
combattre l'inépuisable , l'infatigable , l'invincible
fécondité de la morue qui pond neuf à dix millions
d'œufs (1). Sans cette guerre acharnée , incessante,
des poissons gros et petits contre une famille si prolifique , que deviendrait l'Océan ? — En moins de
trois années , ce ne serait qu'un effroyable et pesti-
lentiel charnier de morues en putréfaction. La baleine , qui ne se nourrit que de très-petits poissons ,
boit à longs traits le frai des morues et des autres
espèces trop fécondes, dans ces mers polaires qui
en sont saturées au point d'avoir reçu le nom de
mers de lait. D'un trait elle engloutit assez de germes
pour faire place à des bancs de poissons de plusieurs
lieues carrées. Les requins et les esturgeons, sans

(1) Il est avéré pourtant que la morue diminue; voir ci-
dessus, ch. II, p. 35, et plus loin, § *Pêche de la Morue.*

jamais se rassasier, ingurgitent les pères et les mères.
Les petits ont des ennemis par myriades. Surviennent
les innombrables armées de poissons voyageurs,
harengs, maquereaux et sardines, qui se repaissent
des œufs ; mais la morue foisonne toujours, quoique
l'homme se soit terriblement mis de la partie, d'un
côté en la pêchant pour elle-même, de l'autre en
s'adonnant à la récolte de la *rogue*, objet d'un commerce important qui nous rend tributaires de la
Norwège.

Apprenez, en effet, que vous ne mangez guère de
sardine sans payer aux Norwégiens la dîme du prix
de ce hors-d'œuvre. — Comment, et pourquoi ?
Autre mystère dont la seule routine peut fournir l'explication.

Que font les pêcheurs qui recueillent la rogue ?
En février, mars et avril, entre le 66e et le 77e degré
de latitude, ils pêchent la morue, ouvrent les femelles et mettent la rogue dans des barils qu'ils
livrent en bloc aux marchands nordlandais, leurs
bailleurs de fonds ; ceux-ci subissent le monopole
des négociants de Berghen et de Christiansund,
coalisés pour l'exploitation d'une branche de négoce
plus lucrative de jour en jour. Nos commissionnaires
font chez eux l'acquisition de la rogue, qui a ainsi
passé par quatre mains avant d'être livrée à nos pêcheurs de sardines. De là un tribut de plusieurs
millions qui, depuis peu d'années, a doublé, et qu

tend à tripler, ce qui rend d'autant plus regrettable l'incurie de nos propres pêcheurs de morue. Au grand banc de Terre-Neuve, à Saint-Pierre et Miquelon, en Islande et dans les autres parages où ils exercent leur industrie, quelle cause les empêche de s'approvisionner d'un produit lucratif? Quelque préjugé invétéré, car le mal date de loin, puisqu'un arrêt du 29 mars 1788, corroboré par des lois récentes (1851, 1860), accordait une prime à l'imporcation des rogues de pêche française.

Rien de plus difficile que les choses les plus simples en apparence. La rogue est sous la main de tous nos pêcheurs de morue ; ils n'en tirent encore parti que par exception. De même, nous allons dispendieusement aux antipodes charger nos navires de guano, nous faisons venir de l'étranger à très-grands frais du noir animal et d'autres engrais analogues, tandis qu'au détriment de la navigation fluviale et de la salubrité publique nous laissons se perdre, chaque année, dans nos rivières, des engrais de qualité supérieure pour plusieurs centaines de millions.

Constatons toutefois, pour échapper au reproche d'exagération que les primes accordées à la rogue française n'ont pas été sans résultats, puisqu'on en évalue le produit annuel à une centaine de mille francs.

La rogue, rave ou résure, dont l'inspection, la

vente et l'emploi ont été sagement réglementés, attendu que la résure de mauvaise qualité est un poison pour la sardine, n'est cependant pas l'unique appât dont on puisse faire usage. La graine du maquerean et celle du hareng ont été essayées avec succès ; la *gueldre* ou petite chevrette embryonnaire passe pour supérieure même à la rogue du stock-fish ; mais la gueldre n'entre que très-peu dans la consommation ordinaire.

Si l'éclair du hareng fait la joie des pêcheurs du Nord, la visite de la sardine n'est pas moins bien venue. Il y a rumeur et grande presse au rivage, dès que ses bancs immenses font miroiter la mer. Les goëlands s'ébattent en poussant leur cri plaintif, les marsouins caracolent, les hommes battent des mains, les ateliers se rouvrent ; femmes et enfants se préparent ici, tandis que s'apprêtent les équipages des bateaux pêcheurs.

L'un de ceux-ci part en reconnaissance ; il se hâtera de revenir avec l'échantillon qui déterminera le moule des filets propre à la grosseur du poisson. Cet échantillon est le *bouquet*, ainsi nommé parce qu'autrefois la barque chargée des premières sardines pavoisait de fleurs son grand mât. La coutume était jolie ; on doit regretter qu'elle soit à peu près tombée en désuétude ; le gros bouquet était l'emblème de l'allégresse des pêcheurs et des sardinières. On le portait en grande pompe en tête du cortége qui,

8*

comme par le passé, se forme pour aller distribuer aux amis du canton quelques douzaines de sardines qu'on arrose de vin ou de cidre, en trinquant à la prospérité de la pêche.

L'activité redouble.; les filets choisis et *tannés*, les voiles qu'on a aussi fait bouillir avec de l'écorce de chêne, et enfin la provision de rogue, sont dans les chaloupes, dont le personnel se compose générale- ment d'un patron, de deux pêcheurs, *teneurs de bout*, et d'un ou deux apprentis mousses ou novices. La flotille part. A la garde de Dieu!

L'ordre prescrit pour les autres pêches de poissons voyageurs sera rigoureusement observé; mais il n'en est pas de la sardine comme du hareng : pour elle, le jour du Seigneur est un jour de trêve. Les bateaux de Bretagne ne prennent point la mer le dimanche, et leurs équipages, après la messe, se reposent d'une manière trop souvent bachique. Les usages pieux du temps passé se sont néanmoins conservés jusqu'à nos jours. Le pêcheur breton reste fidèle aux pratiques religieuses de ses ancêtres. Quand tout est prêt pour la pêche, patron et matelots se découvrent, font le signe de la croix et récitent une courte prière.

Point de barque qui prenne la mer sans avoir été baptisée par le prêtre de la paroisse. A Douarnénez, pendant la saison des sardines, il ne se passe pas de dimanche sans qu'on voie bord à quai des rangées de bateaux que leurs équipages font bénir, plusieurs

fois dans l'année, avec l'espérance que les bénédic-
tions réitérées du ministre du Seigneur rendront
leurs travaux plus fructueux.

A l'île de Groix, la cérémonie, plus générale, est
d'autant plus touchante. Après l'office du matin, le
dimanche qui précède l'ouverture de la pêche, on
voit les marins et leurs familles se rendre processionnellement sur un promontoire qui domine la mer. Le
prêtre s'embarque. Il bénit les flots et la flottille de
pêche; il appelle sur la moisson des pauvres matelots la protection du ciel; et la foule recueillie
s'agenouille en unissant à ses prières des vœux qui
seront exaucés.

L'armement d'un bateau neuf avec son approvi-
sionnement en rogues et en filets représente une
valeur d'environ trois mille francs. C'est toute une
fortune pour un modeste marin. A la vérité, la chaloupe est le plus souvent la propriété d'un armateur
qui partagera les bénéfices avec les pêcheurs, selon
des conditions déterminées par un engagement qui
prend le nom de *sillage*. Le pêcheur et ses fils, car
très-souvent la barque est montée en famille, risquent
leur travail et leur vie. Pour les femmes, pour les
mères, pour les sœurs, tout est là, ce qu'elles possèdent, ce qu'elles espèrent, ce qu'elles aiment; tout est
sur ces planches fragiles qui, de nuit et de jour, s'ex-
poseront à travers les brisants, aux courants rapides,
aux caprices de la mer, si souvent farouche. Aussi,

avec quelle ferveur elles supplient sainte Anne et la sainte Mère du Sauveur de prier avec elles pour l'heureux retour de la chaloupe.

Si la barque est équipée aux frais d'un armateur qui la fournit approvisionnée de rogue et pourvue de tout le matériel nécessaire, la part de l'équipage est généralement de 36 à 37 pour 100, dont 11 ou 12 au patron, 10 à chaque teneur de bout ou rameur, 5 au novice. En moyenne, c'est un millier de francs que gagne l'équipage pendant les trois ou quatre mois de la pêche.

Le grand art du patron consiste à ne dépenser la rogue qu'à propos. Qu'il sache en être prodigue quand le poisson *lève* et *travaille* bien, qu'il en soit avare dans le cas contraire. Dès que le filet déroulé se trouve verticalement maintenu par ses plombs et ses liéges, l'on jette à gauche et à droite quelques poignées de rogue imprégnée de sable. Est-on au-dessus d'un banc, la sardine apparaît aussitôt à la surface; elle *lève*, elle se prend au point que, dans les jours d'abondance, un seul bateau peut pêcher jusqu'à trente milliers de sardines. Mais les jours de pêche médiocre ou nulle abaissent le produit moyen; dans les années ordinaires, à deux ou trois mille sardines par journée de travail. Une fois la sardine *levée*, on lui jette à foison la rogue pure de première qualité; un premier filet est-il chargé au point que le liége ait peine à la soutenir, on l'abandonne au

gré des lames, — un deuxième, un troisième filet
sont successivement mis dehors, et l'on continue
ainsi jusqu'à ce qu'on n'ait plus ni filets ni rogues.
Alors commence la récolte ; on rame à la recherche
des filets qu'on a eu soin de ne pas perdre de vue ; on
les rentre l'un après l'autre dans les bateaux, et on
les *démaille*, c'est-à-dire qu'on en retire les sardines
qui s'empilent au fond de la cale. Dès que tous les
filets sont rehissés, on gouverne sur le port, d'où la
sardine, mise en paniers de deux cents, sera portée
aux ateliers de préparation.

Quelques-unes des superstitions de nos pêcheurs
de sardines méritent d'être signalées.

Le moindre vol commis au détriment d'un bateau
le frappe de malheur; aucune profusion de rogue ne
ferait *lever* la sardine avant qu'on ait retrouvé l'objet
dérobé. On conçoit qu'une pareille croyance a dû
s'accréditer aisément, puisque la pratique de la
pêche exige de la part de tous une probité scrupu-
leuse. Que deviendraient en effet les malheureux
patrons, si on osait leur soustraire leurs filets en
dérive chargés de sardines ? Cependant, et attendu
que le volé ne doit pas indéfiniment souffrir par la
faute du voleur, il a fallu imaginer un remède pour
le cas où toutes les recherches demeureraient sans
résultat. En conséquence, on flambera l'intérieur
du bateau avec de la paille humide, dont la fumée
a la vertu d'exorciser le malin esprit qui s'y est né-

cessairement logé à l'instant du larcin. Mais le lutin de damnation peut se faire petit, petit à se blottir dans un dé à coudre; il faut donc avoir grand soin de faire entrer la fumée dans les moindres fentes et les plus petits trous. Du reste, une fois bien flambé, le bateau peut retourner en mer sans crainte de maléfices; la sardine reviendra visiter ses filets.

Les démons des brouillards sont fort redoutés. Ils égarent la barque et la font aborder ailleurs qu'on ne s'y attend. Ce sont de vrais poulpiquets, des kornandons de la mer; une aspersion d'eau bénite est, à leur endroit, fort utile; une bonne boussole pourrait pourtant valoir mieux; mais les pêcheurs n'ont guère de boussole. La moindre distraction causée par le travail même de la pêche; un grain de pluie, un brouillard, qui masquent inopinément le rivage; un courant qui agit autrement qu'on ne l'a prévu; une silhouette de côte mal reconnue à travers la brume, expliquent assez bien qu'on s'en prenne à un esprit malicieux, tant on est enclin à ne pas vouloir s'en prendre à soi, même pour les erreurs les plus innocentes.

Autre fable : si, le dimanche des Rameaux, pendant la lecture de l'évangile à la grand'messe, les vents soufflent de la partie de l'ouest, la prochaine pêche des sardines sera mauvaise. Les vents du nord au sud-est sont, au contraire, du meilleur augure. Se charge qui pourra de trouver le prétexte de cette

dernière superstition, qui rentre évidemment dans
les mystères de la sardine.

« On a dit que la pêche de la sardine s'était res-
sentie de l'usage immodéré des filets traînants, et
que, dans les époques antérieures où ces filets n'é-
taient pas employés, les pêches de ce poisson étaient
beaucoup plus fructueuses (1). » L'auteur des lignes
précédentes ajoute qu'il est assez difficile de se prononcer d'une manière catégorique. Il y a, cependant,
beaucoup de vraisemblance dans la réalité d'une
plainte qui, adressée dès 1677 aux états de Bretagne
par les habitants de Douarnénez, se reproduit encore
de nos jours. La sardine doit être attirée sur nos rivages par une pâture qui abonderait au fond des
eaux sans les effets destructeurs des dragues et des
chaluts; mais, d'un autre côté, les appâts artificiels,
tels que la rogue, suppléant à cette pâture, la sardine nous reste fidèle, et sa pêche, qui, depuis un
siècle, a presque doublé, ne cesse d'aller en augmentant.

La statistique nous apprend qu'en 1863 les six
quartiers d'Auray, Quimper, Lorient, Belle-Ile, le
Croisic, les Sables et Saint-Gilles, ont armé pour la
faire 2,337 bateaux, jaugeant ensemble 10,500 tonneaux, montés en tout par 10,620 hommes, et qu'il
a été pris plus de 542 millions de sardines. Outre

(1) *Études sur la Pêche en France.*

les barques de pêcheurs, elle occupe un nombre
assez important de caboteurs de 10 à 15 tonneaux,
qui achètent en mer par centaines de mille les sardines fraîches et les transportent dans les ports, où
on fait des conserves. Une population immense vit
de leur préparation et de leur commerce.

Depuis un siècle, du reste, les procédés de nos
pêcheurs bretons n'ont fait aucun progrès. On leur
a proposé de cerner avec leurs barques la sardine
en plaine mer, et de la capturer au moyen de filets
spéciaux fort ingénieusement inventés; on leur a
cité l'exemple des pêcheurs basques, qui se servent
de filets-sacs fermés avec des anneaux de corne; on
leur a parlé des pêcheurs anglais, qui pêchent à la
seine la sardine, ainsi que le pilchard, poisson de
la même famille, qu'on récolte abondamment sur les
côtes du comté de Cornouailles. Mais les procédés
séculaires ne se sont pas améliorés, en dépit de tous
les efforts et de tous les Mémoires, tels que celui
qu'un sieur Le Thon soumettait, en 1767, au
ministre de la marine : « Pour diminuer les frais
de pêche, faire tomber à bas prix les rogues, et
même éviter d'avoir recours à la Norwége, qui tire
tous les ans de France des sommes considérables
à ce sujet. »

On a la certitude historique qu'au douzième siècle
la pêche de la sardine florissait sur les côtes de
Sicile. Une charte de 1524 fait mention de la pêche

des sardines en Provence, où elle se pratique, d'ailleurs, à peu près comme en Bretagne. Nos pêcheurs de la Méditerranée *alitent* le poisson dans de grandes bailles, le saupoudrent de sel, répandent ensuite sur lui une saumure composée de salpêtre et d'ocre rouge en poussière, et enfin l'arriment pour le transport dans des barils de dix à quinze kilogrammes. Ces sardines sont dites *anchoisées*.

Si les modes de pêche sont demeurés stationnaires, il n'en est pas même des méthodes de préparation. Les fabricants, stimulés par la concurrence, sont moins routiniers que les pêcheurs. Les chemins de fer ont donné un débit prodigieux à la sardine fraîche, légèrement salée *en vert*. L'on continue à faire le commerce de sardines salées *en grenier*, pressées, préparées en *malestran* et parquées, *saurées*, c'est-à-dire fumées, et *en daube* ou conservées dans le beurre fondu. Mais l'immense progrès a été la fabrication en grand de la sardine à l'huile.

Cette importante branche de commerce, qui se développe d'année en année, n'existait pas il y a quarante ans. On savait bien que la sardine se conservait parfaitement dans l'huile d'olive; ce n'était pourtant qu'un produit de ménage, véritable objet de luxe domestique, puisque les frais de conservation d'une seule sardine s'élevaient à plus de dix centimes.

Un juge du tribunal civil de Lorient, aimable

gourmet sans doute, et à coup sûr bon économiste, eut la première idée d'abaisser ce formidable prix de revient par la fabrication du produit sur une échelle un peu importante. Il confia l'essai de son système à une vieille amie, l'estimable demoiselle Le Guillou, dont il fit la fortune. Par contre-coup, il fit celle d'une foule de ferblantiers qui, peu à peu, accaparèrent l'industrie naissante. Les premiers concurrents de Mlle Le Guillou s'étaient ruinés, écrasés qu'ils étaient par le prix des boîtes; les fabricants de boîtes, enrichis à leurs dépens, occupent désormais leur place.

Histoire vulgaire et qui n'a rien de mystérieux; mais le problème, le mystère qui se reproduit chaque fois qu'on ouvre une boîte de sardines, est de savoir si elles ont été préparées avec de l'huile d'olive de première qualité, hors laquelle rien de bon. L'on voudrait bien aussi ne pas ignorer les dimensions des sardines tassées dans la mystérieuse boîte. Sont-elles petites, délicates, fines comme au commencement de la saison de pêche? sont-elles grosses comme vers la fin? — Un auteur que je soupçonne d'être trop intéressé dans cette seconde question, la prétend insoluble. Pourquoi donc une étiquette ne renseignerait-elle pas l'acheteur? — Impossible! impossible! s'écrie le docte sardinier. Eh bien! cette impossibilité est, sans contredit, le plus prodigieux, le plus impénétrable des mystères de la sardine.

LES DEUX MÈRES NOURRICES.

Et l'anchois? — autre poisson voyageur, un ar-
rière-petit cousin de dame Sardine, et qui, parfois,
se fait pêcher avec elle, pêle-mêle, sans que sa modeste taille le préserve du trépas. Si les Bretons et
autres Ponantais ont le dessus pour le commerce de
la sardine, même lorsqu'elle est confite dans l'huile
de Provence, les Provençaux ne souffrent pas de
concurrence pour celui de l'anchois. Les anchois
pêchés en Bretagne leur sont donc expédiés en saumure; les Provençaux font subir au poisson une préparation nouvelle, le teintent en rouge pour que les
qualités réputées inférieures aient le même aspect
qu'à tort ou à raison l'on attribue aux meilleures
qualités, le mettent en bocaux et l'expédient dans
le monde entier comme anchois de Provence.

L'anchois mariné, l'anchois en allumettes et le
beurre d'anchois jouissent de la meilleure réputation
gastronomique.

Mais le sprat? — encore un arrière-cousin, nomade et succulent, qu'on pêche aux mois de mars
et d'avril dans la baie de Douarnénez, où il arrive
en bancs d'une épaisseur telle qu'on a vu d'un seul
coup de filet prendre un million de sprats produisant
cent barriques. A la vérité, les filets à fines mailles
sont très-grands, et plusieurs bateaux, unissant

leurs efforts, cernent le sprat qu'on guette de loin, qu'on signale aux *tourneurs* et que ceux-ci entourent, de sorte qu'un banc presque entier peut être pris en une fois.

On remarquera que, pour s'emparer du sprat, nos routiniers pêcheurs bretons pratiquent, par force majeure, l'un des procédés dont ils refusent de faire usage quand il s'agit de la sardine, — procédé plein de rapports avec la seinche proprement dite. (1) Ils attaquent les tout petits, comme les pêcheurs des Martigues attaquent les plus gros, — les thons massifs et ventrus, au museau pointu, aux dents acérées, qui allaient en folâtrant se faire emprisonner dans les madragues de la Méditerranée, après avoir quitté la mer des Antilles, et qui, les madragues supprimées, n'échapperont pas davantage aux filets conjugués de *l'enceinte* provençale, — les thons si abondants jadis dans les mers de l'Inde qu'ils firent reculer Alexandre-le-Grand dont ils embarrassaient la navigation.

Méry, en son style brillant, nous a décrit avec amour (2), les récents progrès de la seinche, renouvelée des anciens, et qui n'a jamais été hors d'usage parmi nous, puisque c'est avec ce genre de filets que les germons, frères jumeaux des thons, sont pêchés

(1) Voir p. 82 ci-dessus.
(2) *Univers illustré*, 21 juin 1865. La pêche des thons à Sausset.

dans le golfe de Gascogne, depuis l'île d'Yeu jusqu'à
St.-Jean-de-Luz.

« Il fallait autrefois, dit-il, les puissants engins
des madragues pour arrêter les thons au passage ;
aujourd'hui, grâce à l'abolition du monopole, les
pauvres marins font cette pêche avec leurs *cenches*,
du mot latin *cingere*, et ils obtiennent des résultats
merveilleux, comme on va le voir. »

L'orthographe étymologique de Méry est assurément meilleure que celles de Duhamel du Monceau
et de Beaussant; mais en matière d'orthographe, il
est assez d'usage que la plus absurde prévaille (1).
Poursuivons, ou plutôt continuons à citer :

« Sausset est un hameau naissant, où s'abaissent
cinq ou six maisons et une chapelle bâtie d'hier. Le
site est admirable. On aperçoit dans le lointain Marseille et ses montagnes qui ferment l'horizon. La mer
est poissonneuse sur cette côte, et jusqu'à ce jour
les pêcheurs du hameau se contentaient du menu
fretin, car le monopole des madragues, ce droit
seigneurial de la mer, leur interdisait la pêche du
thon. Le progrès ne se contente pas de faire son
chemin sur terre, il s'empare de la mer aussi; il
montera dans les airs. »

Je demande bien pardon à Méry de l'interrompre
encore; mais, tout poète est devin, et lorsqu'il pro-

(1) Voir la note B. — *Orthographe et Phonétique.*

phétise de bonheur, je lui dois au moins un remer-
ciment cordial, moi qui, depuis cinq ans, ne cesse
de m'occuper d'*Aviation* ou, si l'on aime mieux, de
locomotion aérienne mécanique (1).

« Un hasard heureux du voyage, — ajoute t-il,
— a voulu me faire arriver sur la plage de Sausset
tout juste au moment où les pauvres pêcheurs de
l'endroit organisaient leur *cenche* et déployaient les
mailles du *corpus* pour faire une pêche miraculeuse.
Cingere et *corpus*, deux mots latins qui prouvent que
la pêche du thon remonte à notre ère romaine,
comme le filet nommé *this*, diminutif de *Thétis*,
patronne des pêcheurs, annonce l'antique filiation
des Phocéens.

» Nous nous assîmes dans une barque comme
dans une loge d'Opéra pour assister à un spectacle
inconnu à Paris.

» Les pêcheurs avaient mis en mer quatre filets
perpendiculaires, dont les extrémités plombées tou-
chent le fond; leurs petites bouées de liége flottent à
la surface de l'eau et montrent l'étendue circulaire
de la *cenche*. Le thon est un poisson délicat; il adore
les sardines; cela fait l'éloge de son goût. Il se précipite sur cette proie exquise avec une furie aveugle
et un appétit que l'air maritime donne à tous les
êtres bien organisés. Les sardines s'échappent aisé-

(1) Voir la note C. — *Aviation.*

ment à travers les mailles de la *cenche*, mais les thons, à cause de leur embonpoint, n'ont pas la même facilité d'évasion ; ils restent dans les filets et s'y débattent vainement, comme des diables marins. Le spectacle atteint le comble de l'intérêt lorsque les pêcheurs, embarqués autour de la *cenche*, retirent le *corpus*, où cinq ou six cents thons se trouvent emprisonnés. C'est une vraie bataille navale engagée entre les pêcheurs et les poissons. La mer se couvre d'écume ; le calme se change en tempête locale ; autour de la *cenche* on ne voit qu'un miroir de saphir uni, et au centre du blocus l'ouragan sous-marin se déchaîne. La victoire reste toujours aux pêcheurs, et la *cenche* lance au rivage des pyramides de thons agonissants.

» Cet exemple ne corrige pas l'étourderie des autres cohortes de thons acharnés à la poursuite des sardines. Les thons se comportent comme des hommes; rien ne leur sert de leçon. L'armée thonine descend toujours du cap Couronne, et chaque bataillon donne tête baissée dans le piége nouvellement tendu. Ainsi le massacre partiel devient général au bout de quinze jours de pêche, et du milieu de mai au 31, les *cenches* de Sausset ont envoyé 7,000 thons aux halles de Marseille et aux saleurs.

» Aux jours du monopole féodal, le propriétaire d'une madrague gagnait 100,000 francs dans un coup de filet, et n'avait jamais vu d'autre thon que

sur sa table et assaisonné à la chartreuse. Ses commis
marins gagnaient 50 francs par mois et très-souvent
des pleurésies. Aujourd'hui, la pêche prolétaire de
Sausset vient de donner 80,000 francs de bénefice,
que de pauvres pêcheurs se sont partagés devant leur
hameau. Ils sont six, et j'ai retenu leurs noms pour
les ajouter à la liste des hommes de progrès : Ben-
jamin et Michel Olive; Louis et Étienne Giraud;
Fouque et Sacouman. S'il y a, à cette heure, des
familles heureuses en ce monde, ce sont celles de
ces pêcheurs. »

Méry termine son charmant récit, par cette loyale
parole : « La mer doit appartenir aux marins. »

C'est nous obliger à lui adresser, au nom de tous
les gens de mer, nos vieux amis et nos frères, un
fraternel remerciement de plus.

Après les maquereaux dont les thons ne sont pas
moins friands que de harengs et de sardines, après
les sprats, les germons et les anchois, — les bonites,
qui voyagent par troupes plutôt en plaine mer que
près des côtes, — les poissons volants, fuyant par
nuées craintives, dans l'eau devant la dorade et le
requin, dans l'air devant les grands oiseaux maritimes,
— mille autres espèces, plus ou moins connues, pourraient assurément réclamer ici comme nomades une
mention honorable ; mais le champ de nos propres
explorations ne s'est déjà que trop élargi. Toutes les
mers sont incessamment sillonnées par des myriades

d'armées de poissons voyageurs ; — nous craindrions d'autant plus de les suivre que notre principal objet était ici l'étude de la pêche côtière, le tableau des bienfaits qu'elle répand sur notre littoral, des travaux qu'elle procure à nos gens de mer, et des avantages qui en résultent pour une population incalculable.

Constructeurs de bateaux, voiliers, cordiers, saleurs, paludiers, marchands, pêcheurs, rouliers, caboteurs, femmes occupées à la confection des filets, femmes employées à la préparation, à l'encaquement, à l'embarillage, fournisseurs d'huile, ferblantiers, tonneliers, — bornons ici une nomenclature sans terme, — qui ne profite, somme toute, des voyages périodiques du maquereau, du hareng, de la sardine, des thons et des anchois ? — A ceux-ci les poissons voyageurs apportent la nourriture, à ceux-là du travail, c'est-à-dire du pain. Admirons donc et bénissons la Providence, qui fit pour l'homme deux mères nourrices inépuisables, la terre des agriculteurs, la mer des petites et grandes pêches (1).

----

(1) Dans le *Dict. des cris de Paris*, de Guillaume de Villeneuve (XIIIe siècle), on lit le passage suivant :

> Puis aprez orrez retentir
> De cels qui les *fres harens* crient.
> Or au *vivet* li autres dient :
> *Sor* et *blanc, harenc fres poudré;*
> *Harenc* notre vendre voudré.
> *Menuise vive* orrez crier,
> Et puis *aletes* de la mer.

9*

« Vous entendrez après ceux qui crient les harengs frais
ou la vive, d'autres dire : hareng saur, hareng frais sau-
poudré, vous vendrai-je notre hareng? Entendez-vous crier
la menue vive et les alètes de la mer? »

Le commerce du poisson salé ne commença à Paris qu'au
XII° siècle, par les soins de la hanse parisienne ou corps
des marchands, et parmi les poissons, les harengs furent des
premiers qu'on vit paraître aux halles : ils venaient de
Rouen par la Seine. On ne connaissait pas encore l'art de
saler le hareng. A Paris, les femmes qui vendaient la marée
avaient le nom de *harengères* et demeuraient sur le petit
pont; le poëte Villon qui écrivait au XV° siècle, fait une
mention particulière de leur talent à dire des injures.

A ces détails empruntés au Magasin Pittoresque (t. I, p.
386) il convient d'ajouter que la vive ou dragon de mer est
un poisson à nageoires épineuses, à peu près de la taille du
maquereau. Il est plus petit dans la Méditerranée que dans
l'Océan. Les Hollandais en font une grande consommation.
Notre ordonnance de 1684 traite de la pêche des vives, elle
fixe la grandeur des mailles du filet ou treige qu'on employait
alors à la pêche de ce poisson. Un arrêt de 1687 porte que
la pêche des vives commencera deux jours avant le carême
et continuera jusqu'à Pâques seulement. Cette dernière
prescription est abrogée de fait, la première doit encore être
observée.

Alète signifiait sans doute petit poisson de mer, menu
fretin; l'analogie de ce mot avec *ablette*, nous porte à le
supposer. Les anchois, sprats et sardines, amenés avec le hareng à Paris par les mariniers de Rouen, furent probablement
vendus, dans l'origine sous le nom générique d'*alète* qui
s'est perdu dès qu'on a commencé à distinguer entre des
produits divers devenus plus abondants et qu'on n'a plus
vendus que sous leur nom spécial.

IV.

GRANDES PÊCHES.

Rentrent dans les grandes pêches, excellentes écoles pour nos marins, toutes celles qui nécessitent des armements au long-cours ou au cabotage.

Dès qu'on se livre à la pêche côtière, on exerce une profession maritime et l'on se trouve légalement soumis au régime de l'inscription ; — à plus forte raison, la grande pêche entraîne toutes les conséquences du métier de marin, et cependant, pour celle de la morue, par exemple, combien d'apprentis s'embarquent en supplément d'équipage sous le nom burlesque de *pêle-tas*.

Les bras manquent ; tous les matelots ont trouvé de l'emploi, et d'ailleurs on ne saurait abaisser à des fonctions par trop subalternes un marin fait, appointé comme tel. Force est donc de racoler tous les pauvres diables que la terre ne nourrit qu'à

regret ; bon nombre de journaliers sans journées ,
rebutés par la male-chance , haves , pâles , maigres,
déguenillés , viennent essayer de la mer et des corvées de la pêche. Il y a commencement à tout. A la
vérité , si les charmes d'un premier voyage ne les
ont pas suffisamment séduits , ils en sont quittes
pour y renoncer et parfaitement affranchis de toute
obligation ultérieure. Mais la bourse qu'avait quelque
peu garnie le décompte du voyage a été vidée par
l'hiver ; avec le printemps refleurit la misère ; les
travaux de la moisson se feront encore attendre et
les armateurs offrent des avances. A bord , on a la
ration et le logis , le vivre et le couvert ; là-bas , la
morue fraîche est à discrétion. Va donc pour la
morue fraîche ! Le *terre-neuvâ* se rengage et se
prend ainsi définitivement dans les grands filets de
la marine. En sera-t-il plus malheureux ? — Non ,
certes ! surtout s'il a l'énergie et l'intelligence nécessaires pour se transformer de surnuméraire en
matelot , de vulgaire manœuvre en marin de long-
cours.

Dans le même cas se trouvent les *novices* de tout
âge , (*novice* étant pris ici au sens rigoureux du mot)
qui s'engagent pour un voyage d'essai à la pêche de
la baleine.

Et voici une autre voie qui conduit à entrer dans
la vaste famille des gens de mer ; voici une autre
variété de *débutants maritimes*, dont il n'est pas

inutile de tenir compte en passant (1). Tel novice de
la pêche, après s'être décidément fait matelot, a
gravi tous les degrés de la hiérarchie et commande
aujourd'hui comme capitaine.

Hâtons-nous, toutefois, d'ajouter que le plus
grand nombre des *pêle-tas* terre-neuviers, s'embar-
quant exclusivement en qualité de *passagers*, sont,
par le fait, à l'abri du régime des classes. Ces gens-
ci vont chercher de l'ouvrage à la pêche de la morue,
et demeurent indépendants de la marine qui se garde
bien de les décourager, puisqu'ils sont, en résumé,
de fort utiles auxiliaires.

Les principales grandes pêches, avons-nous dit
plus haut, sont celles de la baleine et autres poissons
à lard, — du corail et de la morue. Le hareng et le
maquereau pris ordinairement sur les côtes de
France, sont aussi assez souvent l'objet de voyages
au cabotage et conséquemment de grandes pêches.
Enfin, l'on peut également appliquer la navigation
lointaine à la capture de poissons quelconques. —
« Ainsi, en 1817, — dit Beaussant, — un armateur
désira faire la pêche du saumon dans la baie de
Saint-Georges, dépendante des pêcheries françaises
de Saint-Pierre et Miquelon. Il demanda l'embarquement en franchise des sels qui lui étaient néces-

_____

(1) Voir au volume LES MARINS, le prologue : *Débutants
maritimes.*

saires. La loi était muette; mais le ministre, guidé par l'analogie, autorisa l'immunité par une circulaire. La pêche du saumon ainsi faite, jouit donc, sur ce point, des avantages accordés aux expéditions pour la pêche de la morue. »

Les lois des vents et des courants étant de mieux en mieux connues, de manière à abréger les grandes navigations dont les frais seront réduits d'autant (1), ne désespérons pas de voir d'intelligents ferblantiers associés à des producteurs d'huile d'olive, armer en ateliers de préparation de gros navires qui s'en iront jusqu'en Océanie, — la mer poissonneuse entre toutes, — confectionner sur une échelle gigantesque des conserves alimentaires. Aux gourmets de notre vieux continent, mille espèces exquises dont ils ignorent la saveur.

Du reste, si l'Hydrographie fraye la route, la Chimie collabore avec un succès merveilleux.

Gorges ne se contente pas de nous faire manger en France des bœufs de La Plata dont la viande nous arrive aussi fraîche qu'au sortir de l'abattoir; il sait conserver *pneumatiquement*, — c'est-à-dire par des procédés d'une innocuité absolue, — toutes les substances les plus promptes à se corrompre. Les légumes et les fruits intertropicaux ont cessé de nous

(1) Voir au volume LA VIE NAVALE, Ch. II, § 2. *Les deux Moteurs.*

être interdits ; la salade de palmiste, la gouillave, la mangotine, l'avocat et son beurre végétal, la sapotille, les crêmes naturelles de l'Inde et de la Chine entrent dans nos possibilités.

Dédaignant les diamants, les pierreries et les perles qu'un écrin de famille transmet de génération en génération, nos futures reines de la mode se coifferont et se pareront pour un seul bal, de fleurs qui, cueillies sur les bords de l'Indus ou du fleuve des Amazones, se faneront à Paris, en une nuit de plaisir, après avoir traversé les océans, intactes, éblouissantes, parfumées d'arômes inédits. Les marchands de tels bouquets auront des escadres-fleuristes, des serres qui navigueront pour la ruine des cavaliers galants. Peut-on payer trop cher les splendeurs de la flore orientale ?

Les gastronomes, pourtant, lutteront avec les grandes coquettes. A la vue de l'œil vif et de la chair inaltérée, inaltérable, des poissons antipodes, pourraient-ils reculer ? Nous sommes appelés à manger des carpes du Rhin, retour de l'Inde, et qui mieux est des loubines du Brésil, des parges du Sénégal, des esturgeons du Kamtchatka !

Avantages plus sérieux, par la conservation indéfinie du poisson frais, les grandes pêches de l'avenir multiplieront pour les classes pauvres les bienfaits des pêches côtières. Et du moment que toutes les mers pourront être exploitées, nul doute que les

intérêts contradictoires, aujourd'hui si difficiles à
concilier, ne cessent d'être un embarras pour le
législateur. Devant la providentielle fécondité de la
grande nourricière, comment craindre la diminution
des produits ?

Nous protégeons à bon droit nos espèces sédentaires et nos algues marines, puisque notre littoral
est notre ressource la plus précieuse, mais les mers
sargasses ne sauraient être fauchées, et ces forêts
flottantes recèlent du frai, en abondance égale aux
grains de sable de notre globe.

La grande pêche n'est donc redoutable que pour
les espèces qui, comme la baleine, ne se reproduisent qu'avec lenteur. Elle le serait encore, si ces
races venant à manquer, les autres se multipliaient
outre mesure ; heureusement ici le remède ne fait
qu'un avec le mal. Les requins ne seront plus indis-
pensables du jour où les hommes rempliront leur
office destructeur. Pourvu que la mort fasse son
métier d'aménageuse de la vie, la loi de la nature
est observée. Le grand dévorant, c'est l'homme. Il
peut sur les mers suppléer le requin et tous les animaux de proie ; mais il aurait grand tort de ne pas
ménager la baleine.

Pêche de la Baleine.

MIGRATIONS.

Infortunée baleine ! Les glaces polaires son asile suprême, les observations des économistes prévoyants, les éloquents plaidoyers de Michelet, parviendront-ils à la préserver de destruction totale ? On la chasse, on la persécute, on la harponne sans trêve ni pitié. Qui pis est pour elle, dans le double intérêt du commerce et de la marine, des primes d'encouragement sont accordées aux baleiniers. On veut que la baleine soit traquée dans ses derniers retranchements. Les mers lointainessont rougïes de son sang, et les échos des banquises séculaires gémissent à son agonie. Déjà retentit la messénienne de ces mammifères géants qui paissent « les vivantes prairies de la mer, » les couches d'infusoires, les bancs d'atomes gélatineux, les germes embryonnaires, la laitance fécondante, le *mucus* visqueux qu'un éminent naturaliste appelle : — « L'élément universel de la vie. »

« Ils vont ensemble volontiers, a écrit Michelet. On les voyait jadis naviguer deux à deux, parfois

en grandes familles de dix à douze , dans les mers
solitaires. Rien n'était magnifique comme ces grandes
flottes , parfois illuminées de leur phosphorescence ,
lançant des colonnes d'eau de trente à quarante pieds
qui, dans les mers polaires , montaient fumantes.
Ils approchaient paisibles , curieux , regardant le
vaisseau comme un frère d'espèce nouvelle ; ils y
prenaient plaisir, faisaient fête au nouveau venu.
Dans leurs jeux ils se mettaient droits et retom-
baient de leur hauteur , à grand fracas , faisant un
gouffre bouillonnant. Leur familiarité allait jusqu'à
toucher le navire , les canots , — confiance imprudente, trompée si cruellement ! En moins d'un siècle,
la grande espèce de la baleine a presque disparu (1).»

La guerre maritime ayant singulièrement ralenti
les expéditions à la pêche de la baleine , celle-ci devait
multiplier paisiblement , tandis que marins et vaisseaux s'entredétruisaient. La paix donna un prompt
essor aux baleiniers Européens ; l'œuvre d'extermination émeut donc à juste titre l'ami des colosses de
l'Océan. L'espèce diminue , rien n'est moins douteux ;
elle est cependant encore loin de manquer et de
mettre en défaut l'activité de nos navigateurs.

Dans un rapport qui n'est pas très-ancien , un officier de notre marine , s'exprimait ainsi :

« J'ai rencontré cette année (1843) une immense

(1) *La Mer*, liv. II , chap. XII

quantité de baleines franches sur les côtes est et nord
de l'Islande. C'est surtout par le travers des baies
de Sandrig, Nord-Friord, Mio-Friord et Seidin-
Friord, sur la côte est, et de celle d'Oëd-Friord,
sur la côte nord, que nous les avons aperçues en
plus grand nombre. Au mois de juillet, particulièrement, elles venaient par troupes le long des côtes,
près de terre, et jusqu'au fond des baies les mieux
fermées.

« Je n'avais rencontré qu'un fort petit nombre de
ces poissons dans les mêmes parages, lors de mes
trois dernières campagnes. L'année dernière seulement j'en avais aperçu quelques-uns; mais, cette
année, la prodigieuse quantité que nous en avons
remarquée me persuade que c'est une migration nouvelle et générale que je viens de vous signaler. »

Quelle est la loi des migrations de la baleine ?
Après avoir fréquenté certains parages pendant des
siècles, pourquoi s'en éloigne-t-elle pour n'y plus
revenir ? Qui dira la cause de son retour périodique
en des lieux déterminés ? Comment expliquera-t-on
sa fuite ou son départ, l'irrégularité ou la régularité
de ses habitudes nomades ?

Elle fuyait l'homme et ses perfides vaisseaux, mais
la voici reparaissant dans les baies ennemies. Elle
s'était réfugiée dans sa *mer de lait*, elle en sort, elle
semble venir braver les harpons et les chaudières.
N'en doutons pas, elle est appelée à remplir quelque

haute mission dont les naturalistes ne sont pas seuls intéressés à connaître l'objet.

A tout prix il nous faut l'huile et les fanons des baleines. Aussi les relançons-nous à la voile et à la rame, au péril de la vie, en dépit des tempêtes et des calmes, des courants et des banquises, jusque *dans ces déserts glacés qui bornent le monde*, comme a dit un académicien; nous les cherchons et nous les chassons avec une héroïque persévérance.

Que deviendrions-nous, en effet, si la baleine n'était plus? Sans elle plus de corsets souples et flexibles. Tous les valseurs intrépides en frémissent. Le fer et l'acier, fort bons pour les guerrières, meilleurs pour les bossues, invoqueraient aussitôt les précédents de la crinoline pour achever de nous réduire au désespoir(1). Le caoutchouc trompeur se mettrait sur les rangs, fi donc! — Vous savez au moins, mesdames, que l'étouffante gomme élastique est indigne d'empiéter sur les domaines où la baleine règne en maîtresse.

Sans ses fanons plus de corsets dignes de vous, plus de parapluies, de buscs ni d'ombrelles, plus de ces capotes étoffées qui encadrent les gracieux minois de nos contemporaines, plus de supports pour les robes ondoyantes de nos bisaïeules qui ne poussèrent point l'hérésie jusqu'aux cages d'acier réservées à notre

(1) Voir la note D. — *Crinoline, robes ondoyantes de nos bisaïeules.*

âge d'airain ; plus de ces cravaches ouvragées dont
nos amazones cinglent leurs esclaves quadrupèdes ;
et les robes de bal savamment modelées , et les bonnets montés avec art , et mille autres délicieux prodiges de la mode !...

Inoffensifs monstres marins , malheur à vous ! Les
filles d'Eve veulent que sous toutes les latitudes nous
allions vous arracher la barbe. N'oublions pas, d'ailleurs , que *l'article Paris* forme une de nos plus lu-
cratives branches de commerce , et que les belles
chiliennes , péruviennes , brésiliennes , moscovites ou
même persanes ne sauraient se passer de colifichets
embaleinés par des mains françaises.

Les tanneurs et corroyeurs emploient l'huile de
baleine pour l'apprêt des cuirs , les peintres pour dé-
layer certaines couleurs , les marins pour graisser
le brai qui enduit leurs vaisseaux , les architectes et
sculpteurs pour en faire avec de la céruse et de la
chaux un mastic durcissant qui garantit la pierre des
injures atmosphériques. L'huile de baleine est en
honneur dans toutes les industries qui consomment
de l'huile de poisson. En qualité de corps gras , elle
est admise dans toutes les usines mécaniques. Elle
sert à la fabrication des savons verts. Excellent com-
bustible , elle fournit à l'éclairage sous diverses formes. Sans le secours d'aucune préparation chimique,
elle est très propre à l'éclairage extérieur ; voulez-
vous du gaz? elle en recèle abondamment.

Chacun sait enfin que le blanc de la baleine cachalot, l'adipocire, improprement dit *sperma-ceti*, nous
donne une des rares bougies d'un temps où nul n'est
à l'abri du fallacieux blanc de mouton. Excellent remède contre les affections de poitrine, le blanc de
baleine pourrait rivaliser avec l'huile de foie de morue ; on l'emploie à l'état de cosmétique, dans le fard,
dans les pommades ; il a le don d'adoucir la peau et
d'embellir le teint.

Comment après tout cela espérer la moindre circonstance atténuante en faveur de la baleine. Elle est
douce, pacifique, hospitalière, excellente mère de
famille, qu'importent ses vertus ! N'est-elle point
d'abord de ces personnes trop utiles qui sont toujours
et partout taillables à merci. Mais les filles à marier
et leurs mamans, les bien portants et les malades,
les gandins et les grands manufacturiers, les ven-
deurs et les consommateurs, tous, jusqu'aux hommes
d'État, veulent la pêche de la baleine. L'industrie,
la marine et le commerce sont ligués pour qu'on aille
harponner en tous lieux ce gigantesque cétacé mam-
mifère que Valmont de Bomare a traité de *faux-
poisson*.

Pourquoi cette injure ? — Parce que, si bonne
plongeuse qu'elle soit, la baleine a besoin de respirer
l'air des cieux. En restant sous l'eau trop longtemps,
elle s'y noierait tout comme vous ou moi. Elle n'a
des *vrais poissons* que la figure extérieure ; par sa

structure interne elle ressemble aux quadrupèdes.
Son sang est chaux ; elle se reproduit comme les animaux terrestres, elle est vivipare, elle a du lait, ses
petits la tettent avec une tendre sollicitude, les pères et
mères élèvent leurs baleineaux dans la crainte du harpon. Il n'en est point chez cette corpulente famille
comme parmi les morues, les harengs et les autres
poissons voyageurs dont la jeune postérité ne profite
en rien de l'expérience des générations passées, pêchées, salées, séchées ou confites à l'huile d'olive.

Dans les hautes latitudes qu'illuminent les aurores
boréales et les froids soleils de minuit, les baleines
vivent en société. Là, les anciens de la nation racontent leurs voyages, leurs horribles aventures, leurs
dangereuses navigations dans les mers tièdes dont ils
ont connu la douceur et où jadis s'ébattaient leurs
fortunés ancêtres.

— Il est, disent-ils en style de baleines, une race
de nains féroces à qui nous n'avons jamais fait aucun
mal et qui nous bannissent des mers toujours chauffées
par les rayons du soleil. Là, point de nuits de six
mois, point de jours interminables ; l'année s'y subdivise en plus de trois cents jours et autant de nuits.
Point de glaces sous lesquelles nous risquions d'é-
touffer ; le ciel est clément ; la mer est libre ; on peut
à son gré s'y baigner dans des courants d'eau chaude
ou d'eau fraîche qui vous bercent complaisamment.
Nos effroyables tempêtes, nos éboulements et trem-

blements de banquises y sont inconnus. La vue est bornée par des terres riantes où le flot brise sur des plages de sable fin ou contre des rochers superbes que couronnent parfois d'admirables panaches verts. Pauvres enfants, vous ne sauriez vous faire une idée des beautés de ce paradis maritime dont nous chasse la cruauté des nains...

— Des nains ! murmurent les baleineaux stupéfaits.

A quoi leurs parents expérimentés répondent par la description des vaisseaux, des baleinières, des harpons et des autres engins meurtriers qu'imagina la maudite race humaine.

La baleine peut vivre sous toutes les zones, on la rencontre dans les régions tropicales, sur les côtes d'Afrique et du Brésil, dans le golfe de Panama et sur les rives de l'Arabie-Heureuse ; on la rencontre sous la ligne équinoxiale, comme par exemple aux îles Gallapagos, de même qu'au milieu des glaces polaires, par delà le 86° de latitude N., et au sud du cap Horn et des îles Malouines. Autrefois elle se montrait en abondance dans nos mers ; des troupes de baleines peuplaient le golfe de Gascogne et même la Méditerrannée.

Il est certain encore que la baleine est nomade : ainsi celles de l'hémisphère austral fréquentent les diverses baies de la côte occidentale d'Afrique, du cap de Bonne-Espérance, au 10° de latitude S., ou environ. Elles y séjournent depuis le mois de juin jusqu'au mois de septembre, et y mettent bas; après quoi, elles se dirigeraient à l'ouest vers les îles Tristan da Cunha, les côtes du Paraguay et la Patagonie.

Mais la chasse appuyée à ces grands cétacés a été cause de nombreux changements dans leurs habitudes; il y a des siècles que les baleines ont abandonné la Méditerranée, bien qu'elles y apparussent incontestablement, comme nous l'apprennent Plutarque, Pline et plusieurs autres auteurs anciens. Les petites espèces de cétacés étaient même à cette époque l'objet d'une pêche assez importante dans les mers de la Grèce.

Plus tard, aux douzième et treizième siècles de notre ère, les marins basques se livraient fort activement à la pêche des baleines, mais celles-ci s'éloignant de plus en plus du littoral, les hardis navigateurs s'attachèrent à trouver leur retraite.

Ils les poursuivirent à travers l'Océan, arrivèrent, dit-on, jusqu'au Canada, rencontrèrent, chemin faisant, les bancs de Terre-Neuve, et s'adonnèrent depuis lors à la pêche de la morue.

En 1199, Jean sans Terre céda, contre un revenu d'une autre nature, cinquante livres de rente qu'il avait en deux baleines au port de Biarritz, et l'acte d'échange prévoit le cas où les deux baleines ne rapporteraient pas la somme stipulée. Les basques alors donnaient par dévotion à l'église les langues des baleines et baleineaux comme la partie la plus délicate.

C'était le bon temps, bon pour la baleine qui n'avait encore qu'un petit nombre d'ennemis, meilleur pour les basques qui devaient à leur rare intrépidité le monopole de la plus lucrative des pêches.

Le commentateur des *Jugements d'Oleron*, Cleirac en son vieux style pittoresque, nous en a laissé l'histoire :

« La saison du passage des baleines sur les côtes de Guienne et de Biarritz, dit-il, commence après l'équinoxe de septembre et dure presque tout l'hiver. La raison pour laquelle ces belluës cétacées viennent audit temps s'ébaudir et s'engouffrer en ces plages, est qu'elles fuient les profondes ténèbres et les rigueurs de l'hiver, qui pour lors possèdent la mer glaciale du Nord, en laquelle est leur repaire et leur séjour ordinaire pendant tout l'été ; car les baleines sont naturellement amoureuses de la lumière et de l'aspect du soleil, comme sont aussi plusieurs autres poissons, et divers oiseaux, qu'on nomme de passage, tous lesquels pendant tout l'été font leur séjour aux mers, et les oiseaux aux terres hyperborées, sous ou proche le pôle, aux fins de jouir de la grâce et du plaisir d'un jour continuel de six mois de durée. » — Le vingt-unième septembre, en ces contrées le soleil se couche. — « C'est la cause pourquoi les Palomes, les Roquets, les Tours, les Gruës, les Martinèles ou Pies de mer, et les autres oiseaux de rivière s'en viennent à grands vols et à troupes après le

mois de septembre, et les baleines troussent bagage,
et courent en flotte vers le pôle du Sud, cherchant
la lumière, et suivant les rayons du soleil.

« En cette transmigration ou pèlerinage, les baleines femelles, lesquelles attirent et mènent quant
et elles la jeunesse, se trouvent empêchées en grand'
perplexité, pour conduire à l'arrière-garde et à la
suite de la caravane les baleinons. Car ces jeunes fô-
latres discolés et malavisés, au lieu de suivre la flotte
par la droite route en haute mer, ils échappent par
côté, et se divertissent en poussant sur la côte sablonneuse de Guyenne, et passant plus outre après avoir
redoublé les côtes d'Espagne, se jettent au détroit
dans la mer Méditerrannée pour s'égayer et prendre
leur plaisir. Les mères baleines les aiment si ten-
drement qu'elles ne les peuvent désemparer, mais
suivent toujours à la queue craignant de les perdre ;
c'est ainsi que *les oisons mènent les oies paître*, comme
dit Pathelin en la comédie, et que les nourrices n'ont
d'autre mouvement, ou d'autre chemin à faire, que
celui qui plait à la folle fantaisie de leurs nourrissons.

» Quand l'appétit de tirer à la tétine prend le baleinon, la mère baleine s'enfuit vers le plus profond,
afin de le remettre et le faire suivre à la droite route
du Sud, *toto se defendit Oceano*, comme dit Pline.
Toutefois, en fuyant elle n'abandonne pas l'affection
maternelle ; car à peu de résistance ou de chemin,
elle se rend et souffre le baleinon, lequel se rassasie,

et tout aussitôt retourne à sa débauche, à laquelle la baleine le suit toujours de près, comme mère abusée ne s'en pouvant séparer (1). »

A propos des détails donnés par Cleirac sur les mœurs et la pêche de la baleine, Valin dit que « quoique son style soit difficile à supporter, on ne laisse pas de prendre beaucoup de plaisir à cette lecture (2). » Quant à nous qui trouvons un charme de plus à la forme débonnaire du vieux légiste bordelais, nous n'aurons garde, comme Valin, de renvoyer à Lamart, à Deslandes ou à tout autre auteur plus moderne. Il doit suffire d'ajouter que les observations de Cleirac sont confirmées par les relations de nos voyageurs et baleiniers contemporains. Si le baleineau s'offre aux coups du harponneur, celui-ci spéculant cruellement sur la tendresse et le dévoue‑ment maternel se hâte de le blesser; la mère brave tout danger, elle accourt pour le défendre, elle se livre, elle est perdue. Mais que l'impitoyable har‑ponneur n'ait pas la maladresse de tuer le petit, car aussitôt, l'instinct de la conservation prenant le dessus, la baleine épouvantée s'enfuit avec une ra‑pidité qui la met hors d'atteinte.

La pêche de la baleine est une guerre, et toute

---

(1) Us et Coutumes de la Mer.—*Jugemens d'Oleron*, § XLIV.

(2) Commentaire sur l'ordonnance de la marine de 1681, liv. V, titre VII, *des Poissons royaux*, art. 2.

guerre endurcit le cœur ; sans quoi , comment le harpon effilé pourrait-il être lancé froidement à cette mère désespérée qui s'expose à une mort certaine pour protéger son nourrisson. Elle l'a rejoint à la surface de l'eau, l'excite à prendre la fuite , le soutient, le préserve , se précipite furieuse à l'encontre de l'ennemi , bat les flots avec une violence désordonnée et souvent , de son terrible coup de queue , met en pièces les baleinières. Mais les nains féroces, profitant de ses angoisses, la criblent de coups mortels , et l'agonie de la mère géante précède presque toujours celle de son nouveau-né.

Du reste , sauf le cas où elle défend sa progéniture, la baleine est généralement timide , ne demande son salut qu'à une prompte retraite et ne combat qu'en fuyant. On a cependant l'exemple d'une exception mémorable.

Le 20 novembre 1820 , dans les mers du Sud , le baleinier américain *l'Essex* , commandé par le capitaine Georges Pollard , venait de prendre deux baleines , et l'équipage se réjouissait sans doute de ses bonnes fortunes , car plusieurs autres cétacés de la même famille étaient en vue. Toute une flotille de futures prises semblait accompagner le bâtiment : — « *Houra* , *boys !* l'ouvrage ne nous manquera pas, cette fois! Après ces deux-ci , deux autres !.. » Les baleinières sont à la mer , les harpons sont prêts , *all's well* , tout va bien ! Soudain du groupe des

10*

monstres marins, se détache le plus grand, le plus formidable d'entr'eux, l'*Ajax*, le *Roland* d'une épopée sinistre. Dédaignant les fragiles canots, comprenant sans doute que le navire en est le chef, ou peut-être ne voulant se mesurer qu'avec un adversaire digne de lui, le colosse vengeur fond tête baissée contre ses flancs. Du premier choc, il fracasse la fausse quille, s'acharne à son œuvre de destruction, essaye de saisir entre les machoires quelques parties de ses œuvres vives et, n'y parvenant pas, reprend du champ comme un chevalier qui va rentrer en lice. L'étonnement des marins est à son comble. On peut craindre que toutes les baleines n'imitent un exemple jusque-là sans précédents; l'*Essex* évente ses voiles; bientôt il file cinq nœuds, les baleines le suivent, l'entourent, le devancent. Au bout d'une heure environ, le cétacé, transformé en bélier, porte dans la proue un second coup si terrible que le bâtiment recule avec une vitesse fatale. L'arrière a creusé la vague qui va l'engloutir, la mer est entrée par les fenêtres, l'*Essex* se couche sur le côté, s'emplit et sombre au bout de peu d'instants.

D'après l'une des relations de ce naufrage extraordinaire, le coup de tête de la baleine avait en outre ouvert une large voie d'eau.

L'équipage n'eut que le temps de se réfugier dans les chaloupes dont l'une chargée de sept hommes n'a jamais été revue. Les deux autres prirent terre dans une île déserte, stérile et dénuée d'eau douce, située par le 127° de longitude ouest entre le 24 et 25° de latitude (1). Presque tous les hommes qui les montaient ayant remis en mer, dans l'espoir d'y être rencontrés, périrent mangés par leurs compagnons d'infortune. Le capitaine survécut pourtant; il fut recueilli par un navire américain qui apparut au moment où l'on venait de tirer au sort pour la dernière fois. Un jeune mousse fut ainsi sauvé. Les quelques hommes qui avaient préféré demeurer dans l'île où ils durent attendre la pluie pour se désaltérer, finirent aussi par être secourus, après avoir enduré durant trois mois toutes les tortures de la soif et de la famine. Le bâtiment envoyé à leur recherche les trouva exténués, haves, mourants, mais du moins ils n'en avaient pas été réduits à l'exécrable nécessité de se dévorer entr'eux. Quelques rares oiseaux pris à grand'peine et des tortues de passage leur avaient servi d'aliments.

Les grands animaux sont loin d'être les plus inintelligents; l'éléphant le prouve. Le colosse qui

(1) D'après Domény de Rienzi (*Océanie*, t. II), cette île serait l'île *Elisabeth* de l'anglais King, ou *Juan Baptista* de l'espagnol Quiros, qui l'aurait découverte dès 1606. — D'après une autre relation, les naufragés de *l'Essex* atterrirent dans l'île *Ducie* de l'anglais Edwards (1791), nommée *Incarnacion* par Quiros. (*Magasin pittoresque*, t. IV, p. 339.)

naufragea *l'Essex* n'aurait-il pas obéi non-seulement à ses instincts de famille, mais encore à un
ressentiment personnel? L'éléphant garde le souvenir
des injures et se venge dès qu'il en trouve l'occasion.
Qui peut savoir si quelque harpon n'avait pas autrefois blessé la formidable ennemie du baleinier
américain?

Il est fréquent d'ailleurs que les baleines harponnées s'échappent, et c'est même ainsi qu'on a acquis
la certitude de l'existence du trop fameux passage
Nord-Ouest. En effet, on a pris plusieurs fois dans
la mer de Béring des baleines qui, très-peu de
temps auparavant, avaient été pourchassées dans
la baie de Baffin, comme le constataient la date et
les marques des harpons retrouvés dans leurs corps.
Dans un si petit nombre de jours, l'animal n'aurait
pu faire le tour par les caps Horn ou de Bonne-
Espérance. D'ailleurs, il est avéré désormais que
les baleines franches de notre hémisphère ne s'aventurent guère entre les tropiques et qu'elles sont d'une
espèce différant sensiblement de celle des baleines
australes. Cleirac l'ignorait; il ne nous en a pas
moins laissé de très-précieux renseignements :

« A la saison du passage, les pêcheurs (basques)
ont continuellement quelqu'un d'entr'eux au guet et
en sentinelle jour et nuit dans des huttes dressées à
ce sujet, bien haut sur la colline au lez du rivage, et
tout joignant sur le penchant ils tiennent leurs cha-

loupes guindées et retenues à force de cabestans,
bien pourvues ou garnies de pain, de vin, ... de
harpons, lances, lignes, cordeaux, avirons et autres
apparaux nécessaires, le tout prêt et bien arrangé.

» Quand les sentinelles ont découvert la balcine,
laquelle ils reconnaissent au bruit et au souffle de la
respiration qui exhale comme fumée, lors ils excitent un grand tintamarre pour avertissement aux
autres pêcheurs, lesquels accourent, et promptement se lancent dans les *baleinières* (1) ou chaloupes
huit ou dix en chacune. Entrés qu'ils sont, ils lachent
le cabestan, tombent et glissent en précipice sur le
penchant de la colline dans la mer : comme s'ils
dussent engouffrer ou fondre, et à l'instant la rame
à la main, tirent droit au lieu qu'ils ont aperçu les
fumées de la bête, laquelle ils affrontent de près, et
l'attaquent vers la tête au collet, afin de l'asséner
plus mortellement et à moins de danger pour eux,
que vers la queue, de laquelle ils redoutent les
soufflets ou revers. »

Cette peinture imagée des basques s'affalant en
grand, larguant tout, glissant sur la pente avec la
bouillante témérité qui les caractérise encore, rappelle notre cher refrain :

> Garçons ! dévire ! dévire !
> Bordons nos longs avirons !

_____

(1) Cleirac, dont nous n'avons pas reproduit l'orthographe,
écrit *balenier*, mot qui, de son temps, se prononçait *baleinière*.

Les frêles barques vont attaquer de front le cétacé géant, et voici que l'intrépidité de nos pêcheurs donne un démenti à la sagesse biblique de Job :

« Enlèveras-tu la baleine avec un hameçon et la tireras-tu par la langue au bout d'une corde? (1) »

C'est le Léviathan si magnifiquement décrit par le poëte sacré :

> Ferez-vous un anneau d'osier pour sa narine?
> Lui mettrez-vous aux dents quelque bâton d'épine?
>
> Le verrez-vous alors, se traînant à vos pieds,
> Vous prier humblement pour que vous l'épargniez?
>
> Fera-t-il avec vous un pacte qui l'enclave
> Et l'oblige à jamais à vous servir d'esclave?
>
> De vos jeunes enfants devenu le captif,
> Sera-t-il leur jouet comme un oiseau chétif?
>
> Percerez-vous ses flancs de dards, dans la bataille,
> Et mettrez-vous sécher sa tête à la muraille?
>
> Sera-t-il aux marchands livré comme un butin?
> Vos amis assemblés en feront-ils festin?
>
> Mettez la main sur lui : voyez votre faiblesse
> Et que votre frayeur vous entoure sans cesse (2).

(1) Chap. XL, verset 20.
(2) Traduction du *Livre de Job,* par le comte F. de Gramont.

Eh bien! les Basques ne craignirent pas de faire de cette lutte leur métier. Le léviathan succomba sous leurs coups jusqu'à temps que, saisi de frayeur, il n'osât plus visiter les parages où le guettaient les sentinelles de la pêche. Les basques bravant sa masse, sa force, sa fureur, l'attaquaient debout au corps. Leurs dards perçaient ses flancs. On se jouait de son désespoir. L'homme est mis au défi, mais léviathan sera taillé en pièces. Sa peau, sa chair, sa graisse, sa cervelle, ses barbes sont autant d'objets de commerce. Les négociants trafiquent de ses morceaux. Mille jouets d'enfants, mille colifichets de jeunes filles sont fabriqués avec les dépouilles de la baleine. Telle fut dans le golfe de Gascogne l'abondance de sa pêche que les Basques se servaient de ses os pour en faire les clôtures de leurs champs.

Et c'est Job, le pieux, le sage Job qui a été le plus téméraire en prêtant au Tout-Puissant des paroles en contradition avec son éternelle volonté, car il est écrit :

« Dieu créa l'homme mâle et femelle, les bénit et leur dit : Croissez et multipliez, remplissez la terre et vous l'assujettissez, et dominez sur les poissons de la mer, sur les oiseaux du ciel, et sur tous les animaux qui se meuvent sur la terre (1). »

Point d'exception à cette loi. La terre et toutes les

(1) *Genèse*, chap. II, versets 27, 28.

créatures qui la peuplent sont soumises au nombre , à
l'intelligence, au courage, au génie de l'homme.
Qu'il multiplie, et qu'il assujettisse ! Qu'il sache user,
il dominera, tout lui appartient. Qu'il mésuse ou
abuse, il perd tout. Si les hommes, loin de croître
et de multiplier par la paix, s'amoindrissent et se dé-
ciment par la guerre, ils violent le pacte. S'ils n'ap
pliquent point leurs dons à s'assujettir la terre, la
mer, l'atmosphère et les animaux qui les habitent,
l'empire de leur globe ne saurait leur appartenir sans
partage.

Mais ils ne sont point téméraires, ils sont dociles,
ceux qui, obéissant à la lettre, aspirent par la paix
et la fusion des races, à la multiplication, à l'accroissement, au développement physique, intellectuel et
moral de l'espèce humaine, — aux grandes guerres
de l'avenir contre les fléaux de la nature, — à la
conquête des déserts, des régions atmosphériques et
des profondeurs de l'Océan.

Rien de chimérique, rien d'impossible en tout ceci,
quand l'invincible léviathan fournit à merci de fila-
ments flexibles nos faiseuses de modes et nos fabricants de jouets.

Les baleines étant devenues de plus en plus rares
dans le golfe de Gascogne, les pêcheurs basques réso-
lurent d'aller les relancer dans la mer glaciale. En
1617, avec le concours de quelques armateurs de
Bordeaux, ils équipèrent les premiers navires des-

tinés à cette expédition aventureuse qui, du Nord de l'Écosse et de l'Irlande, remontèrent jusqu'au Groënland et au Spitzberg.

Leurs pêches devinrent bientôt assez florissantes pour éveiller la jalousie des Anglais. Ceux-ci les molestèrent, s'efforcèrent de les entraver et finirent par les empêcher de prendre terre en Islande et au Groënland où nos basques s'établissaient pour dépecer les baleines, fondre la graisse, et charger paisiblement leurs navires. Il y avait là violation manifeste du droit des gens. Plaintes furent portées par nos pêcheurs au roi Louis XIII et au Cardinal de Richelieu mais la France et l'Angleterre avaient bien d'autres sujets de discorde, il fut impossible d'instituer aucune trêve pêcheresse en faveur de nos baleiniers. A leur grand détriment, ils se résignèrent donc à dépecer la baleine en plaine mer et à revenir en France pour l'opération de la fonte des graisses. De là, encombrement, infection et perte de produits, car un tiers de la cargaison se composait inévitablement de résidus inutiles.

Survint un ingénieux inventeur qui mit un terme à ce déplorable expédient.

François Soupite, de Sibourre (Basse-Pyrénées), dont le nom mériterait d'être moins inconnu, trouva l'art de fondre en plaine mer le lard des baleines. Il imagina l'installation des fourneaux et chaudières chauffés précisément par les matières de rebut dont

11

on s'encombrait en pure perte avant qu'il eût combiné les moyens d'extraire l'huile et l'adipocire à bord du navire même. Grâce à lui, le bâtiment réalise une économie incalculable qui, seule, rend possibles les expéditions lointaines.

Les Anglais s'étaient bornés à persécuter nos pêcheurs basques; les Hollandais firent bien pis. Par d'avantageuses propositions, ils en séduisirent quelques-uns, dérobèrent ainsi le secret de leurs procédés et dès qu'ils en furent en possession usèrent de violence pour expulser les Basques des mers où se pratique la grande pêche : — « De sorte, conclut Cleirac, que les Basques sont à présent aux termes de voir que les partisans profiteront de leur invention, et de regretter leurs pratiques interceptées et diverties par les étrangers qu'ils ont enseignés : « *Sic vos non vobis mellificatis apes.* »

La baleine, traquée sur toutes les mers, a presque entièrement perdu, dans notre hémisphère surtout, ses points de repère. Ses pérégrinations n'ont plus leur régularité d'autrefois; son instinct, plus développé que celui des autres poissons voyageurs, l'a mise en garde contre les dangers qui la menaçaient périodiquement dans tels ou tels parages. Le géant des mers fuit l'homme, son persécuteur. Il cherche un abri dans les glaces du Nord et du Sud ; et puis, relancé jusque dans ces régions inhabitables, il reparaît dans des zones moins glaciales. Aussi le théâtre des pêches a-t-il très-souvent changé dans des espaces de temps fort courts.

Les Hollandais, ayant organisé la pêche de la baleine sur une grande échelle, formèrent vers le milieu du dix-septième siècle des établissements permanents au Spitzberg. Les criques et les havres d'une terre presque inhabitée de nos jours, étaient alors annuellement sillonnés par trois ou quatre cents navires baleiniers.

Le père Fournier en son *Hydrographie*, dit positivement que les Dieppois prenaient de son temps une part active aux pêches du Spitzberg, où ils se rencontraient avec les Anglais et les Hambourgeois, ce qui tend à prouver que les Hollandais furent contraints de se relacher de leurs rigueurs.

Comme autrefois à Biarritz et sur les rives du golfe de Gascogne, des sentinelles placées sur les caps signalaient les baleines qui, une fois harponnées, étaient remorquées et dépecées à terre.

En 1634, dit encore le père Fournier, un navire dieppois y prit une baleine dont la langue seule fournit vingt-six barriques d'huile.

La baie de Grouenhave ou *Groëne-haven*, suivant les vieilles cartes du *Grand illuminant flambeau de la mer*, le large canal de l'Yszond, les côtes de l'île de Voorland et la rade de Smeeremberg devinrent le centre d'un mouvement extraordinaire pendant la saison de la pêche.

Le village de Smeeremberg, qui empruntait son nom au verbe *smeeren*, fondre, était à 11 degrés du pôle, un lieu où l'on trouvait autant d'objets de luxe, de distractions et de plaisirs qu'à Amsterdam, la capitale des Provinces-Unies. Mais l'éloignement progressif de la baleine, la guerre maritime, les terribles incursions de Jean-Bart, et celles de Duguay-Trouin forcèrent les Hollandais d'abandonner une factorerie dont il serait difficile d'assigner exactement aujourd'hui la situation topographique.

Il existe pourtant encore au Spitzberg un faible établissement du même nom, où des négociants d'Arkhangel entretiennent un petit poste de chasseurs qu'on relève tous les ans. Après de longs débats, les Russes sont désormais reconnus comme suzerains d'un archipel, visité par un certain nombre de navigateurs Anglais, Danois, Hambourgeois, Norwégiens et autres, attirés par les ours blancs, les narwals et les baleines qui reparaissent de temps en temps dans leurs anciens lieux de refuge.

Il y a trente à quarante ans, la côte orientale du Groëland était estimée par les baleiniers anglais comme une excellente station de pêche ; à présent les bâtiments traversent sans s'y arrêter les mêmes parages et vont chercher ailleurs le nomade cétacé qui doit les remplir de ses dépouilles.

Conformément à l'opinion de Cleirac, on a dit et répété avec raison que, pendant l'hiver les baleines disparaissent d'auprès des rivages envahis par les glaces, et que, quittant le voisinage des pôles, elles se rapprochent des zones tempérées. L'on comprend en effet que, gênées dans les banquises, elles fuient des parages où elles risquent d'être étouffées par les couches de glace qui les priveraient de la respiration de l'air atmosphérique sans lequel elles ne peuvent vivre. Mais du moment que l'on manque de données suffisamment précises sur leur direction ultérieure, il est facile de juger de quel intérêt sont les rapports semblables à celui que nous citions plus haut. Les baleiniers guidés par de pareilles indications mettent sous voiles, ceux-ci pour les régions boréales, ceux-là pour les mers australes où se portent aujourd'hui les principaux efforts de nos compatriotes.

VARIÉTÉS DIVERSES.

Il n'est personne qui ne sache que la baleine est le plus grand des animaux de la création.

La baleine franche, classée la première dans l'espèce, n'a pas moins de treize mètres, vingt, trente et trente-cinq mètres de long. On a dit en avoir vu de quarante et de soixante mètres. Les amis du merveilleux ont poussé l'exagération plus loin. Mais, qu'on y prenne garde, les amis du merveilleux n'ont pas toujours tort. Leurs exagérations mêmes sont fréquemment l'indice de faits réputés fabuleux qui finissent par être reconnus vrais et démontrés scientifiquement. Parfois même, il se trouve qu'il n'y avait aucune exagération. Il est si facile de nier et si difficile de prouver les choses extraordinaires, insérées dans des relations anciennes, attestées par de rares témoins, oubliées, manquant de notoriété, controversées, invraisemblables, que le scepticisme a généralement gain de cause quand il invoque le fameux proverbe : « A beau mentir qui vient de loin. » Mais les échecs du scepticisme doivent rendre prudent, et puisque tout proverbe a son contraire, nous en sommes venu à préférer celui-ci : « Dans le doute abstiens-toi ! » (1)

La tête de la baleine franche égale à peu près le quart de sa longueur totale ; deux canaux ou évents, qui partent du fond de la bouche et se rendent au sommet du crâne, servent à l'animal pour respirer et rejeter l'eau entrée dans sa gueule lorsqu'il a plongé. On aperçoit de plus de deux lieues cette double colonne d'eau, haute parfois de trois mètres au-dessus du niveau de la mer ; les vigies alors s'empressent de signaler une baleine, et le navire met le cap dans sa direction.

L'ouverture de la bouche de la baleine franche est tellement grande qu'elle pourrait livrer passage à un homme. Sa machoire supérieure est garnie des deux

(1) Voir la note E. — *Monstres marins; cétacés extraordinaires.*

côtés de quatre à cinq cents fanons, lames parallèles et flexibles détaillées dans le commerce sous le nom vulgaire de *baleine*. Chaque fanon entre par un bout dans la gencive, la traverse et pénètre jusqu'à l'os longitudinal; mais une frange de crins attachés au bord concave du fanon se trouvant en dehors des lèvres, on appelle encore fort improprement *barbes* ces grandes lames qui occupent la place des dents dont la baleine est dépourvue. Aussi n'exerce-t-elle aucun travail de mastication. Elle se nourrit de très-petites proies, des moindres poissons, de mollusques et surtout, comme on l'a dit plus haut, du mucus gélatineux qui s'agglutine aux mers polaires.

La nature a donné à la baleine des nageoires d'une structure et d'une force proportionnées à sa masse, non point composées d'arêtes jointes les unes aux autres par des membranes, mais formées d'os articulés comme ceux de la main et des doigts de l'homme. Une queue gigantesque disposée horizontalement et non verticalement ainsi que la queue des poissons ordinaires, complète l'appareil locomoteur de la baleine. La couche énorme de graisse qui enveloppe le monstrueux cétacé, allège beaucoup le volume de son corps, et tient l'eau à une distance convenable du sang qui, sans cela, pourrait se refroidir. Elle sert ainsi à conserver la chaleur naturelle de l'animal.

La baleine Jubarte presqu'aussi estimée que la baleine franche est plus longue et moins grosse. Elle se trouvait il y a un siècle dans les eaux des Bermudes. Faut-il ou ne faut-il pas croire que ce cétacé est de l'espèce de ceux qui sous le règne de Juba, roi de Mauritanie, remontèrent par troupe dans un fleuve et y périrent ? Dès lors on tira quelque parti de l'huile de ces animaux, elle servait à préserver les chameaux de la piqûre des taons, mais on ne voit dans aucun auteur ancien la preuve qu'elle ait été appliquée à une industrie de quelque importance.

Le cachalot macrocéphale, moins fort que la baleine franche, quoique souvent plus long, mais toujours moins gros, est peut-être encore plus recherché par les pêcheurs. Sa mâchoire inférieure est garnie de dents coniques et un peu recourbées qui ont à l'extérieur la dureté de l'ivoire, mais qui dépouillées de leur émail sont plus tendres et moins blanches. Le marin, qui utilise toutes les parties du cachalot, en fait le plus grand cas.

Les Nouka-hiviens attachaient du temps du navigateur américain Porter, (1813) un prix extraordinaire aux dents de cachalot. Aucun bijou, quelle que soit sa valeur, ne l'emporte à leurs yeux. L'ivoire le plus beau et le mieux travaillé leur paraît fort inférieur : « Un navire de 300 tonneaux, a écrit Porter, pourrait compléter à Nouka-Hiva une cargaison de bois de sandal pour dix dents de ba-

leine (cachalot) et cela d'autant plus facilement que
les naturels ne s'épargneraient aucune peine pour
aller le couper dans leurs districts les plus reculés
et pour le transporter au lieu de l'embarquement.
Or, une cargaison de cette espèce peut se vendre
en Chine un million de dollars (cinq millions de fr.) »

Depuis l'occupation française des îles Marquises,
la valeur des dents de cachalot y a considérablement
diminué. Ce n'en est pas moins l'un des premiers
cadeaux que sollicitent les belles canaques lorsqu'elles
vont à la nage prendre d'assaut un navire baleinier
arrivant au mouillage :

— « Manu, rapporte-moi de la tapa rouge, des
colliers, des dents de cachalot ! (1) »

Les cachalots, comme les baleines, se subdivisent
en plusieurs espèces dont les pêcheurs tirent les
mêmes produits. Ils sont d'un abord plus dangereux
que les baleines franches, et plus disposés à combattre, aussi doit-on supposer, que le formidable
naufrageur de l'*Essex* était un cachalot. Ils fournissent spécialement l'adipocire, spema-ceti ou
blanc de baleine, et par conséquent ils fréquentaient
autrefois le golfe de Gascogne, puisque cette moëlle
était recueillie par les pêcheurs basques. De longtemps, en effet, l'on n'a pas établi de distinction

(1) *Tapa,* étoffe. — MAX RADIGUET, *les derniers Sauvages.*

entre le cachalot et la baleine dont le nom générique
s'applique encore à tous les grands cétacés.

Le naturaliste Anderson décrit quinze espèces de
baleines différentes , et sans doute il reste encore au-
dessous de la vérité. Le Nord-Caper , la baleine du
Groënland, la baleine à tuyaux, la baleine à narines
prennent place dans cette nomenclature détaillée à
côté des variétés diverses de cachalots, les uns ver-
dâtres, au crâne osseux très-dur, les autres gris dont
le cerveau n'est recouvert que par une forte mem-
brane.

Le cachalot fournit enfin l'ambre gris , substance
assez mal connue, sorte de concrétion de parties
huileuses , qu'on trouve parfois très abondamment
dans le corps de l'animal mais dont parfois aussi on
ne rencontre aucune trace.

La pêche du cachalot est préférée, par les américains surtout , à celle de la baleine franche. Elle
donne lieu à des armements distincts, à des campagnes plus longues. Nos baleiniers français , moins
exclusifs, s'adonnent à l'une et l'autre pêche , atta-
quant tout ce qu'ils rencontrent. Ainsi , la baleine à
bosse et la baleine à aileron ou baleinoptère gibbar,
produisent infiniment moins d'huile que les baleines
franches et les cachalots ; ils ne les dédaignent pas.
Ils chassent même en guise de passe-temps, et à défaut de mieux, le souffleur, quoiqu'il n'ait guère
que quatre à six mètres de long sur deux ou trois de

circonférence ; mais il fournit un fort baril d'huile d'excellente qualité, et c'est toujours autant de pris.

Enfin depuis une vingtaine d'années, nos baleiniers attaquent les morses ou éléphants de mer, pacifiques amphibies qu'on frappe avec des lances sur les rochers, sur les glaçons ou autour des canots. Leur huile vaut celle de la baleine, leurs dents sont préférables à l'ivoire, car, bien qu'elles n'aient ni la longueur ni la grosseur des défenses de l'éléphant, elles sont plus dures et moins sujettes à jaunir.

« Pendant longtemps on a cru qu'il n'existait qu'une seule espèce de baleine franche, et l'on est resté dans cette erreur jusqu'au moment où M. Delalande, apportant au Muséum d'histoire naturelle le squelette complet d'un de ces animaux harponné dans les environs du cap de Bonne-Espérance, a fourni à Cuvier l'occasion d'apercevoir les différences très-notables qui existent entre la baleine du Sud et celle du Nord.

» Les traits de dissemblance consistent principalement, pour ce qui concerne la charpente osseuse, dans la soudure des sept vertèbres cervicales, et dans deux paires de côtes de plus.

« La baleine australe a la tête beaucoup plus déprimée que celle du Nord; ses nageoires pectorales sont aussi plus longues et plus pointues; les lobes de sa queue sont moins échancrés : les baleiniers s'accordent aussi à la représenter comme sensiblement plus petite que la baleine arctique, ses dimensions ordinaires étant de quarante à cinquante pieds (une quinzaine de mètres). »

D'après cela, l'équateur formerait en quelque sorte la ligne de démarcation entre les domaines de la baleine du Nord et ceux de la baleine du Sud. Mais on conçoit qu'aucune des observations relatives au géant des mers ne peut être d'une exactitude rigoureuse. Comment, par exemple, se prononcer sur la durée de sa vie et sur son maximum de croissance? Les premières baleines pêchées dans le Nord étaient beaucoup plus grandes que celles qu'on y prend de nos jours, parce que, suppose-t-on, elles étaient plus vieilles. Cette supposition est vraisemblable, car il y a toute apparence que les baleines vivent très-longtemps et n'atteignent leur maximum de croissance qu'avec lenteur; mais d'autre part, il est vraisemblable aussi que les espèces susceptibles d'atteindre les plus grandes proportions ont diminué au point d'être presque anéanties.

MODES DIFFÉRENTS DE PÊCHER LA BALEINE.

Les Scandinaves disputent à nos Basques l'honneur d'avoir les premiers pêché la baleine. Il est certain, en effet, que ces peuples essentiellement pêcheurs et navigateurs n'attendirent pas les leçons du midi pour se mesurer avec le monstre marin qui fréquentait leurs rivages.

Dans l'Edda (XIe siècle) il est question de la pêche de la baleine, qui se pratiquait sur les côtes de la Norwège. Au XIIe siècle, elle était usitée en Islande. Dès le IXe, et sans doute bien antérieurement, elle occupait les habitants des contrées septentrionales de l'Europe.

Il devra donc suffire à la gloire des Basques d'avoir osé poursuivre la baleine jusqu'aux extrémités de l'océan encore inconnues et d'avoir les premiers mis en pratique la découverte de François Soupite qui trouva l'art de la dépécer et de fondre sa graisse en plaine mer.

D'ailleurs, les Groënlandais, les Kamchadales, les naturels de la Floride, ceux de quelques parages de l'Afrique ou de l'Océanie n'attendirent pas non plus que les Européens vinssent leur enseigner à combattre la baleine.

Pour la frapper, les Groënlandais font usage d'un javelot muni d'une vessie de chien--marin qui surnage et empêche l'animal, une fois blessé, de rester longtemps sous l'eau. « On retrouve cet instrument de pêche parmi les habitants sauvages de toute l'Amérique russe (1). » Quant aux canots ou *Kajaks* dont se servent les Groënlandais, rien de plus ingé-

(1) Frédéric Lacroix, *Régions circompolaires*, l'Univers.

nieux ni de mieux approprié à la mer agitée sur laquelle ils s'aventurent. Comme le balses de la mer du Sud, les kajaks sont de vraies boîtes à air dont la légère membrure, recouverte de peau, affecte la forme d'une navette, longue d'environ quatre mètres sur un demi-mètre de largeur. Au centre de cet appareil flotteur est ménagé un trou circulaire dans lequel se glisse et se boucle par la ceinture l'homme qui, dès lors, ne fait plus qu'un avec le canot. Un balancier à double pagaïe sert à la fois de rame et de gouvernail. Le pêcheur flotte comme un poisson, se joue des lames et se mesure ainsi presque sans dangers avec les plus terribles cachalots.

Les indigènes de la Floride attaquaient la baleine avec une hardiesse étrange. — « Considérant la façon de laquelle ils usent, dit le père Fournier, il me souvient de ce verset où le Prophète Royal dit que c'est un dragon que Dieu a formé, afin qu'on s'en moquât : *Draco iste quem formasti ad illudendum ei.* » L'indien, monté dans sa pirogue, cotoie la baleine, choisit son temps pour lui sauter sur le dos, s'y cramponne, s'avance jusqu'aux évents et enfonce successivement dans chacun d'eux à grands coups de maillet un pieu fixé à une longue corde. La baleine blessée à mort, se débat furieuse, plonge, bondit, plonge encore, perd la respiration, lutte contre son agonie, et enfin succombe étouffée. Cependant l'audacieux dompteur a regagné à la nage sa pirogue d'où

il lance au rivage la corde amarrée aux deux pieux.
Ses compagnons s'en saisissent et la baleine, hâlée à
terre, est dépécée en morceaux qu'on fait sécher au
soleil. Les indigènes, ajoutent les vieilles relations,
réduisaient ensuite ces chairs desséchées en une sorte
de farine dont ils faisaient du pain qui pouvait se
garder fort longtemps.

Les anciens Madécasses faisaient la pêche de la baleine (1). Les naturels des îles Carolines en Océanie
lui livrent combat avec le plus vif intérêt. Dans les
Lettres édifiantes le P. Cantova en donne la description suivante :

« Dix ou douze de leurs îles, disposées en guise de
de cercle, forment une espèce de port où les eaux
sont dans un calme perpétuel. Quand une baleine
paraît dans ce golfe, ces insulaires montent aussitôt
sur leurs canots ; se tenant du côté de la mer, ils
avancent peu à peu en effrayant l'animal, et le poussent devant eux jusque sur des hauts-fonds non loin
de terre. Alors les plus adroits se jettent à l'eau ; quelques uns dardent l'animal de leur lance, et les autres
l'amarrent avec de gros câbles dont les bouts sont fixés
au rivage. Aussitôt s'élève un cri de joie parmi les
spectateurs nombreux que la curiosité a attirés sur la
côte. On traîne sur le sable la baleine, et un grand
festin est la suite de cette victoire. »

(1) FLACOURT, *Histoire de Madagascar*, chap. XXXIII.

De temps immémorial les habitants du Kamchatka et des îles avoisinantes se livrent à la pêche des baleines ; chaque peuple a sa manière de les prendre. Les Kuriles font usage de dards empoisonnés. Les Olutores se servent de filets faits de courroies en cuir de cheval marin, dans lesquels les baleines s'engagent lorsqu'ells viennent à l'embouchure des rivières à la poursuite des petits poissons. Les Tchukotskoi procèdent par le harpon comme les Européens.

Les Ethiopiens antiques, les Cafres, les Malais, les Chinois, les naturels du Brésil et foule d'autres peuples de toutes les parties du monde se sont adonnés soit accidentellement, soit habituellement à la pêche de la baleine ; les traditions, les relations de voyage, les récits historiques l'attestent ;. mais ces pêches locales ne menaçaient point l'espèce.

La baleine ne court le danger d'être détruite que depuis les grandes pêches des Basques et des Dieppois, des Anglais, des Hollandais et enfin des Américains du Nord. Les armements se multiplient, les deux océans sont sillonnés par des navires · qui font périr chaque année des milliers de baleines.

Comme si le harpon ne suffisait pas, on commence à faire usage de projectiles coniques explosifs qui rendront la grande pêche plus sûre, plus prompte et d'autant plus meurtrière. L'on a également essayé avec succès la fusée à la congrève pour lancer la ligne sur la baleine.

Il est donc très-sérieusement à craindre qu'en l'espace de moins d'un siècle, l'industrie des baleiniers et des cachalotiers ne périsse tant les grands cétacés seront devenus rares.

« La baleine, le cachalot, se rencontraient autrefois dans toutes les mers. Plus tard, fuyant la poursuite acharnée dont ils étaient l'objet, ces cétacés se sont réfugiés dans les parages moins fréquentés par les navires pêcheurs. On les a vus sur les côtes de la Nouvelle Hollande et de la Nouvelle Zélande, dans les îles de l'Océanie, cherchant les eaux tranquilles où se retirent les femelles à l'époque de la gestation. Les baleiniers ont rendu bientôt ces retraites impossibles. Réunis autour du Japon, la baleine et le cachalot ont encore été poursuivis, et c'est à peine si les solitudes des îles Aléoutiennes, de la mer de Béring et de l'Océan glacial arctique, offrent aux membres épars de cette famille de cétacés des asiles assez sûrs pour que leur race ne risque pas de disparaître entièrement (1). »

Michelet prophétise de même, après avoir tracé le saisissant tableau des massacres immenses de cétacés et d'amphibies que les pêcheurs européens faisaient il y a un siècle ou deux. — « On tuait en un jour des quinze ou vingt baleines et quinze cents éléphants

---

(1) Études sur la pêche en France, *Revue maritime et coloniale*, 1864.

marins ! c'est-à-dire qu'on tuait pour tuer. Car comment profiter de cet abattis de colosses dont un seul a tant d'huile et tant de sang ? Que voulait-on dans ce sanglant déluge? Rougir la terre? Souiller la mer? »

Les économistes alarmés voudraient aujourd'hui que des conventions internationales pussent protéger les grandes espèces. Mais comment mettre d'accord les peuples concurrents? Comment circonscrire les parages où les baleines seraient épargnées? Les difficultés pratiques sont presque insurmontables. Malheur donc aux cétacés! Et en présence des grands avantages qu'offre leur pêche, reconnaissons que la France doit s'efforcer d'en avoir sa juste part.

Nos Basques, et après eux les Dieppois s'étaient livrés avec le plus grand succès à la pêche de la baleine. Malheureusement, des obstacles de tous genres, les persécutions de leurs rivaux étrangers, la guerre, le défaut d'encouragements et de protection finirent par leur faire abandonner une industrie qu'ils avaient en quelque sorte créée. L'Angleterre accapara le monopole de la pêche de la baleine dans le Nord; en 1783 elle y affectait près de trois cents navires. Les choses en vinrent au point que le gouvernement s'en émut. Les huiles de poissons de pêche française furent exemptées des droits d'entrée par un arrêt de 1738. Vers 1784, de grands avantages furent faits aux armateurs de Dunkerque pour les déterminer à entreprendre la pêche de la baleine. Vains efforts, la tradition des bonnes méthodes s'était perdue, les expéditions furent malheureuses.

Cependant, au-delà de l'Atlantique, dans la petite île de Nantuket (état de Massachusetts) à une quarantaine de lieues de Boston, s'était formée une population d'intrépides et habiles baleiniers. L'Angleterre, leur mère patrie, loin de les protéger les opprimait; elle mettait des entraves à leurs opérations, à leur commerce, à leurs progrès. Le roi Louis XVI, toujours préoccupé de nos intérêts maritimes, profita de cette faute. En 1786, il attira à Dunkerque la majeure partie de ces insulaires. Les Nantukais furent traités avec faveur, encouragés par des concessions, considérés comme marins français, et néanmoins exonérés du service de l'État ; l'huile de baleine et le spermaceti de provenance étrangère furent interdits. La pêche de la baleine prit immédiatement à Dunkerque une certaine importance.

Une loi de 1791 confirma les avantages faits aux Nantukais établis à Dunkerque et les offrit à tous ceux de leurs compatriotes qui viendraient les rejoindre. Mais la guerre maritime ayant éclaté en 1793, la colonie baleinière fut dispersée.

« Pendant la courte paix d'Amiens, dit Beaussant, les Dunkerquois voulurent ranimer la pêche de la baleine. La reprise des hostilités frappa cet essai

d'un désastre complet : la paix de 1815 rendit la vie
à cette pêche comme à toutes les autres. »

Parmi les avantages offerts aux Nantukais était
une forte prime (cinquante livres par tonneau de
jauge), qui, dès 1792, fut accordée à tous les autres
armateurs français pour la pêche de la baleine. En
1816, cette prime fut renouvelée ; elle fut même
doublée pour le cas où le navire aurait opéré dans
l'Océan Pacifique et rentrerait chargé des produits
de sa pêche, après une navigation de plus de seize
mois et de moins de vingt-six. Enfin, les armateurs
ayant été autorisés à admettre des marins étrangers
dans leurs équipages, la prime s'élevait proportion-
nellement au nombre des marins français enrôlés.

En outre, les baleiniers français qui se présentaient aux examens pour être reçus capitaines au
long-cours, furent dispensés de l'obligation d'avoir
servi l'État, pourvu qu'ils eussent fait, au moins,
trois campagnes à la pêche.

Par ces mesures protectrices, par des exemptions
de droits de douane, par la franchise des droits sur
le sel, et par plusieurs autres dispositions analogues,
l'industrie baleinière, si longtemps languissante, a
repris son essor, et comme l'a écrit un de nos capitaines baleiniers : « Cette pêche dont les développe-
ments ont été fort rapides au Havre et à Nantes particulièrement, en est arrivée chez nous à un état de
prospérité qui nous affranchit de l'espèce de tutelle

dont le gouvernement français avait jugé devoir
entourer sa nationalisation. Naguère encore tributaires de l'étranger pour une partie de nos besoins
en huile et en blanc de baleine, comme nous l'avions
été pour la formation de quelques-uns de nos pra-
ticiens, nous sommes heureusement aujourd'hui en
état de nous suffire à nous-mêmes. En enrichissant
notre commerce, la pêche de la baleine fournira à la
marine française une jeunesse forte et courageuse,
que l'aspect constant des dangers qui entourent son
apprentissage rendrait plus habiles au besoin pour
faire la guerre à nos ennemis. »

Le bâtiment destiné à la pêche de la baleine, est
généralement un grand trois mâts de quatre ou cinq
cents tonneaux, équipé, approvisionné avec soin,
et disposé de manière à braver les mers orageuses
et les glaces polaires. Il est monté d'une trentaine
d'hommes. Parfois le navire a deux capitaines : le
capitaine de route qui commande en chef et conduit
le bâtiment aux lieux où l'on doit stationner,— le capitaine de pêche qui dirige toutes les opérations relatives à la prise et au dépècement de la baleine. Mais
on pressent les inconvénients attachés à cette division de pouvoirs provenant, dans l'origine, de la
nécessité d'emprunter aux nations étrangères, des
hommes déjà formés aux rudes travaux qui sont
l'objet de l'expédition. Aujourd'hui que notre ap-

prentissage est fait, les deux autorités se confondent le plus souvent en une seule personne, ce qui met fin à des rivalités incessantes, à des conflits, à des luttes intestines d'où naissaient de fréquents et déplorables désordres.

Quatre ou cinq officiers, y compris le maître de manœuvre, un chirurgien qui a rang d'officier, un charpentier habile, deux tonneliers, un forgeron, un cuisinier et un maître d'hôtel pour l'état-major, un coq ou cuisinier de l'équipage et dix-huit ou vingt matelots, y compris les novices, composent le personnel.

Chaque navire est muni de six ou sept pirogues-baleinières, légères embarcations spécialement construites pour la pêche, et chacune de ces pirogues, commandée par un officier qui prend le titre de *chef*, est montée en outre par un *harponneur*, homme d'élite qui passe bien avant les simples matelots.

Dès qu'on a pris la mer, on établit un rôle de pêche; le chef, le harponneur et les quatre autres rameurs de chaque baleinière sont désignés. Ensuite, tout harponneur reçoit vingt harpons, six lances, deux pelles tranchantes, un hachot, deux couteaux d'embarcation, une grande provision de manches de harpons, de lances et de pelles, et une quantité suffisante de ligne ou menu cordage d'un usage indispensable.

Puis, tout en faisant route vers les parages où

l'on va chercher la baleine, l'équipage se livre sans relâche à une multitude de travaux préparatoires et principalement à l'installation des pirogues dont chacun s'occupe avec une fraternelle sollicitude.

La pirogue baleinière est le premier des instruments du bord, c'est elle qui décidera de la victoire; il faut qu'elle vole comme la flèche. On l'espalme, on la grée de ses appareils, on la dispose pour la chasse, pour le combat. Rien de plus gracieux que ses formes fines, vives, élancées; rien de plus marin que ses proportions : 8 mètres à 8 mètres et demi de long, 1 mètre 57 centimètres de large, 27 centimètres de creux sous les bancs de nage. En guise de gouvernail, elle a un aviron de queue long d'environ sept mètres que maniera le chef de pirogue; les cinq rames de travers ont 5 mètres et demi de longueur; toutes sont de qualité supérieure et garnies au portage soit de cuivre, soit de basane, suivant le poste qui leur est dévolu.

On a eu soin d'embarquer à bord tout ce qui sera nécessaire à la réparation des baleinières; et le charpentier aura fort à travailler pour les entretenir en bon état durant le cours entier de la campagne.

Après la pirogue, le harpon joue le rôle important. — C'est un dard en fer, formant un angle obtus d'environ 120 degrés, dont les côtés tranchants ont huit centimètres de hauteur; nous ne connaissons pas d'arme plus effilée ni plus terrible. Le troisième

côté du triangle, épais d'environ seize millimètres,
tient par le milieu à une branche en fer d'une extrême
souplesse, dans laquelle s'emboîte le manche en bois
qui sert à lancer le harpon. Le métal doit être assez
malléable pour se tordre en tous sens et ne jamais se
rompre; il faut qu'en quelques coups de maillet on
puisse le redresser, lors même qu'il aurait pris la
courbure d'un tire-bouchon.

Dès que l'on est dans les parages où l'on espère
rencontrer la baleine, tous les esprits ne sont tendus
que vers un seul et même objet; on attend l'ennemi;
on le guette; on veille.

Les vigies se succèdent et rivalisent d'attention.

Tout à coup une voix a crié :

BALEINE! *Right whale, she blows !* (Baleine franche,
elle souffle !).

Un tumulte effroyable suit ce signal, les marins
se précipitent vers les pirogues, chacun vole à son
poste, les baleinières descendent à la mer, les chefs
sont aux avirons de gouverne, les harponneurs à
l'avant disposant leur arme redoutable tout en nageant leurs avirons, les rameurs à leurs bancs, et la
flottille appuie la chasse au monstrueux cétacé.

Honneur à qui arrivera le premier! Si la baleine
dort, quel silence! si elle fuit, quelle ardeur!

On approche; l'officier dirige la pirogue, le harponneur brandit son javelot, au commandement du

chef, le harpon fend l'air et frappe. Attention à bien
gouverner !

L'animal blessé donne de furieux coups de queue
et de nageoires, il se débat avec rage. — Malheur
à l'embarcation qu'elle touche, elle est broyée. Mais
voyez l'étrange vitesse avec laquelle fuit le monstre
marin, entraînant après lui la baleinière victorieuse.
Car au harpon est fixée une longue ligne qui file en
remorquant la pirogue. Tour à tour la baleine plonge
et remonte à la surface de la mer teinte de son sang;
enfin, épuisée, haletante, elle reparaît pour rendre
le dernier soupir.

C'est alors que l'officier accoste la pouppe de son
canot contre la poitrine de la victime agonisante, et
l'achève en plongeant dans la partie extérieure qui
correspond aux poumons, une longue lance à main
aiguisée de tous côtés. Poussez au large ! Poussez
vite, braves baleiniers, car les convulsions de la
mort ne sont pas moins à craindre que la force colossale de la vie du monstre qui maintenant souffle
des jets de sang par ses naseaux. La baleine roule
en tous sens sa masse effrayante, elle se débat, et
parfois cette scène de carnage se prolonge pendant
des heures entières.

Pour hâter la mort, l'on se risque encore à porter
de nouveaux coups de harpons, de lance ou de pelle
tranchante. Toutefois ce dernier instrument sert surtout à modérer la vitesse de l'animal pendant sa

fuite. Le harponneur s'efforce à plusieurs reprises de l'en frapper à la jonction de la queue avec le corps, et s'il parvient ainsi à atteindre vigoureusement l'un des gros vaisseaux sanguins, la marche du cétacé se trouve instantanément ralentie de près de moitié.

Faut-il entrer dans le détail des dangers que courent les frêles pirogues qui combattent le géant maritime? Faut-il représenter l'effet épouvantable d'un coup de queue qui tombe sur une baleinière, tue les hommes, brise et coule l'embarcation? On a l'exemple d'un canot qui fut entraîné au fond de la mer et disparut avec tous les gens qui le montaient. On a celui d'embarcations lancées en l'air pour s'être trouvées au-dessus de la baleine au moment où elle remontait à fleur d'eau.

Il est bien rare que la campagne d'un baleinier ne soit point marquée par plusieurs événements tragiques. Les harponneurs placés à l'avant courent surtout de grands dangers. Les rameurs et le chef sont eux-mêmes fréquemment jetés à la mer.

Si l'on ajoute à cela les périls ordinaires de la navigation, et ceux auxquels les frêles canots sont exposés par le fait seul du mauvais temps, qui n'arrête guère les travaux; si l'on se rend bien compte des dures fatigues du marin pendant tout le temps de l'expédition, on concevra une juste admiration pour son ardeur infatigable, pour son sang-froid mêlé d'enthousiasme, pour sa bravoure pratique, incessamment mise à l'épreuve et qui ne fait jamais défaut.

Au moment suprême de l'agonie du cétacé qui se tord, vomit le sang et l'écume par ses évents et blessures, et fait autour de lui une tempête de lames courtes, clapoteuses, tourbillonnantes, à ce moment où il est si difficile de se mettre en garde contre les bonds irréguliers de la victime, pas une parole de crainte, pas une pensée de fuite ; les hardis pêcheurs, les yeux fixés sur leur proie, ne songent qu'à sa conquête ; ils s'exposent avec une audace sans égale pour la rendre infaillible. Ils savent que parfois la baleine déjà harponnée s'est sauvée par sa vitesse en courant droit du côté du vent ; ils ne redoutent qu'une chose, c'est qu'elle échappe.

Enfin, le cétacé rend son dernier souffle ; des houras prolongés partent de toutes les pirogues, et les gens du bord y répondent par d'autres houras ; car le navire s'est rapproché autant qu'il l'a pu du théâtre de la lutte, si toutefois c'est au large qu'elle s'est engagée.

Lorsqu'au contraire le bâtiment resté à l'ancre dans quelque baie n'a fait qu'observer de loin les mouvements des baleines, les pirogues seules partent pour la pêche. L'unique différence qui en résulte après la prise du monstre marin est le plus ou moins long trajet qu'ont à faire les embarcations. Elles se

mettent en file pour le remorquer, et ce n'est pas
sans beaucoup de fatigues qu'on arrive au terme de
la course.

Aussitôt un autre labeur commence. Les pirogues
sont rehissées ; la baleine est accostée et solidement
amarrée par la queue au moyen d'une chaîne ; c'est
à tribord qu'on élonge ordinairement son vaste corps,
qui dépasse en longueur la moitié du bâtimeut.

Si l'on est sous voiles, on serre la majeure partie
de la voilure, et l'on reste seulement soutenu par
les huniers durant l'opération du dépècement. Il est
inutile de dire qu'à l'ancre on a bien plus de facilités
pour ces travaux, qui ne sont pas sans dangers ; car
les lourds apparaux qu'on manie peuvent céder, les
épais blocs de graisse arrachés du corps de la baleine
peuvent se décrocher, et, dans leur chute, écraser
les gens de l'équipage ; enfin, l'on doit craindre le
feu qui convertit en huile les volumineuses tranches
successivement enlevées.

Ce dernier péril avait même tellement frappé les
Hollandais, qu'ils se contentaient d'emmagasiner la
graisse, en se réservant de la faire fondre à terre ;
mais les Français, ainsi que les premiers pêcheurs
Basques, fondent à mesure, ce qui fournit des huiles
d'une qualité supérieure.

La baleine est donc amarrée le long du bord ; il
s'agit à cette heure de procéder au dépècement. Des
palans sont frappés au bout des vergues, le guindeau

est garni, des pelles à dépecer, tranchantes seulement à l'une de leurs faces, sont distribuées aux
travailleurs.

Un homme descend sur la baleine flottante, et
entoure l'un des ailerons de l'animal avec une chaîne,
terminée à chaque extrémité par des anneaux de
grandeurs différentes qui bouclent l'un dans l'autre,
étreignent fortement la nageoire, et sont ensuite
attachés aux appareils de poulie pendants au-dessous de la vergue. En même temps les pelles sont
mises en mouvement à l'aide de longs manches que
les dépeceurs placés à bord font agir avec ensemble.

Le guindeau est viré; une large tranche de lard
s'élève avec le premier aileron. Le corps de la baleine tourne maintenant sur lui-même comme une
bobine que l'on dévide. A peine la longue tranche
est-elle à la hauteur de la vergue, qu'on accroche
en bas un autre appareil; puis on coupe la partie
déjà hissée qu'on amène à bord, tout en hissant une
seconde tranche. Une activité croissante règne sur
le pont, jusqu'à ce que le corps entier soit entièrement dépouillé de sa graisse.

Reste la tête, qu'il faut alors détacher du tronc.
La hache à la main, quelques hommes vont essayer
de l'isoler de la carcasse. Un os gigantesque, qu'on
doit couper ou rompre dans toute son épaisseur,
est l'obstacle qui complique cette opération, rendue
souvent très-dangereuse par la grosse mer. Mais

l'adresse et le courage des baleiniers triomphe toujours des difficultés. Les appareils sont immédiatement appliqués à la monstrueuse mâchoire, qu'on hisse tout entière à bord, afin d'en arracher les fanons. Quant à la carcasse, elle est abandonnée aux requins et aux oiseaux de proie, qui se la partagent avec une égale voracité?

Le lard est étendu dans l'entrepont par couches ou planches d'un bon mètre de largeur et de trente à quarante centimètres d'épaisseur sur six mètres à six mètres et demi de long. On le coupe aussitôt en morceaux, qui seront jetés dans de vastes chaudières établies au pied du mât de misaine.

La nuit est employée à la fonte du lard; les fourneaux sont chauffés à l'aide des *scraps* ou cretons, encore imprégnés d'huile; des flammes colorées de mille teintes fantastiques s'élèvent à l'avant du navire.

Autour de ces ardentes lames de feu passent les baleiniers, noirs de fumée, semblables aux démons faisant leur sabbat. Le navire dérive sous ses voiles hautes; l'obscurité est profonde au large; c'est un étrange tableau, en vérité, que celui de cette fournaise flottante qui vogue à l'aventure pendant que les hommes attisent la braise et chantent quelque joyeuse chanson du gaillard d'avant.

Après l'opération de la fonte, on arrime dans la cale les barils d'huile qu'elle a produits; les caisses de tôle qui contenaient auparavant de l'eau douce, sont remplies d'huile de baleine : les marins seront rationnés jusqu'à la fin de la campagne. Peu importe; ils se réjouissent, surtout si la prise a été vraiment fructueuse.

Pour remplir d'huile la cale d'un bâtiment baleinier de capacité ordinaire, il ne faut pas moins de trente baleines. Mais souvent on n'a pu en prendre dans une saison que la moitié ou le quart du nombre exigé ; le navire a besoin de vivres et d'apparaux; il entre en relâche dans quelque port des mers du Sud, où pour se procurer ce qui lui manque, il se voit obligé de vendre une partie de son huile. Aussi les travaux se prolongent-ils quelquefois pendant deux et trois années.

Mais, par compensation, qu'il est beau le jour du départ définitif, quand la cale bondée d'huile, de blanc et de fanons, on met le cap sur la France! Et qu'il est encore plus beau le jour de l'entrée au port! Et pourtant alors que de larmes versées. La mère de Jean Patru monte à bord ; elle demande son fils.

— Il est mort écrasé par une planche de lard qui s'est décrochée du palan. C'était la quinzième baleine; voici de ça dix-huit mois.

La femme de Thomas le harponneur s'en retourne avec une réponse à peu près semblable : — Le pauvre homme a été balayé par la queue de la vingtième.

Faut-il ajouter que les enfants de maître Sillon ne l'ont plus retrouvé à bord ? — Oui, car il est bon de

dire que les pauvres baleiniers ont aussitôt fait entre
eux une collecte en faveur des orphelins.

Le baleinier est un matelot, et comme tel, il a
toutes les qualités et tous les défauts de ce brave
enfant de la mer.

PHOQUES ET MORSES.

La chasse du morse ou éléphant de mer, désigné
aussi sous les noms de vache marine, de bête à la
grande dent, de loup marin, lion marin, phoque
à trompe, etc... rentre règlementairement aujour-
d'hui dans la pêche de la baleine et des autres poissons à lard. Nos baleiniers, comme on l'a vu, ne
négligent point de s'y livrer et lui doivent souvent
des compléments de cargaison qui abrègent d'autant
la durée de leurs campagnes.

Elle est cependant aussi l'objet d'armements spéciaux. Nos armateurs de St.-Malo et de Nantes expédient des navires à la pêche des phoques à trompe
et des phoques à crinière, pacifiques amphibies,
dont l'histoire est la même que celle de la baleine.
Jadis ils abondaient sur tous les rivages, ils peuplaient nos archipels méditerranéens, ils étaient familiers et se rapprochaient volontiers de l'homme.
On les apprivoisait facilement. Désormais, ils s'é-
loignent des terres habitées, ils sont craintifs, fa-

rouches, parfois même ils ont tenté de se défendre contre les attaques des persécuteurs qui les traquent dans leurs derniers refuges.

Les Anglais et les Américains envoient tous les ans plus de cent navires de deux à trois cents tonneaux à la pêche des phoques et des morses.

L'une des variétés les plus précieuses de cette nombreuse famille d'amphibies est l'otarie qui atteint, dit-on, jusqu'à sept ou huit mètres de long et six mètres de circonférence, bien que sa taille moyenne soit d'environ trois mètres. La partie supérieure de son corps, recouverte d'un poil analogue à la chèvre, fournit une fourrure très-estimée qui se vend généralement en Chine. On en fait des chapeaux, des garnitures de robe, des étoffes. Son huile est importée en Europe ou aux États-Unis. Sa peau est très-propre aux ouvrages de sellerie.

Les morses fournissent en outre leur excellent ivoire.

Tous ces animaux marins sont faciles à tuer. On les perce à coups de lance ; on les chasse à coups de fusil ; souvent il suffit, pour les abattre, d'un coup de bâton asséné sur les naseaux. Aussi en a-t-on fait, avec une inintelligente cruauté, des boucheries épouvantables qui tendent nécessairement encore à diminuer les ressources de la grande pêche.

Combien ne serait-il pas intéressant de consacrer à l'élève de ces doux amphibies quelques lieux d'asile où on les apprivoiserait par de bons traitements. — Ainsi faisaient les antiques pasteurs de la mer, Protée, Nérée, Glaucus. — Il ne serait pas inutile d'acclimater des troupeaux de chacune des principales espèces de phoques. Peut-être même pourrait-on tirer parti de leurs instincts sociables que notre barbarie a transformés en timidité sauvage, en haine défiante. Il en est des amphibies marins, des morses, des lamentins, comme du castor, comme de la baleine ; après en avoir dépeuplé notre globe, nous les regretterons, mais le mal sera sans remède.

User en conservant, conserver pour avoir le droit d'user des créatures soumises à notre puissance, n'en abuser jamais, tel est le devoir des peuples civilisés. Mais hélas, le mot Civilisation n'est encore qu'un mot. Comment pourrions-nous aviser à préserver de destruction de simples animaux, quand la plus grande somme de notre intelligence est dépensée à perfectionner l'art de la guerre, les moyens de nous détruire plus vite les uns les autres.

LE REQUIN.

Le cuisinier du maréchal de Saxe lui faisait, dit-on, manger ses bottes fortes à la sauce piquante, mais eût-il osé lui servir du requin ? — A moins d'être nègre de la côte de Guinée, il est permis de penser le contraire, et nous déclarerons hardiment qu'il n'est point de ragoût plus détestable qu'une tranche du vorace cétacé, fût-elle cent fois marinée d'huile de Provence et de moutarde à l'estragon. Tout marin de bon goût partagera notre sentiment; et cependant, l'apparition d'une troupe entière de bonites ou de dorades appétissantes ne mettra jamais équipage en si belle humeur que la présence d'un seul requin.

C'est qu'à l'aspect du monstre, s'éveille chez les matelots une vieille et juste haine, c'est qu'on a juré guerre à mort au féroce animal, qui fut certes bien nommé, si véritablement son nom vient de *Requiem*, — car sa gueule menaçante, armée de plusieurs rangées de dents plates, triangulaires, aiguës et découpées comme une scie, peut, avec raison, être comparée aux plus affreux instruments de supplice, au plus effroyable des tombeaux.

De graves auteurs repoussent, il est vrai, comme paradoxale, l'étymologie latine, et vont en emprunter une autre à l'arsenal des langues du Nord : — Le norwégien *kaakierring*, chien qui attrape ou saisit, a pour eux des charmes. Gardons-nous bien de nous mêler à pareille controverse; on doit un profond respect aux doctes lubies des linguistes.

L'on n'en doit pas moins aux savantes classifications des naturalistes qui nous feront peut-être un crime d'avoir traité le requin de *cétacé*; c'est encore un point fort litigieux, car, au dire des uns, il mérite, par sa grande taille et sa qualité de vivipare, ce nom, contesté par d'autres , qui n'entendent pas raison , et veulent que le requin soit *squale* , et rien de plus.

Squale ou cétacé , peu nous importe ! Les matelots n'en savent pas si long pour détester l'impitoyable compagnon de voyage qui suit le navire comme les oiseaux de proie suivent les armées , guette un corps mort ou vif , et s'accomode de tout ce qui tombe à la mer.

Le révérend père Labat , qui paraîtrait avoir vécu dans l'intimité des requins de son temps , affirme qu'ils préféraient la chair des nègres à celle des blancs, comme plus parfumée , et la chair des Anglais à celle des Français , comme plus savoureuse : — c'était assurément très-flatteur pour les Anglais et pour les nègres. Nous ignorons si les requins modernes ont conservé le goût de leurs ancêtres. Mais nous pouvons affirmer que nos marins en cours de voyage n'ont pas de plus vif plaisir que la capture d'un de ces poissons carnassiers

A peine a-t-on signalé un requin , que l'émérillon, gros hameçon proportionné à l'énorme squale , est garni d'une épaisse tranche de lard , et jeté à la traîne.

Les matelots en gaieté s'interpellent l'un l'autre :

« Ohé ! ohé ! viens le voir se régaler...

— Ça va-t-être un peu suivé !... En douceur !.,.

— Tu me pousses , fainéant, fais-moi place , ou je te chamberde !

— Tiens ! le brigand, il s'est viré sur le dos, il n'a décroché qu'un morceau !

— Il y prend goût !. . le voilà qui revient !

— Attends, voir !. . Ne vous disputez pas, les autres !..

On dirait qu'on lui a flibusté son quart de vin !..

— La paix !... ou gare à moi !

Le silence succède à cette injonction du maître qui dirige l'opération ; déjà dix hommes sont en mouvement pour préparer la prise définitive et l'exécution de l'ennemi commun. Celui-ci tient la hache, cet autre un nœud coulant prêt à lasser le corps du monstre, un troisième passe la ligne dans une poulie coupée, quelques autres se la donnent de main en main. Les simples spectateurs se penchent en dehors du navire, grimpent dans les haubans pour mieux voir, se mettent au sabord comme à la fenêtre ; les passagères elles-mêmes ne dédaignent pas de s'intéresser à l'importante capture.

Cependant, par deux fois déjà, le requin, plus heureux qu'adroit, a mordu l'émérillon sans se laisser prendre ; l'émotion de la galerie est à son comble ; mais les anciens vous diront tous que le requin affriandé finira par se jeter sur le fer, lors même que l'appât en serait entièrement détaché.

Enfin, la bête dont la gloutonnerie est insatiable, se livre à l'équipage qui pousse des cris de joie ; on la hisse hors de l'eau, et, l'adroit gabier qui tient le nœud d'agui préparé, le fait glisser sur le corps de l'animal, dont les convulsions n'excitent que l'hilarité.

Malheur, cependant, à quiconque serait atteint par la queue du poisson de proie, dont les battements font trembler le navire. Au reste, dès que le requin est à bord, l'équipage ne le traîne pas sans précaution jusqu'au lieu où l'on doit le dépecer à coups de hache, en commençant par couper sa formidable queue.

Le requin parvient jusqu'à une longueur de neuf mètres bien que sa longueur ordinaire ne soit que de quatre à six; il pèse quelquefois plus de cinq cents kilogrammes; sa force est prodigieuse; ses sens les plus perfectionnés semblent être l'odorat et l'ouïe, mais sa voracité rend toujours sa capture assez facile.

Les pêcheurs adroits se servent avec succès d'un procédé beaucoup plus simple que l'émérillon: ils se bornent à jeter un hameçon à bonites attaché par des fils de laiton et fixé lui-même à une petite ligne. Ce faible appareil amorce le requin, mais en ce cas, pour le réduire à l'agonie, on doit avoir recours à la ruse, il faut parvenir à le noyer. En conséquence on lui file la ligne quand il s'écarte du bord, car la moindre résistance du pêcheur en occasionnerait la rupture; mais dès que le requin revient sur son élan, on ramène graduellement l'hameçon, et l'on continue ainsi de manière à le fatiguer, jusqu'à ce qu'épuisé par cette lutte bizarre, il vienne se débattre sous les flancs du navire, où il reste à la merci des pêcheurs. On lui passe alors sous les nageoires pectorales, un nœud coulant fait avec une grosse corde, et on le hisse à bord sans craindre le moindre accident.

On rencontre des requins dans toutes les mers; toutefois ils sont beaucoup plus communs en certains parages, comme aux environs de Cayenne et sur les côtes de Guinée que dans les mers d'Europe. Ils abondent même dans la Méditerrannée, mais n'y approchent guère des côtes. Quelques rades de l'Atlantique en sont au contraire infestées, au point de rendre toute baignade impossible. En général, pourtant, le requin ne s'avance jusqu'au rivage que pourchassé par le grand cachalot, qui lui fait une guerre d'extermination.

On sait que le requin a la gueule placée de telle sorte qu'il doit se retourner sur le dos ou au moins sur le côté pour être en état de mordre sa proie. Sans cette difficulté, sa race maudite dépeuplerait les mers. Le mouvement que fait nécessairement le requin, quoique très-vif, donne souvent au poisson le temps de s'échapper.

On raconte que les nègres profitent de ce même mouvement pour lui porter des coups mortels. En le voyant en position de s'élancer sur eux, ils plongent à contre-sens, passent sous lui et lui fendent le ventre. Des voyageurs peu dignes de foi ont souvent assisté à de pareils combats ; nous laissons au lecteur la faculté de leur accorder créance.

Mille autres fables ont grandi la renommée du requin, dont l'histoire fantastique pourrait défrayer tout un gros volume. Mais ici, à peine le redoutable squale méritait-il une place, puisque la pêche du requin n'est l'objet d'aucune industrie maritime. Les Islandais à la vérité recueillent l'huile de son foie; les Norwégiens utilisent sa graisse. Sa peau rugueuse et ses dents sont l'objet d'un très-faible commerce, mais navire ni barque ne prirent onques armement pour la pêche du requin.

LE MARSOUIN ET LE DAUPHIN.

On pêche le requin par l'arrière, on harponne le marsouin par l'avant.

Quelques auteurs rangent le marsouin dans la famille des baleines, dont il serait la plus petite espèce, car sa longueur ne dépasse guère trois ou quatre mètres.

Sa conformation extérieure n'a cependant que de vagues rapports avec celle de la reine des mers. Sa tête allongée présente plutôt de l'analogie avec le groin d'un immonde quadrupède dont on lui a parfois imposé le nom; sa gueule est garnie en haut et en bas de petites dents pointues. Il a sur la tête une ouverture par laquelle il rejette l'eau en soufflant, ce qui lui vaut encore le nom de *souffleur*, applicable surtout à la variété la plus grande, dont nous avons déjà parlé. Rien de plus curieux que les ébats d'une troupe de marsouins nageant de conserve et se montrant par moments à la surface de l'eau; l'on croirait qu'ils se roulent sur eux-mêmes en tournant comme une meule; cette illusion est surtout produite par des ailerons qui ont environ soixante-cinq centimètres dans leur plus grande dimension et qui paraissent et disparaissent avec une étrange rapidité.

Le marsouin est très-pacifique; il ne se nourrit guère que de chevrettes et d'encornets, mais il fournit un baril d'huile de très-bonne qualité, et nos baleiniers, comme on l'a vu, ne dédaignent pas de le harponner lorsqu'il vient se jouer sous l'étrave du navire. Son extrême agilité rend sa capture difficile; aussi n'est-ce point une mince gloire que de le frapper du premier coup de harpon.

Les marsouins n'ont pas été l'objet de fables homériques comme les requins; toutefois, les superstitions maritimes leur ont fait aussi leur petite part. Ils nagent toujours, disent les matelots, dans la direction d'où viendra le vent et naviguent à sa rencontre; ils présagent le mauvais temps et passent pour être aveugles pendant un mois de chaque année.

Quant au dauphin, c'est un autre affaire. La mythologie, la légende, la poésie, tous les beaux-arts

et le blason , lui ont attribué un rôle des plus merveilleux. Sous le rapport héroïque et littéraire, à
peine cède-t-il à très-haute et très-puissante dame
baleine , dont , par parenthèse , quelques naturalistes
veulent qu'il soit une variété. — En fait , ce cétacé
ressemble beaucoup au marsouin ; seulement il a le
museau très-pointu , ce qui lui a valu la qualification
peu flatteuse de *bec d'oie*. En revanche , il doit à sa
vitesse , celle de *flèche de mer*.

Il est de baroques auteurs de cosmogonies , qui
repoussent doctoralement les simples et concises relations de la Genèse pour y substituer tout un réjouis-
sant système de transformations et transmutations des
espèces. Le végétal sous-marin devient animal , et
de métamorphoses en zoomorphoses , les algues , les
fucus , les coraux s'élèvent successivement à la
dignité de mollusques , de crustacés , de poissons ,
d'amphibies, de quadrupèdes, de bipèdes, d'hommes
enfin. Par d'aimables perfectionnements la tortue se
convertit en hirondelle , l'huître en chauve-souris,
le homard en professeur d'anatomie comparée. Il est
bien évident que les buses et les adeptes d'une
si ingénieuse théorie ne purent avoir d'autre
auteur commun que l'acéphale aquatique ; les étour-
neaux et les savants auteurs de cette haute fantaisie
tudesque sont à coup sûr cousins-germains ; en résumé la même substance primordiale doit avoir engendré les ânes rouges et de tels pédants.

J'aime encore mieux, décidément, les métamorphoses d'Ovide. Des mariniers qui insultaient et tra-
hissaient Bacchus, leur passager, sont changés en
dauphins par le dieu du vin, qui les condamne à
l'eau salée. On les vit se jeter hors de leur barque
avec des queues fendues en forme de croissant, bondir de tous côtés, faire rejaillir les flots, s'y enfoncer
puis revenir à la surface, sauter, jouer ensemble, se
replier en cent manières et souffler l'onde amère par
les narines. Ces matelots coupables sont les plus
aimables des poissons. Ils aiment les hommes et font
surtout le plus grand cas de la musique. La fable raconte qu'ils sauvèrent Mélicerte et le transportèrent
à Corinthe. Arion avant d'être précipité à la mer par
d'infâmes pirates, chante son hymne de mort en
s'accompagnant sur le théorbe; les dauphins char-
més par ses accents, s'attroupent autour du navire
et bientôt le recueillent avec empressement L'un
d'eux se fait gloire d'offrir sa croupe au musicien
qui s'empresse d'entonner son chant de délivrance;
les autres l'escortent en dansant la sarabande nau-
tique *ad usum delphini*. Et le tout finit au cap Ténare
où les perfides marins furent mis à mort par les ordres
de Périandre, vengeur de son ami Arion. Quant aux
dauphins, complimentés par Neptune ils allèrent
sauver d'autres naufragés.

Le dauphin est sans fiel, aussi a-t-il les mœurs les
plus douces. Bon père, bon frère, excellent époux,

il pratique entre deux eaux toutes les vertus domestiques, aime la société, ne voyage qu'en nombreuse compagnie et se comporte toujours en poisson comme il faut. La tendresse maternelle des dauphines ne surpasse que la piété filiale des dauphinets qui nagent en avant, sont suivis de près par leurs chères mamans, que les papas et grands-papas accompagnent en faisant la roue. Les jeunes prennent soin des vieux, les aident à nager et les fournissent de vivres. Les aveugles sont nourris de même par les clairvoyants. Enfin, il passe pour constant que les dauphins ont le culte de leurs morts, ne les abandonnent pas en mer, mais, se formant en troupe, vont religieusement les échouer à terre. Sont-ils pris par d'impitoyables pêcheurs, on les entend gémir et pleurer.

Leur croissance, dit-on, dure dix ans, et ils peuvent en vivre une trentaine.

Le dauphin dispute au hareng, à la baleine et à foule d'autres, le titre glorieux de *roi des poissons.*

On prétend, d'autre part, que l'approche de la tempête réjouit les dauphins, et que jamais ils ne caracolent plus joyeusement. Leurs folâtres ébats sont ainsi de mauvais signe.

La conque de Téthys et le char d'Amphitrite sont traînés par des dauphins. Le dauphin est l'animal familier de Vénus.

L'astronomie a fait au dauphin l'honneur de lui dédier une constellation de l'hémisphère boréal.

L'art héraldique fait grand usage du dauphin ;
mais il faut convenir que sa figure en blason, en peinture et en sculpture n'a guère de rapport avec celle
du cétacé que nos baleiniers harponnent, dépècent
et utilisent en embarillant son huile, avec tout aussi
peu d'égards que s'il était un simple marsouin.

D'après la légende chrétienne, les corps des deux
martyrs saint Arlan et saint Théotique furent pieu-
sement ramenés au rivage par une troupe de dauphins.

Le 1ᵉʳ septembre 1638, en vue de Gênes, quinze
galères françaises commandées en chef par le marquis
de Pont-Courlay, se disposaient à livrer combat à
un nombre égal de galères hispano-siciliennes de
beaucoup mieux armées, car elles portaient trois
mille cinq cents hommes d'infanterie. Tous les ordres
étaient donnés. La *Guisarde*, capitane de France,
nageait droit vers la capitane espagnole montée par
don Rodrigue de Velasquez, quand, tout à coup,
une centaine de dauphins parurent du côté des
Français.

A cet heureux augure, les matelots applaudissent.
Les dauphins entouraient la *Guisarde*, bondissaient
de la proue à la pouppe, s'élançaient à l'encontre de
l'ennemi et se livraient à leurs jeux avec une vivacité
remarquable. — « Incontinent, dit le père Fournier,
tout l'équipage d'éclater en ces voix d'allégresse :
— Vive le roi ! Nous aurons un dauphin ! — prenant
cette si subite et inopinée rencontre du roi des pois-

sons, qui se rangeait de leur partie, non-seulement pour l'annonce d'une victoire prochaine, mais de plus pour le présage assuré que la reine accoucherait heureusement d'un dauphin. Et de fait, quatre jours après naquit Monseigneur le Dauphin (depuis Louis XIV).

» Cette joie fut si extraordinaire qu'elle porta la chiourme à demander les armes et permission de mériter par une bonne action, la liberté qu'ils espéraient à la naissance du Dauphin, et M. le général ayant demandé qu'on en déferrât plusieurs, on vit en un instant des forçats métamorphosés en très-bons et affectionnés soldats, qui ne contribuèrent pas peu à la victoire, en considération de quoi, au mois de novembre, on donna la liberté à six de chaque galère (1). »

Aux îles Faero (Feroé), la pêche du dauphin constitue la principale des industries. Dès que la présence d'un troupeau de dauphins est signalée, tout le pays est en liesse. Les rues de Thorshavn retentissent du cri de bénédiction : *Gryndabud!* (nouvelles du dauphin). De toutes les criques partent les barques de pêche ; les harpons sifflent et frappent bientôt ; la mer est ensanglantée, puis couverte de victimes qu'on prend enfin à la remorque, pour les dépécer à terre.

(1) *Hydrographie*, livre IV, chap. XXXIX.

Leur peau sert à faire des courroies, leur chair et leur lard forment les provisions des familles de pêcheurs. Avec la graisse on fait de l'huile dont un seul dauphin fournit environ une tonne valant trente à quarante francs. La chair, le lard et le cuir doublent le produit que les pêcheurs féroiens tirent de cette pêche.

Ici, autre superstition, lorsque les barques ont cerné la troupe des vifs cétacés qu'elles acculeront dans quelque baie, cirque réservé au grand carnage, il faut que sur la côte ne se trouvent ni femmes ni prêtres. Leur présence mettrait en fuite et sauverait les malheureux dauphins. —Point de cœurs tendres, point de ministres de paix, arrière ! nous allons égorger par centaines d'inoffensifs poissons, nos amis. Nous allons changer en flots de sang, ces eaux bleues et transparentes. Arrière donc, femmes et prêtres, car nos harpons sont prêts.

LA SCIE OU ESPADON ET LA LICORNE OU NARVAL.

Grands combats contre les baleines.

Comme la baleine, comme le requin et le dauphin, la scie ou espadon occupe une place très-im-

portante dans les récits des voyageurs et dans la
mythologie de l'Océan. Quelques peuplades nègres
en font un fétiche et un dieu.

Ce squale dont la longueur totale atteint parfois
six à sept mètres, est l'ennemi le plus féroce et
le plus dangereux de la baleine ; il la poursuit partout avec un acharnement infatigable et la menace
de sa longue épée dentelée, arme terrible placée
au bout antérieur de sa tête. La scie n'approche
guère des navires, et l'on n'a que peu d'exemples de
sa prise par les baleiniers eux-mêmes.

Une pirogue baleinière ayant rencontré un espadon
immobile et probablement endormi à la surface de la
mer, le harponneur lui lança vigoureusement son fer
dans le milieu du dos. Heureusement l'embarcation
s'écarta aussitôt, car l'animal se débattit avec une
violence qui eût pu compromettre la pirogue et peut-
être une partie des hommes qui la montaient. Après
quelques convulsions, il entraîna le canot avec une
vitesse extraordinaire. Le chef de la pirogue ne sut
d'abord quel moyen employer pour en finir avec l'espadon. C'était la première fois et probablement aussi
la dernière qu'il chassait une scie. Il se détermina
cependant, non sans hésitations, à faire haler sur la
ligne afin de se rapprocher du squale ; mais à peine
en fut-on à huit ou dix brasses que l'animal se débattit encore pour couler bientôt après. Alors on
parvint à le ramener à flot au moyen du harpon et

de la ligne qui y était fixée, et, le trouvant mort, on le remorqua. Au dire d'un des pêcheurs de cette scie, elle n'avait pas trois mètres de long, sa peau était d'une grande finesse et d'une couleur grisâtre. Sa chair ressemblait beaucoup à celle de la bonite ou du thon. Ses yeux étaient grands et fort beaux.

Généralement on ne prend de scies qu'à la suite d'un de ces combats prodigieux qu'elles livrent aux baleines, spectacle qu'il est rare de voir, mais qui frappe l'imagination des navigateurs les plus blasés sur les scènes de la mer.

Les espadons voyagent par bancs comme les baleines elles-mêmes, et les attaques sont parfois de véritables batailles navales et sous-marines. Lorsque les deux troupes se rencontrent, dès que les espadons ont trahi leur présence par quelques bonds en l'air, les baleines se réunissent et serrent les rangs. Les scies de leur côté se forment en ligne, engagent l'action, et font

.... suivant leur amiral,
De cent combats divers un combat général.

L'espadon cherche toujours à prendre la baleine en flanc, soit que son instinct cruel lui ait révélé le défaut de la cuirasse, car il existe près des nageoires brachiales du cétacé une partie où les blessures sont mortelles, soit parce que le flanc offre une plus grande surface à ses coups.

La scie recule pour mieux prendre son élan. Si son mouvement échappe à l'œil fin de la baleine, celle-ci est perdue, elle reçoit le coup de son ennemi et meurt presqu'aussitôt. Mais si la baleine aperçoit le squale au moment où il se précipite sur elle, par un bond spontané elle s'élève hors de l'eau de toute la longueur de son corps, évite ainsi le coup, puis retombe sur le flanc avec une détonation qui retentit à plusieurs lieues et blanchit la mer d'écume bouillonnante.

Le gigantesque cétacé n'a que sa queue pour défense, il tâche d'en frapper son dangereux ennemi et s'en débarrasse d'un seul coup s'il parvient à l'atteindre. Mais si l'agile espadon évite la fatale queue, le combat devient plus terrible. L'agresseur sort de l'eau à son tour, s'élance sur la baleine et s'efforce non de la percer, mais de la scier avec les dents dont sa défense est pourvue.

On voit la mer se teindre de sang, la fureur du cétacé n'a plus de bornes. L'espadon le harcèle, le frappe de tous côtés, le tue, et court à d'autres victoires.

Souvent aussi l'espadon n'a pas le temps d'éviter la chute de la baleine et se borne à présenter sa scie aiguë au flanc de l'animal gigantesque qui va l'écraser; il meurt alors comme Machabée étouffé sous le poids de l'éléphant des mers.

Enfin la baleine bondit encore entraînant dans

l'air son assassin, et périt en faisant périr le monstre dont elle est la victime.

Or, maintenant, qu'on se représente sur une mer écumeuse, rougie par le sang des vainqueurs et des vaincus, deux troupes de ces animaux acharnés à s'entre-tuer ; qu'on essaye de comprendre ce tumulte indescriptible, cette agitation, ces *soufflements* furieux, ces chocs terribles, ces mugissements sauvages, ces bonds désordonnés, ces assauts rapides, cette arène liquide qui frémit et gronde, cette tempête produite par une lutte véritablement effroyable ; qu'on voie ensuite la lice ensanglantée, houleuse encore, et roulant d'immenses cadavres immobiles, l'on devra être saisi d'horreur.

Les combats héroïques des espadons contre baleines pourraient assurément fournir la matière d'un poëme étrange où le grandiose le disputerait au bizarre. La mare de sang chargée de corps monstrueux privés de vie, immolés les uns sur les autres, serait un tableau digne d'inspirer un rival du chantre de la *Batrachomyomachie*. Si le divin Homère n'a pas craint de célébrer la guerre des rats et des grenouilles, pourquoi l'un de ses fils en Apollon n'aborderait-il pas le récit des exploits de l'espadon et de la résistance formidable du géant des eaux ?

Quant à nous, humble narrateur, nous croyons avoir rempli notre tâche, en indiquant un épisode tellement merveilleux, qu'on devrait encore le reléguer parmi les fables maritimes, si le Muséum d'histoire naturelle ne renfermait nombre de défenses de scies authentiquement retirées de ventres de baleines.

Les pêcheurs arrêtés sur le champ de carnage recueillent les dépouilles sans dangers ; et les héros des deux camps vont bouillir dans la même marmite.

Nous n'enregistrerons pas ici les noms divers donnés par les classificateurs à l'espadon ou scie, nous ne parlerons pas des distinctions établies entre les variétés diverses de ces animaux, au nombre desquelles on a rangé parfois la licorne de mer ou narval, étymologiquement *narhwal*, tue-baleine, qui peut, du reste, être comptée à juste titre parmi ses plus dangereux ennemis.

Par un triste privilége, le gigantesque cétacé, tout pacifique qu'il est, se trouve en butte aux attaques d'une myriade de persécuteurs de toutes tailles; le ver testacé le ronge, le dauphin gladiateur ose venir lui dévorer la langue, l'espadon le scie et le perfore, le kasatki des Kamchadales, épée de mer ou poisson empereur, le persécute avec un acharnement féroce, — l'homme le harponne, — le requin le mord, lui arrache des lambeaux de chair, s'acharne sur son cadavre et dispute ses restes aux albatros, aux damiers et à tous les autres gros oiseaux maritimes ; le cachalot l'éventre, lui mange son petit dans le corps et dévore la mère elle-même.

Les licornes, dit-on, se forment en pelotons serrés pour attaquer la baleine qu'elles tuent pour ainsi dire à la baïonnette.

Comme la scie, la licorne de mer ou narval a la tête armée extérieurement d'une défense en spirale, longue de deux mètres et plus; cette défense sort de la gueule, se dirige en avant, et imite l'ivoire, ce qui tend à prouver que c'est non une corne, malgré le nom de l'animal, mais une véritable dent. Toutefois, on a trouvé d'autres poissons, à peu près du même genre et confondus sous la même dénomination, qui méritaient complètement d'être traités de licornes, puisque leurs défenses sortaient du milieu du front.

L'on concevra que la question soit fort litigieuse, attendu que le narval ne se laisse prendre ni à l'hameçon, ni d'aucune autre manière. On ne peut guère le harponner. Il évite les navires dès qu'il a reconnu que ce ne sont pas de gros poissons. Mais s'il se trompe, s'il prend la carène d'un bâtiment pour le dos d'un cétacé, il se livre lui-même ou laisse au moins sa corne offensive comme gage de son aveugle témérité.

Ce squale, qui peut avoir jusqu'à douze et treize mètres de longueur, s'élance, en ce cas, sur le navire, avec une vitesse et une force prodigieuses, perce les bordages, et occasionnerait une voie d'eau des plus graves si sa corne ne bouchait toujours le trou qu'elle a fait.

Lorsque le narval frappe par le travers ou par l'avant, pour peu que le sillage soit rapide, la défense casse près du bord, et l'animal s'enfuit. Mais quand l'attaque du squale a eu lieu par l'arrière, son corps se trouvant dans le sens de la longueur du bâtiment, on le remorque jusqu'à ce qu'il tombe en décomposition. Si cependant la blessure a été faite à fleur d'eau, on scie la corne afin de n'avoir plus à traîner un fardeau qui entrave singulièrement la marche du navire. Enfin, si l'on n'a pu s'en débarrasser à la mer, on a soin, au premier point de relâche de s'échouer afin d'en venir à bout.

LA CHANSON DES BALEINES ET LA CHANSON DES BALEINIERS.

Les dauphins passaient jadis pour grands amateurs de musique, — d'après le célèbre capitaine Parry dont la véracité ne saurait-être mise en doute, il est des baleines musiciennes. Ce navigateur raconte que dans les mers arctiques, il y a des baleines blanches *(belugàs)* longues de six à sept mètres, qui produisent un son aigre presque semblable à celui d'un harmonica mal joué. On l'entend lorsque les cétacés sont à quelques pieds sous l'eau ; remontent-ils à la surface tout bruit cesse. Les matelots appelaient ces rumeurs étranges la *chanson des baleines.*

Les baleines ont de leur côté inspiré bien des chansons que la brise de mer a balayées sous son aile humide. Les Scandinaves et les Grecs, les Basques, les Malais, les Esquimaux eux-mêmes ont chanté la reine des mers, le léviathan, le colosse des ondes; mais les archivistes ont manqué pour recueillir ces chants de pêche. Nos baleiniers français se contentent aujourd'hui de quelques cris et refrains anglais. Il est pourtant une chanson qui trouvera ici sa place naturelle :

> Baleine ! Baleine ,
> Fais voir ton haleine !

> La vigie a crié devant :
>   « Baleine franche! »
> Elle souffle ! elle souffle au vent
>   Par notre hanche.
> Vois lui mâter, sur son évent,
>   L'écume blanche
> De ses grands plumets de tambour-major,
> Ou papa Soleil met des filets d'or !

> Baleine! Baleine ,
> Fais voir ton haleine!

> En double!... aux garants des palans!
>   Affale !... Amène
> Toutes les pirogues, enfants !
>   Voici la reine
> De la graisse et des Océans,
>   Fière bedaine ,

MŒURS MARITIMES.

Petits yeux de bœuf, barbe de sapeur.
Attrape à nager pire que vapeur !

> Baleine ! Baleine ,
> Fais voir ton haleine !

Souque dessus, les matelots !
    Parons en glène
Lignes de harpons et cablots !
    Faut qu'on la prenne !
La commère avec son gros dos
    En vaut la peine.
— Harponneur, d'aplomb porte lui tes coups
Raide comme pince , et gare dessous !

> Baleine ! Baleine,
> Fais voir ton haleine !

Envoyez !... Un , deux trois !... voilà !
    Elle est mouchée.
Filons la ligne !... Eh !... Filons-la !
    La déhanchée
Plonge et nous entraîne !... Oh ! la , la !...
    Sur nez penchée
Notre baleinière aura bien du mal ;
Dieux ! quels coups de queue et quel bacchanal !

> Baleine ! Baleine,
> Fais voir ton haleine !

Elle remonte humer l'air !
    Allons, harponne !
Son sang , par flots , rougit la mer.
    La folichonne
Nous danse une polka d'enfer ;
    Qu'elle s'en donne !

Elle a dans le corps dix lames de fer,
Sa force mollit ; va ! son compte est clair !

Baleine ! Baleine ,
Fais voir ton haleine !

A la remorque !.... Bord à bord
De la carène,
Entre notre dernier sabord
Et la poulaine ,
Amarrons-la !.... puis, tranche à mort !
Sous la misaine
Hissons mains sur mains les lourds quarterons.
Allume les feux et chauffez, chaudrons !

Baleine ! Baleine ,
Fais voir ton haleine !

Range à faire fondre le lard !.....
— A Madeleine,
Le matin de notre départ ,
Le cœur en peine ,
Moi, j'ai promis à tout hasard
Que la baleine
Me ferait un jour revenir cossu ;
La belle en riait comme un vrai bossu !

Baleine ! Baleine ,
Fais voir ton haleine !

— Par trop grand serait le hasard ,
Mon pauvre sire ,
Car tu navigues à la part.
Ta tirelire
Ne recevra jamais un liard
D'huile, de cire,

De fanons ni blanc, de graisse, ni lard ;
Que Madelon cherche ailleurs un richard !

Baleine! Baleine,
Fais voir ton haleine !

Si tu t'en reviens au pays,
La bourse pleine,
Pour lors, armateurs et commis,
Les tire-laine,
Au grand croc auront été mis
A la douzaine,
Hormis que s'étant tous faits capucins,
On les ait inscrits au rôle des saints.

Baleine ! Baleine,
Fais voir ton haleine !

— Le profit est pour les coquins ;
Toute la peine,
Tout le danger pour les marins.
Ah ! quelle aubaine
Que de harponner ces pékins
Sans cœur, ni gêne!.....
Mais, bah ! malgré tout, mon vieux matelot,
Vive la baleine et le cachalot !

Baleine! Baleine,
Fais voir ton haleine !

Les derniers couplets de cette chanson ne sont que
l'écho des plaintes, plus ou moins exagérées, des
matelots-baleiniers et surtout des novices qui s'enrô-

lent avec l'espoir d'un gain considérable, mais, le
plus souvent ne reçoivent en fin de compte qu'un
minime dividende. La navigation *à la part* est trop
chanceuse pour être, comme on voulait le croire,
bien lucrative. On a beaucoup travaillé, on a fort
mal vécu, et l'on risque parfois d'être en déficit. A
la vérité, les avances faites par l'armateur avant le
départ, — avances toujours gaspillées avec une pro-
digalité sans pareille, — et les quelques petites
sommes touchées en cours de campagne ont singulièrement ébreché le décompte. Les armements sont
chers, le risque considérable, les bénéfices fort au-
dessous de l'ambition du baleinier. Plus la campagne
a été longue, moins la part sera grosse.

> Baleine, baleine,
> Fais voir ton haleine !

Que vous battiez l'Atlantique sans succès, que
vous doubliez le cap Horn, que vous sillonniez le
Pacifique sans rencontrer la baleine ; le temps s'é-
coule, les frais augmentent, la part diminue. Plus
ou dépense de travail, moins on gagne. *Time is money*.
Et cependant les intérêts des sommes avancées par
l'armateur courent avec une inflexible régularité.

Au retour d'un voyage à la pêche de la baleine,
un amateur désillusionné a livré au public ce compte
passablement fantaisiste :

Avances en 1837....................	200 fr.
Médicaments embarqués..............	10
Hôpital..........................	10
50 fr. avancés à Rio-Janeiro...........	50
Intérêts de cette somme à 70 p. 100.....	35
Commission.......................	5
Intérêts de cette somme, au bénéfice de l'armateur, à 20 p. 100..............	10
Vêtements, tabac, pipes, couteaux, savon, vendus par le capitaine pendant le voyage.........................	150
	470 fr.

Autant à défalquer des **500** fr. au maximum que devrait représenter la part du simple baleinier ; il va donc se trouver à la tête de **30** fr, en terre ferme, en face du cabaret. S'il est matelot, n'en doutez pas, il se hâtera de solliciter d'autres avances ; et rembarque ! A bord, on a la ration, le logis, et comme on vient de le voir, un crédit pour vêtements, tabac et savon. Mais les intérêts s'élèvent-ils jamais au chiffre usuraire de **70** plus **20**, c'est-à-dire de **90** pour **100** ? — Non, mille fois non ! L'administration de la marine, toujours vigilante, ne tolérerait pas un tel abus.

Notre auteur n'en ajoute pas moins les lignes suivantes :

« Souvent il arrive que le novice est en arrière de cent francs ; il fuit alors, car l'armateur, sangsue insatiable, oserait, sans égard pour la morale publique, le réduire à l'état sauvage. »

Voilà qui faisait bien, en l'an de grâce 1840, dans la collection des *Français peints par eux-mêmes* et avec la signature Néo-Zélandaise : Te Goumi Niho-Touka. A la faveur d'un pseudonyme polynésien, on peut forcer les tons et noircir le diable lui-même. Il y avait, du reste, cela de vrai que le baleinier se croit toujours victime de la cupidité des armateurs et parfois de l'injustice des commissaires de marine.

Tous les ouvriers n'en disent-ils pas autant de leurs patrons? Ceux-ci les ont payés coûte que coûte; ceux-là ont bu et riboté, fêté saint Lundi, mis l'ouvrage en retard, fait manquer les commandes, compromis la maison, et souvent par une grève oppressive dicté la loi à leurs prétendus oppresseurs. — Que le patron, toujours sur la brèche, parvienne à la fortune, c'est un vampire. Que, vaincu par la paresse et la mauvaise volonté de ceux qu'il paie, il fasse faillite et soit ruiné, peu importe! Le patron sera toujours la sangsue insatiable, l'ouvrier la seule victime. — Mais pourtant .... l'ouvrier, comme le baleinier, aurait-il absolument tort? Les patrons, les armateurs seraient-ils impeccables, désintéressés, charitables, généreux?... Ah! qu'il est difficile, pour ne point dire impossible, de tenir équitablement la balance entre les renards et les loups!

Te Goumi Niho-Touka nous soit en aide!

« Les officiers et les capitaines, poursuit-il, sont mieux traités; outre l'honneur de l'expédition, ils ont

14

droit à un bénéfice considérable. Cependant le capitaine, le plus souvent, n'*amène* pas, c'est-à-dire
reste à bord quand ses officiers poursuivent la baleine ;
il dort ses nuits entières ; quelquefois la chaleur ou le
froid le retiennent sur son lit pendant le jour. L'armateur lui compte avec reconnaissance, à son retour,
de vingt à cinquante mille francs. Cette dispro-
portion toutefois est assez juste : le capitaine, en
effet, a commencé lui-même par le noviciat ; il a
souffert tout avec courage pour parvenir au grade
qu'il a atteint ; s'il se repose, ce qui n'est pas vrai
pour tous, il prend encore la plus grande part à l'opération qu'il dirige avec zèle. »

Eh quoi ! diriger une opération avec zèle, c'est se
reposer. Ne pas descendre dans les pirogues baleinières, ne pas *amener*, ne point harponner soi-
même, c'est ne rien faire. Le capitaine détermine
les parages à explorer, les chances à courir, les
lieux de croisière et de station ; il dicte la route,
calcule la position du navire, fait le point, marque
la carte marine, surveille, stimule tous les travaux,
gouverne hommes et choses, et a seul la responsabilité de l'expédition. Aux moments de danger il
commande en personne, et alors, il passera sur le
pont des jours entiers, des nuits entières, sans trève,
sans merci, tandis que les subalternes, leur quart
achevé, iront se défatiguer tour à tour.

A chacun son rôle, sa charge, ses peines, sa part

proportionnelle de bénéfices; ce n'est pas seulement *assez juste*, c'est d'équité rigoureuse.

Il était déjà fort audacieux de faire de l'armateur un usurier retors, vrai gibier de police correctionnelle; il est plus que téméraire de travestir le capitaine baleinier en fainéant, en lazzarone, en dormeur.

Ecoutez l'armateur vous parler de ses risques, de ses soucis, de ses préoccupations commerciales, de ses labeurs, de ses insomnies ; — faites faire au capitaine l'exposé de ses tracas, de ses inquiétudes, de ses alarmes, des périls qu'il a courus et cachés à son équipage, des insuccès immérités qui lui ont ravi le fruit de ses meilleures combinaisons; pesez le pour, pesez le contre; et les récriminations des matelots vous paraîtront sans doute fort amplifiées.

Les derniers couplets de la chanson des baleiniers seraient donc aussi discords que l'harmonica sous-marin des baleines blanches. — Fallait-il les supprimer ? — Non, puisqu'il s'agit par dessus tout ici de peindre les *mœurs maritimes* et qu'en résumé les préjugés vulgaires de nos marins ne les privent d'aucune de leurs qualités généreuses.

Le Corail et sa pêche.

Que nous soyons plus ou moins civilisés, barbares ou sauvages, puisqu'il nous faut, comme on l'a vu au chapitre des perles, des ornements et des parures, des colliers, des pendants d'oreille, des brillants, des brimborions qui attirent l'œil, des plumets et des breloques, passons condamnation et tentons même de justifier un goût inné dans l'espèce humaine. L'enfant, sur les bras de sa nourrice, sourit à ce qui est chatoyant, et la nature a prodigué les couleurs éblouissantes aux fleurs, aux papillons, aux plumages des plus gracieux oiseaux, à la robe des plus terribles reptiles. Un potentat en habit de bure n'imposerait pas aux multitudes; une jolie femme sans toilette ne captive que les profonds connaisseurs; ce qui est terne paraît laid et grossier; le vernis au contraire plaît toujours. Allons plus loin; un temple sans embellissements extérieurs ni intérieurs est généralement réputé indigne d'être consacré au Souverain Maître, et les rares sectes, qui les repoussent protestent non-seulement contre un goût naturel, très-louable tant qu'il n'est pas faussé, mais encore contre un instinct qui a providentiellement sa raison d'être et son utilité majeure. En effet, cet instinct épuré, perfectionné par l'éducation, devenu bon goût, conduit à l'amour des beaux arts, au développement de l'architecture, de la sculpture, de la peinture et enfin de l'intelligence. Il coopère au progrès de la plupart des industries ; il donne lieu à une infinité de travaux, à une main-d'œuvre, à un commerce qui contribuent à la prospérité des nations. Le bon et le beau se tiennent de près. Et en présence du soleil, c'est méconnaître le modèle suprême de la création que d'en proscrire l'imitation raisonnée.

Tel est le revers d'une thèse qui n'avait rien d'absolu, car elle ne condamnait que l'abus, les excès du luxe et les sottises du mauvais goût.

Par un esprit patriotique bien entendu, le corail qui est essentiellement pêche et industrie française, devrait être toujours de mode en France. Vain désir, la mode est capricieuse, volage, changeante. Par compensation, heureusement pour nos pêcheurs, nos sculpteurs de camées et médaillons, nos ouvriers bijoutiers, et maints autres, elle est nomade et va faire fureur en orient quand l'occident l'exile ; puis elle saute au midi en attendant qu'elle se réfugie au nord.

Dès 1390, la pêche du corail donnait un premier pied à terre à la France, sur ces côtes africaines où flotte désormais son pavillon. Louis de Clermont, duc de Bourbon, y avait amené les premiers travailleurs qui exploitèrent le littoral de Bone, depuis le cap Blanc jusqu'au cap de Garde. En 1560, du consen-

14*

tement du sultan , deux marchands de Marseille ,
Linche et Didier, y bâtissaient le Bastion de France,
pour protéger les corailleurs et leur servir de magasin. Les Concessions, — tel était, d'après les traités,
le nom imposé au littoral entre Bougie et la frontière
de Tunis , — étaient divisées par la rivière de Seybas
ou Seibouse en partie orientale et partie occidentale.
La première appartenait entièrement à la France
qui successivement y bâtit la forteresse de La Calle,
le poste du Moulin, et ceux du Cap Rosa , du Cap
Nègre et du Cap Roux. Mais le privilége exclusif de
la pêche du corail dans la partie occidentale entraînait une redevance annuelle de 17,000 livres en
1694 , qui fut élevée à 60,000 en 1790 et enfin à
200,000 francs en 1817. Avant la guerre qui a eu
pour conséquence la conquête de l'Algérie , nous
n'entretenions plus une faible garnison de deux à trois
cents hommes qu'à La Calle et au poste du Moulin ,
mais ces établissements avaient encore une importance considérable au point de vue commercial. En
1825 , la pêche du corail y employa près de deux
cents bâtiments et le produit brut fut évalué à un
million huit cent douze mille francs. En outre , dans
nos comptoirs africains, on faisait la traite de la laine,
des cuirs , du liége , des grains et de la cire. Le
poste du Moulin et La Calle ayant été détruits , en
1827, par les troupes du Dey d'Alger, ne rentrèrent
en notre pouvoir que par la prise de possession de la

Régence. Mais, dès 1830, nos établissements corailleurs furent complétés par la cession que nous fit le
Bey de Tunis, de l'île de Tabârca, située au sud-
ouest du Cap Nègre dans un golfe passablement
abrité, rendez-vous ordinaire des pêcheurs. Enfin,
l'exploitation de la pêche sur toutes les côtes tuni-
siennes nous est acquise en vertu du traité de 1832.

Cependant les ruines de La Calle se sont relevées
et la prospérité de cette petite ville augmente de
jour en jour. On y voit de nombreuses constructions
neuves et quelques-unes commencées ; bon nombre
de jardins maraichers se forment ou sont déjà en
exploitation ; on fait des plantations de vignes. La
mine de plomb argentifère de Kêf-Oum-Teboul occasionne un mouvement commercial important (1).
Mais le port, trop petit, manque de sécurité. La
barre qui se forme dès que les vents soufflent du nord
à l'ouest en rend l'entrée difficile ; un coup de vent
du nord au nord-ouest met, dans son intérieur
même, les bâtiments en péril. La construction d'une
jetée qui détruirait la barre en agrandissant le port,
aurait la plus heureuse influence sur le développement de la pêche du corail en Algérie et sur l'avenir
d'un territoire qui est français depuis plus de quatre
siècles.

(1) Rapport à Son Exc. le gouverneur-général de l'Algérie
par la commission chargée d'étudier les questions relatives à la
pêche du corail — 1863.

A peu près à égale distance de Bône et de La
Calle, se trouve Calle-Traverse, plage inhabitée qui,
défendue au large par un haut fond où brise la mer,
sert de refuge à un certain nombre de bateaux corailleurs. Les pêcheurs ont installé sur cette rive les
cabestans et les cordages nécessaires pour y hâler
chaque soir leurs barques dont une cinquantaine
peut ainsi passer la nuit hors de danger. On propose
d'y exécuter des travaux qui doubleraient l'espace où
les bateaux peuvent se mettre à sec.

Il est enfin une autre petite baie appelée Calle-
Prisonnière où huit à dix barques seulement trouvent
un abri sûr, mais dont elles ont grand'peine à sortir.
Alors même qu'au large la mer n'est plus assez forte
pour contrarier la pêche, elle brise en côte avec une
violence telle que les bateaux-corailleurs s'y voient
retenus prisonniers, comme l'exprime le nom de
leur point de refuge.

Malgré de si nombreux inconvénients dont le
gouvernement de l'Algérie se préoccupe, d'ailleurs,
avec une sollicitude éclairée, la pêche du corail a
repris depuis l'occupation française, son ancienne
activité; mais les pêcheurs français eux-mêmes se
trouvant, sous plusieurs rapports décisifs, dans des
conditions désavantageuses, les étrangers et surtout
les italiens sont de beaucoup les plus nombreux. Pour
six à sept cents bâtiments corailleurs napolitains,
sardes, toscans, gênois ou maltais, on en compte à
peine trente français ou algériens.

Lorsque, sous l'ancien régime, la compagnie d'Afrique exploitait seule les mers de la Régence, Marseille recueillait et travaillait à peu près exclusivement le corail. En 1791, les priviléges de la compagnie ayant été abolis, les corailleurs italiens s'emparèrent de presque tous les avantages de la pêche. Le 27 nivose an IX, une nouvelle compagnie dont le siége était à Ajaccio fut créée par un arrêté abrogé dès l'année suivante et remplacé par des dispositions illusoires, car la guerre maritime acheva d'anéantir notre industrie coraillère. Les Anglais s'établirent à La Calle. Par un excellent mode de perception, ils rendirent la pêche si florissante que plus de quatre cents bateaux s'y adonnaient.

Quand l'établissement de La Calle nous fut restitué, en 1816, la pêche avait passé aux mains des italiens de Naples et de Livourne; la fabrication du corail avait suivi le même sort; le pays qui armait les co--railleurs était devenu le centre d'un commerce évalué à près de quarante millions.

Il n'a rien moins fallu que la très-grande supériorité de nos artistes pour rendre à Marseille une partie de son antique monopole. Les coraux napolitains, étant d'un travail grossier, la vogue est revenue aux nôtres. Marseille fournit de bijoux de corail le royaume de Lahore, le Sénégal et la Guinée, les États-Unis, La Guyane, le Brésil, l'Allemagne et enfin le Levant, l'un des plus importants débouchés de ce

produit. Les musulmans font leurs prières sur des
chapelets de corail. Leurs femmes en portent des
colliers, des bracelets. Une foule de leurs instruments de ménage, leurs couteaux par exemple,
ont des manches de corail. Leurs outils, leur armes,
leurs bourses, leurs pipes en sont décorés. On cite
un jeu d'échecs travaillé à Marseille qui s'est vendu
dix mille francs. L'Inde fait une consommation considérable de parures en corail dont les principaux
comptoirs sont à Goa et Calcutta d'où elles s'écoulent
dans l'intérieur. Les caravanes d'Alep le disséminent
au loin en Asie. Les populations de l'Afrique centrale, les gens de couleur des colonies américaines,
les indigènes de l'Océanie enfin recherchent un objet
de parure dont le commerce est trop important pour
que la France ne doive pas toute sa protection à la
pêche du corail.

Une commission dont le rapport a été adressé en
1863, au gouverneur général de l'Algérie, consta-
tait que cette pêche actuellement aux mains des
étrangers et presque sans profit pour la colonie,
pourrait, si l'on prenait les mesures convenables,
devenir infiniment avantageuse. Elle demandait notamment que les marins français qui font le cabotage,
la pêche du poisson ou celle du corail en Algérie,
fussent considérés comme étant en cours de campagne et, comme tels, exempts des levées de l'inscription maritime, car ces marins n'osent s'organiser

pour des opérations quelque peu importantes, de crainte de voir tout-à-coup leur association rompue, et leurs intérêts compromis. Tandis que les Espagnols qui exploitent les côtes de l'Ouest, d'Arzew à Oran, que les italiens qui affluent dans les parages, de nos anciennes Concessions, et qu'en général les étrangers ne sont assujettis qu'à une redevance pour droits de pêche, les Français, en vertu de l'inscription maritime, courent le risque d'être soudainement forcés d'interrompre leurs travaux. La commission demandait encore de justes exemptions en faveur des armements faits dans la colonie, l'exonération de certains droits de douanes, la résidence permanente, à La Calle, d'un commissaire de marine, des concessions de terrain en faveur des pêcheurs et des fabricants de corail pour la création, sur le littoral, de villages de pêcheurs, quelques autres excellents encouragements, l'amélioration des points de refuge tels que Calle-Traverse, mais surtout le curage et l'agrandissement du port de La Calle par la construction d'une jetée.

La commission entrait aussi dans le détail des pratiques de la pêche et, après mûr examen de la question, concluait à ce que pleine liberté fût laissée aux corailleurs pour le choix de leurs engins.

On pêche le corail avec *la salabre*, instrument composé de deux bâtons attachés en croix, entortillés de chanvre, chargés d'un poids qui les fait couler à fond et muni de filets en forme de bourse placés aux quatre extrémités. La garniture des filets varie ; les uns sont cerclés de fer, les autres sont entourés de bras de chanvre qui s'entortillent autour des branches de corail et les arrachent, tandis que le bateau corailleur remorque l'appareil.

Souvent les pêcheurs de corail, comme les pêcheurs de perles, sont obligés de plonger pour ramasser ce que leurs filets n'ont pu saisir.

Des essais ont été tentés pour l'emploi de systèmes plongeurs dont on était en droit d'espérer les meilleurs résultats ; ces essais ont été abandonnés à la suite de deux graves accidents ; mais il n'en est pas de même partout ; les Espagnols, paraît-il, font usage avec grand succès du scaphandre-plongeur.

La pêche du corail remonte à la plus haute antiquité. Du temps de Pline, on la faisait autour de la Sicile, dans la mer Rouge et dans le golfe Persique ; le meilleur corail, dit-il, se trouvait alors sur les côtes des Gaules, autour des îles Stœchades, c'est-à-dire, des îles d'Hyères (1). Du reste, au XVIIᵉ siècle, ce zoophyte abondait auprès de Toulon. On en pêchait aussi dans l'Adriatique, sur les côtes de Corse, de Sardaigne, de Catalogne. L'on en rencontre encore dans presque toute la Méditerranée,

(1) L'on donnait aussi le nom de Stœchades aux îles Ratoneau et Pomègue, près de Marseille ; mais celles-ci étaient dites Stœchades-mineures.

mais il n'existe plus guère dans des conditions d'exploitation fructueuse que sur nos rivages d'Algérie ; toutefois , celui qu'on recueille dans les baies de La Ciotat , de Cassis et d'Ajaccio , est toujours fort estimé.

Le corail rentre dans l'immense et laborieuse famille des madrépores , longtemps déclarés minéraux , puis végétaux , et enfin élevés par la science moderne à la dignité d'animaux. Un tel avancement a dû singulièrement flatter dans les profondeurs sous-marines ces infatigables animalcules , dont la vie végétative produit communément en un siècle de collaboration un exhaussement calcaire de seize centimètres : seize mètres en dix mille ans. — Tels sont du moins les calculs de nos savants modernes sur les travaux des caryophillies , des méandrines , des astrées et généralement des madrépores vulgairement confondus sous le nom de coraux.

« L'animalité est partout, dit Michelet : Elle emplit tout et peuple tout. On en trouve les restes ou l'empreinte jusque dans ces minéraux, comme le marbre statuaire, l'albâtre, qui ont passé par le creuset des feux les plus destructeurs. A chaque pas dans la connaissance de l'actuel on découvre un passé énorme de vie animale. Du jour où l'optique permit d'apercevoir l'infusoire, on le vit faisant des montagnes, on le vit pavant l'Océan. Le dur silex du tripoli est une masse d'animalcules, l'éponge un silex animé. Nos calcaires tout animaux. Paris est bâti d'infusoires. Une partie de l'Allemagne repose sur une mer de corail, aujourd'hui ensevelie. Infusoires, coraux, testacés, c'est de la chaux, de la craie. Sans cesse ils la tirent de la mer. Mais les poissons qui dévorent le corail le rendent comme craie et restituent celle-ci aux eaux d'où elle est venue. Ainsi la Mer de corail dans son travail d'enfantement, de soulèvements, de mouvements, dans ses constructions sans cesse augmentées ou affaissées, bâties, ruinées, rebâties, est une fabrique immense de calcaire, qui va alternant entre ses deux vies : vie *agissante* aujourd'hui, vie *disponible* qui agira demain (1). »

Les voyageurs en Océanie nous ont tous conté les merveilles stupéfiantes de cette mer de corail, ses chaussées reliant à fleur d'eau des îles lointaines, ses peuples semblant ainsi marcher sur la mer, ses formidables bancs dont Cook connut les dangers. Il fut échoué sur l'un d'eux, et si le corail, même en se brisant, n'avait bouché la majeure partie de la voie d'eau, jamais le nom du grand navigateur n'aurait appartenu à l'histoire. L'activité des madrépores annonce aux générations futures l'éclosion d'un sixième continent qui se forme sous les yeux des Australiens.

(1) La Mer, liv. II, ch. V, *les Faiseurs de Mondes.*

Mais le corail proprement dit ne serait-il pas plus actif à beaucoup près que ces madrépores dont un siècle d'efforts ne produit qu'un exhaussement d'un demi-pied?

« L'on a cru, dit un auteur moderne, que le corail se propageait à l'aide d'œufs qui se fixaient au fond de la mer et s'y développaient; mais il est démontré qu'il se multiplie par des bourgeons qui se détachent de la tige et croissent partout où ils trouvent un appui : en sorte que l'on pourrait multiplier le corail avec avantage en le divisant pour en semer dans la mer. Son accroissement est rapide, et quelquefois il atteint une hauteur de quarante à cinquante centimètres. »

Cette citation est extraite d'un travail publié en 1834. Dès 1725, Peyssonel, qui explorait les côtes de Barbarie par ordre du roi, faisait des observations d'où l'on concluait que les coraux ne sont point des végétaux sous-marins, mais de véritables productions de vers, des espèces de cellules formées par des polypes, de même que les madrépores, les lithophytes, les éponges.

L'ensemencement du corail ne nous paraît pas chose aussi simple, tant s'en faut, que l'on vient de nous le dire, car, de l'avis unanime des pêcheurs, dès qu'une branche est cassée, elle cesse de croître. D'un autre côté, il faut bien que les ramures, quoique cassées, se reproduisent, sans quoi depuis qu'on

pêche sur les côtes algériennes le corail y aurait disparu.

Il n'est pas moins certain que les polypes ouvriers
de nos coraux méditerranéens sont de bien plus
vaillants travailleurs que les *faiseurs de mondes* des
mers de l'Inde et de l'Océanie. Au train dont vont
nos bijoutiers sous-marins du golfe de Bône, les archipels madréporiques des Maldives et des Laque-
dives ne formeraient plus, depuis des siècles, qu'une
seule île; la longue chaussée de Madagascar serait
bâtie; et les continents australiens promis aux ar-
rière-petits-fils de nos arrière-neveux seraient déjà
couverts de végétation, peuplés d'animaux, habités
par des indigènes, colonisés par des Européens.

La commission pour la pêche du corail en Algérie
a ouvert une enquête très-sérieuse sur la reproduction et la durée de son accroissement. Des armateurs qui, ayant pêché eux-mêmes, ont une idée bien
nette de l'action de leurs filets, affirment qu'il se
reproduit très-vite. D'autres prétendent que l'âge
d'une tige de corail bien venue, mais non d'une grosseur exceptionnelle, doit être au moins de trente ans.
— La commission a recueilli de la bouche des pra-
ticiens des opinions fort étranges :

« Ainsi, par exemple, ajoute à ce sujet le rap-
porteur officiel, on nous a dit que, sur certains
points de la Méditerrannée, il fallait cent ans pour
la formation d'une belle branche de corail, sur

d'autres points trente, dans les environs de La Calle dix, et que, dans le golfe de Bône, on pêchait du très-joli corail qui n'avait certainement pas plus d'une année. »

D'après cela, selon le quartier qu'il habite, le polype constructeur se comporte bien différemment. Ici, c'est un paresseux qui en prend à son aise, travaille à ses heures, flane, médite et ne joue de la truelle que par occasion; là, maçon rempli de zèle, il se presse, il se hâte, s'exténue à l'œuvre, et bâtit son Louvre comme par enchantement. Ici, sous l'influence d'un courant, d'un fonds ou de sa profondeur, d'une nature particulière d'eau ou de sable, la végétation d'un an égale celle d'un siècle dans des parages peu éloignés. D'un côté, le corail croît comme un champignon, de l'autre comme un lichen.

Voici un fait bien constaté : — « Après la guerre d'Egypte, quand la pêche fut reprise, on remarqua le singulier développement qu'avaient pris, en *quatre ans* de repos, les tiges de corail des bancs les mieux connus; elles avaient une grosseur inaccoutumée avec un äspect lisse et dru (1). »

Ce n'est donc pas à la légère que Beaussant, dans son *Code Maritime*, avant d'examiner la législation, l'historique et l'état actuel de la pêche du corail, dit que nos pêcheurs demandent à la mer un produit

_____

(1) Voir l'*Algérie*, par M. le baron BAUDE, 1841, t. 1, p. 208.

dont la formation n'a pas encore été bien déterminée par la science.

Pauvre science humaine ! De siècle en siècle elle se contredit, se désapprouve, se condamne. Elle prétend avoir pénétré les mystères de la création ; elle veut nous imposer comme articles de foi ses théories spéculatives ; elle régente Dieu en nous invitant à rejeter telle ou telle tradition sacrée que ses fouilles, ses expériences, ses études, ont définitivement mise au néant comme vieillerie surannée. Elle nous enseigne que ce minéral est un végétal, que ce végétal est un animal, — qu'il faut des myriades d'années pour accomplir cette opération, — qu'un million de siècles n'est pas de trop pour cette autre ; — rien de mieux prouvé scientifiquement ; — ignare ou niais qui se permet de protester. Mais voici tout-à-coup que, pour un besoin urgent, il s'agit de se prononcer sans faute. Ce n'est plus à Moyse, à la Genèse, au Pape, ni au Père Éternel qu'on a une niche à faire ; il faut répondre à Son Excellence le Ministre du commerce. Et de la réponse doit résulter un arrêté positif ou négatif, une mesure précise. L'avenir d'une importante industrie se trouve en question. Alors, décidément, la science y regarde de près. On professait la formation des mondes par les madrépores, on vous disait sans hésiter de combien de centimètres le fond de l'Océan s'élève ou s'abaisse en des milliers d'années ; mais bref, l'on avoue de bonne foi qu'on n'entend rien à la durée de l'accroissement de cette tige de corail dont on se propose, du reste, de faire fabriquer pour mademoiselle sa fille une paire de bracelets.

La science cherche et cherchera toujours. Elle fournit souvent des renseignements utiles. Comptons sur son aide, non sur son infaillibilité. Louons et secondons ses efforts ; ne la proclamons jamais souveraine. Même dans le domaine précis des mathématiques, les savants commettent des erreurs ; à plus forte raison dans celui de la nature dont les secrets voilés par la Sagesse Éternelle mettent leurs théories en défaut.

Heureux quand nous pénétrons un de ces secrets, car la moindre découverte conduit à un progrès certain. La science qui sonde, tâtonne, explore doit être un guide prudent, non un maître absolu puisque ses conquêtes ne sont presque jamais incontestables.

Puisse-t-elle, renonçant à des discussions plus oiseuses encore qu'elles ne sont outrecuidantes, entrer résolument dans son rôle bienfaisant ! Eh ! que nous importe la génération spontanée qui, d'ailleurs ne peut être prouvée par aucun moyen puisque tous les corps sont poreux. A quoi bon s'évertuer à démontrer que l'arche de Noé, la mer ni l'atmosphère au temps du déluge, n'étaient capables de contenir les germes de tous les animalcules ? A quoi bon nier avec des arguments insuffisants, l'unité de l'espèce

humaine (1)? En quoi de semblables dissertations
intéressent-elles les progrès réels que la science a
mission de diriger?

A force d'interroger la nature qu'elle en obtienne
la réponse décisive; qu'elle devine, détermine, pénètre le grand agent universel, et nous enseigne
à dompter l'électricité, la lumière, le calorique !
Qu'elle nous fasse entrer dans l'ère de la civilisation
en se décidant à résoudre par des expériences méthodiques, le problème de la navigation aérienne(2);
qu'elle s'attache à nous doter du trucheman universel;
qu'elle fasse converger tous ses efforts vers la paix
générale, la diminution du paupérisme, des maladies héréditaires ou épidémiques, et des autres
fléaux; ainsi seulement elle méritera bien de l'humanité.

Le domaine de ses investigations est assez vaste
pour qu'elle n'imite pas les grecs du Bas Empire qui
théologisaient en se querellant pendant que les Turcs
menaçaient Constantinople. Certes! il y a mieux à
faire que d'attaquer la foi du charbonnier, alors surtout que cette foi, s'unissant à la plus pure morale,
loin de l'altérer, la fortifie.

En résumé, il faut aimer la science, non l'adorer.
Mais il faut adorer humblement cette Prescience

(1) Voir l'excellente réfutation de cette doctrine par A. DE
QUATREFAGES, — *Unité de l'espèce humaine*, 1 vol in-18.
(2) Voir la note C: — Aviation

Divine qui préside aux Effets après en avoir engendré les Causes, qui règne sur les infiniment grands comme sur les infiniment petits, qui se fait un levier de la gravitation universelle, un collaborateur de l'infusoire, un argument de nos doutes, et qui prouve son Être par nos erreurs elles-mêmes. Confondus d'admiration devant la création une, diversifiée dans ses détails innombrables que régit une seule loi de mouvement perpétuel ou de destruction nécessairement conservatrice par la transformation, nous sommes ravis en extase de quelque côté que nous tournions les regards. Dans ce champ sans bornes de merveilles, qui disent toutes la grandeur de Dieu, il n'en est point de plus merveilleuse l'une que l'autre. Un animalcule est un monde, un monde n'est qu'un atôme.

Eh bien! puisque la mer et ses phénomènes sont ce qui nous occupe, descendons par la pensée dans les profondeurs de l'Océan. Là, des forêts d'un caractère étrange sont remplies de vie surabondante, les carrières y sont des prairies, les herbes sont animées; tout globule est un nid qui recèle des multitudes d'êtres destinés à peupler les flots, à nourrir la terre. Cette végétation rocailleuse est l'asile des races futures; les mères alarmées des dangers qui menacent leur postérité viennent y cacher leurs œufs; l'animal inerte est placé sous la protection de la plante vivace, et la retraite inaccessible sert de laboratoire à la fécondation comme à la multiplication de toutes les espèces.

L'ÉPONGE.

Elle aussi est montée en grade dans l'armée de mer de l'histoire naturelle. Lithophyte, *pierre-plante*, au siècle dernier, elle prenait rang après le fucus, le goëmon, franc végétal. La voici proclamée zoophyte, animal, — pierreux à la vérité, — mais enfin animal, et même si embryonnaire qu'il soit, voyageur susceptible de franchir les mers.

Dans sa première jeunesse, l'éponge a l'humeur vagabonde; elle s'éloigne avec promptitude de la demeure paternelle. Devenue majeure, elle épouse un rocher, s'attache à lui et ne s'en sépare plus que très-involontairement. Pour qu'elle le quitte, il ne faut rien moins que la tempête furibonde ou le pêcheur mille fois plus cruel.

Celui-ci, d'ailleurs, n'a pas besoin d'une grande mise de fonds : un bateau, quelques longues perches à crocs de fer, une drague; c'est à peu près tout.

La pêche de l'éponge ne devrait pas trouver sa place parmi les grandes pêches si elle ne se rattachait à celle du corail, si nos corailleurs de La Calle n'en prenaient de brunes dites dans le commerce, de Barbarie ou de Marseille, et enfin s'il n'avait été sérieusement question de naturaliser en Algérie les plus douces et les plus fines éponges blondes de Syrie et de l'Archipel.

A Cuba, l'on pêche beaucoup d'éponges, mais toutes les espèces de la mer des Antilles sont fort inférieures à celles de la Méditérranée et surtout des la Grèce, où elles jouissaient déjà du temps d'Aristote, de leur juste renommée.

Enfin, il y a aussi des éponges de rivière. On en trouve dans la Seine. Renvoyons aux traités d'histoire naturelle, car ce serait nous éloigner par trop de notre sujet que de parler ici d'éponges d'eau douce.

Pêche de la morue.

ESQUISSE HISTORIQUE.

Si l'on objecte à bon droit aux Marseillais, que, la pêche du corail se faisant de toute antiquité dans la Méditerrannée, rien ne prouve qu'ils l'aient pratiquée les premiers, — si les Hollandais peuvent contester le hareng à nos Dieppois, et si les Norwégiens revendiquent l'antériorité comme pêcheurs de baleine, — il est hors de doute, malgré les prétentions des Anglais, que nos Basques et Gascons par la découverte du grand banc de Terre-Neuve, et peu après les Rochelais, les Bretons, les Normands donnèrent à la pêche de la morue l'essor qui en fait de nos jours une immmense industrie maritime.

Lorsque Christophe Colomb eut trouvé le Nouveau Monde, on se hâta de lui disputer sa gloire. On prétendit de toutes parts qu'il avait eu des devanciers, et les bruits que ses ennemis accréditèrent pendant sa vie, acquirent plus de force après sa mort. On assura que l'immortel Gênois avait eu connaissance de l'existence de ces régions dont son génie seul lui fit pressentir la route.

Chaque nation, se souvenant après coup de quelque aventurier obscur, lui attribua l'honneur d'avoir vu le premier les côtes du continent américain. Nous avons cité plus haut le Dieppois Cousin, navigateur éminent qui explorait la Guinée vers la fin du quinzième siècle. Cent versions rivales s'accréditèrent de çà, de là. Entre toutes, celle qui prit le plus de consistance est relative à un pilote Biscayen qu'une tempête avait poussé, disait-on, sur les rivages occidentaux de l'Atlantique et qui, à son retour en Europe, était mort dans la maison de Colomb en lui laissant la carte et le journal de son voyage. Bien qu'une pareille assertion fût loin d'être prouvée, bien qu'elle eût été démentie par plusieurs contemporains de la découverte, Fernand Lopez de Gomara dans son *Histoire des Indes*, en fait un sujet d'accusation formelle contre le grand navigateur. D'autres écrivains répétèrent le même reproche avec plus de détails, et lui donnèrent un cachet de vérité, en expliquant comment des Basques du Cap Breton près de Bayonne, auraient reconnu l'Amérique cent ans avant Christophe Colomb, soit de 1380 à 1400.

Ici, rien de calomnieux si ce n'est l'intention. Il est avéré, en effet, comme on l'a vu au sujet de la baleine, que les Basques en pourchassant le cétacé fugitif, rencontèrent le grand banc de Terre-Neuvè, y trouvèrent la morue en abondance extraordinaire, s'adonnèrent depuis à sa pêche et par occasion, découvrirent, dit-on, le Canada. Le pilote dont parle Gomara serait conséquemment un descendant de ces hardis pêcheurs qui, poursuivant la baleine à travers l'Océan, remontèrent d'un côté jusqu'au Spitzberg, et de l'autre s'aventurèrent jusqu'aux parages où pullule la morue. Mais chacun sait assez que Colomb ne prit aucunement la route du Canada, car selon son projet arrêté, il gouvernait pour atterrir par l'Occident aux Indes Orientales.

Ainsi, selon des auteurs trop prompts à dénaturer les faits pour essayer d'entacher la renommée du plus vénérable et du plus illustre des navigateurs, l'existence historique de Terre-Neuve remonterait à la fin du quatorzième siècle.

Du reste, ce serait peu encore auprès de la version de Forster, qui prétend que dès le temps de la découverte du Groënland par le chef Norwégien Eric Rauda ou Tête-Rousse, c'est-à-dire en 980, l'Islandais Biorn, et après lui Leif, fils d'Eric, poussèrent leurs explorations jusqu'à cette île. Terre-Neuve a donc son époque fabuleuse qui se rattache à celle des expéditions nautiques des Scandinaves, racontées par Snorro Sturleson dans la *Saga* ou *Chronique du roi Oloüs*. La contrée visitée par Biorn fut appelée *Vinland*, et Forster ajoute qu'en 1121, un évêque nommé Eric y passa du Groënland pour convertir les naturels au Christianisme.

Quoi qu'il en soit de ces récits et de plusieurs autres relatifs à l'île merveilleuse d'Estotiland, *fertile et riche en or*, dans laquelle on a aussi voulu reconnaître Terre–Neuve, à des époques bien moins reculées, de nombreuses contestations se sont élevées au sujet de sa découverte. Les Anglais l'attribuent au vénitien Jean Cabot auquel Henri VII accorda en 1496 une patente pour aller chercher de nouvelles terres en Amérique. Ils assurent que leurs vaisseaux furent les premiers et longtemps les seuls qui s'occupèrent de la pêche des morues.

Les Portugais disent qu'en 1500 Gaspard de Cortéreal, gentilhomme de leur nation, aborda à Terre-Neuve, visita toute la côte orientale de l'île, et de là poussa jusqu'à la grande rivière du Canada et au Labrador.

Enfin les Français à leur tour réclament en faveur du Florentin Giovani Verazzani que François Ier envoya faire un voyage d'exploration. Ce navigateur

atterrit en Floride et continua vers le Nord Est jusqu'au cinquantième degré de latitude septentrionale,
ce qui fait environ sept cents lieues de découvertes
qu'il appela *Nouvelle France*. En 1525 , il prit possession de Terre-Neuve avec le cérémonial d'usage,
en sa qualité de lieutenant et de délégué du roi ; et
c'est lui qui la nomma. Déjà le baron de Lévi, dès
1518, avait découvert une partie du Canada. Jacques
Cartier de St-Malo, de son côté, visita tout le pays
avec soin et donna une description exacte des îles ,
des côtes, des détroits , des golfes , des rivières et
des lacs qu'il avait reconnus.

On se rappelle le mot de François Ier qui disait plai-
samment : — « Quoi ! le roi d'Espagne et celui de
Portugal partagent tranquillement entr'eux le Nouveau Monde sans m'en faire part ! Je voudrais bien
voir l'article du testament d'Adam qui leur lègue l'A-
mérique. »

Jacques Cartier seconda parfaitement les intentions du roi ; le hardi malouin fit trois voyages suc-
cessifs au Nord-Amérique, où avec l'aide du comte
de Roberval il jeta les fondements de la domination
française. Après la mort de Verazzani, massacré par
les sauvages, il s'établit à l'île de Terre-Neuve avec
quelques-uns de ses compagnons. La seule occupation
de ces colons était la pêche qui prit , depuis, un no-
table accroissement sous la protection de Henri IV et à
la faveur de nos nouveaux établissements du Canada

et de l'Acadie. La plupart de nos provinces maritimes expédièrent alors des bâtiments dans ces parages qui n'avaient d'abord été fréquentés que par les Basques.

Faut-il dire que l'on a aussi attribué tant aux Malouins qu'aux Normands la découverte du grand banc, qui d'après cette version ne daterait que de 1504 (1). Mais, à défaut de preuves suffisantes, l'étymologie plaiderait encore en faveur des Basques qui, entr'autres noms donnés en leur langue à des points voisins, y ont laissé celui de *bacaleo* (bacalan, bacalhao, etc.) *morue*, mot adopté depuis par les Espagnols et les Portugais.

Quoi qu'il en soit, la pêche de la morue fut long-temps le partage exclusif des Français qui jouissaient seuls du banc et de l'île de Terre-Neuve, ainsi que du Canada et des îles avoisinantes, lorsque les réserves même du traité d'Utrecht, 1713, firent mieux comprendre aux Anglais tous les avantages de la situation. En cédant Terre-Neuve à l'Angleterre, on stipula que les Français conserveraient le droit de pêcher sur le banc ainsi que sur les côtes occidentales et une partie des côtes orientales de l'île, avec celui de dresser sur les grèves toutes cabanes et tous échafauds nécessaires (art. 12 et 13). L'Angleterre apprécia, dès-lors, à sa valeur la possession

(1) Les Malouins, V. Beaussant, *Code maritime*, t. II, p. 176. — Les Normands, V. F. Chasseriau, *Précis historiques de la Marine française*, t. 1, p. 659.

du territoire, entouré de baies sûres et profondes, qui commande le grand banc où se fait la plus abondante pêche du globe.

Québec fut pris en 1759 ; peu à peu toutes nos belles colonies du Nord-Amérique tombèrent au pouvoir de nos ennemis; le traité de 1763 consacra cette perte à jamais regrettable. Enfin, de ces immenses contrées où la suzeraineté française a laissé des souvenirs si vivaces et si touchants, même parmi les peuplades barbares, il ne nous reste qu'un faible Archipel dont le sort est de nous être enlevé dès que la guerre maritime se déclare.

Les îles de St.-Pierre, Miquelon et Langlade ou Petit Miquelon, et quelques îlots voisins, composent désormais notre unique domaine. Humble débris de la puissance française dans l'Amérique septentrionale, ce groupe, situé à cinq lieues au sud de l'île de Terre-Neuve, est, sans contredit, la plus ignorée de nos possessions d'outre mer. C'est là pourtant que se trouve aujourd'hui le centre de notre plus grand mouvement maritime. C'est là que se donnent rendez-vous, chaque année, de nombreux bâtiments dont les équipages sont fraternellement accueillis par une population de compatriotes placés en quelque sorte aux avant-postes de nos grandes pêches. C'est là que vit sous un ciel gris et lourd, au milieu des brumes et des glaces, une poignée d'obscurs travailleurs que les guerres ont

souvent forcés d'abandonner leurs tristes cabanes
pour regagner le sol de la mère patrie, et que la
paix a toujours trouvés prêts à s'exiler de nouveau,
pour aller concourir, par des efforts constants, au
progrès d'une de nos plus utiles industries nationales.

Saint-Pierre, résidence officielle du gouvernement, doit son importance à une rade vaste et
bien abritée et à un port ou barachois qui peut contenir jusqu'à soixante-dix bâtiments de commerce.
Cet avantage tout maritime l'a nécessairement fait
préférer à Miquelon qui est cependant plus considérable et beaucoup moins stérile. L'île aride et rocailleuse l'a emporté sur sa voisine; elle est devenue
le siége des autorités coloniales. Le sol et ses rares
produits sont comptés pour rien par une peuplade de
pêcheurs qui ne vivent que de la mer. Le seul mobile
de leurs actions, les seuls faits qui les intéressent
sont la direction des vents ou des marées, l'approche
et l'intensité des brumes, les mouvements du poisson,
les nouvelles de la pêche.

Langlade était autrefois séparée de Miquelon par
un bras de mer assez large, mais le fond s'étant
élevé graduellement, est maintenant au-dessus de la
surface des eaux, en sorte que les deux îles n'en forment plus qu'une. En 1836, des bâtiments anglais
munis de vieilles cartes se sont perdus sur la langue
de terre basse et sablonneuse qui les réunit.

L'histoire de ces îles ne présente quelque intérêt

qu'à partir de l'époque où elles devinrent le refuge
des colons français de Terre-Neuve. Les Anglais s'en
rendirent maîtres en 1778 et y détruisirent tous nos
établissements. Les habitants, au nombre de douze
cents, furent forcés de se retirer en France.

Le traité du 23 septembre 1783 nous rendit St.-
Pierre et Miquelon. Les anciens colons retournèrent
dans leurs îles dont les Anglais s'emparèrent de nouveau en 1793.

Tous les dix ans les pauvres pêcheurs voyaient
ruiner leurs chétives bourgades au moment où elles
commençaient à renaître de leurs cendres.

En 1802, le traité d'Amiens remit les pêcheries
françaises sur le même pied qu'avant la guerre ; en
1803, elles retombèrent encore au pouvoir de
l'ennemi.

Enfin, en 1816, on équipa une expédition pour
aller occuper de nouveau notre archipel abandonné,
et les déportés de 1794, au nombre de six cent-cinquante, formant cent trente familles, y furent ramenés aux frais du roi. Cette malheureuse population, ballotée de l'un à l'autre hémisphère par tant
de révolutions successives, revint se fixer dans ses
îlots sauvages, pour continuer sa lutte éternelle
contre la misère, les rigueurs de l'hiver et la fureur
des éléments.

Une semblable colonie paraît être le contraste de
ses sœurs aimées du soleil, où la terre produit sans

efforts. Ici, c'est à la mer qu'on doit tout : le poisson, la morue sont à peu près l'unique richesse. A Saint-Pierre et Miquelon, un sol ingrat, un ciel sévère, une température glaciale, un labeur de chaque jour qui, bien souvent, ne suffit point pour assurer la vie matérielle, et des dangers perpétuels menaçant quiconque se livre à la pêche ou même à la chasse, car du moins on n'y manque pas encore de gibier.

LES ILES SAINT-PIERRE ET MIQUELON.

L'île inculte et montagneuse de Saint-Pierre, qui a environ quatre lieues de circonférence, est formée d'énormes blocs rocheux dont des croûtes de lichens cimentent les anfractuosités profondes. Imprudent qui se fie à ce terrain uni en apparence. Une crevasse s'ouvre tout à coup sous ses pieds. Il roule dans le précipice caché sous un amas de mousse et de feuilles entrelacées. Le roc est couvert en quelques endroits d'une très-mince couche de terre noire où croissent des broussailles de sapin et des ronces dont la triste verdure et le faible développement attestent assez le peu d'aliments qu'offre le fond. Çà et là se trouvent d'étroites plaines bourbeuses où végètent des plantes grasses et aquatiques. Plus loin des ravins marécageux donnent cours aux eaux provenant de la fonte des neiges ; ils aboutissent à des étangs dont le trop plein se jette à la mer.

Tel est le récif où s'élève le chef-lieu de nos établissements de pêche. Là, dans une petite ville bâtie
auprès du barachois, séjournent des autorités fières
sans doute de leur importance locale. A ce bout du
monde oublié, il y a aussi des intrigues pour la pré-
pondérance et le pas dans les cérémonies, des pouvoirs rivaux et une guerre intestine entre les hauts
et puissants seigneurs du crû. Mais quand César a
déclaré qu'il aimerait mieux être le premier dans un
hameau que le second dans Rome, peut-on reprocher au vieil officier de marine en retraite qui gouverne Saint-Pierre et Miquelon avec le titre de commandant particulier, d'être heureux et fier de sa
suprématie transatlantique? Les autres personnages
marquants de la colonie sont : un sous-commissaire
de marine remplissant les fonctions d'inspecteur-co-
lonial; un commis de marine, chef du service admi-
nistratif et quelques employés subalternes du com-
missariat ; un chirurgien de la marine de première
classe, chirurgien en chef et chargé de l'intendance
dance sanitaire ; un chirurgien de troisième classe
en sous-ordres ; un capitaine du port ; un trésorier ;
un juge de première instance faisant office de notaire;
un curé avec le titre de préfet apostolique et un vi-
caire. Une brigade de gendarmerie compose toute
la force armée du pays.

La petite ville n'a que deux rues non pavées qui
suivent à peu près le sens de la côte. Elle est dé-

fendue par un méchant fortin intitulé fort d'Italie,
dont toute l'artillerie consiste en deux canons sans
affûts. L'hôtel du gouvernement, situé en face du
débarcardère, très-près de la grève, est le principal
édifice de la cité. Il est à un étage et construit en
bois. Quatre pièces de quatre braquées en batterie
sur sa terrasse, lui donnent un certain air belliqueux,
médiocrement de nature à inspirer le respect par
le temps de monstrueux engins que nous enfante
l'artillerie contemporaine. Du reste, cet hôtel a le
mérite de renfermer un billard, unique délassement
des infortunés que le sort exile dans notre moderne
Sériphe.

L'on remarque encore à Saint-Pierre la boulan-
gerie attenante à la maison du commandant, deux
grands magasins appartenant à l'État et l'hôpital
desservi par quatre sœurs de Saint-Vincent-de-Paul.
— Il peut contenir une cinquantaine de lits destinés
aux marins de l'État ou du commerce, aux employés
et aux indigents de la colonie. Auprès de l'hôpital,
se trouve une école de jeunes filles dirigée par des
religieuses.

Enfin, il y a une église, petite chapelle fort simple,
parfaitement bâtie en bois comme tous les établissements et les maisons particulières; elle est assi-
dûment fréquentée par les pêcheurs et leurs familles.
Pendant les gros temps, les femmes vont y prier
pour leurs fils et leurs maris exposés dans de frêles

barques à être chavirés par les vents ou engloutis
par les lames ; après le retour dans le barachois, souvent les marins s'y viennent agenouiller avant de
rentrer dans leurs cases. Des ex-voto appendus à
ses murs attestent la piété de la population qui,
tous les dimanches, s'y réunit en habits de fête
pour les offices divins. Le peuple matelot de Saint-
Pierre et Miquelon a conservé au-delà des mers la
foi qui soutient et l'espérance qui console. Les paroles du vieux prêtre de cette paroisse française,
reléguée à huit cents lieues de la métropole, sont
religieusement recueillies ; elles raffermissent le
courage du pauvre colon, elles l'aident à supporter
le poids de sa vie de privations et de périls.

Les maisonnettes dont les américains apportent les
matériaux, ont un aspect de propreté agréable.
Elles se composent d'un fort échafaudage de poutres
et de solives doublement bordé de madriers peints
en dehors, tapissés au dedans. Les cheminées sont
en briques ; les charpentes solides et capables de
résister à la pression des neiges sous lesquelles l'île
entière reste ensevelie pendant une partie de l'hiver.
Enfin les toitures sont faites de petites planches de
chêne clouées à recouvrement, minutieusement ajus-
tées et barbouillées d'une épaisse couche de couleur
ardoise. On prend ces précautions, moins contre le
froid que contre une sorte de neige appelée poudrin
ou poussinière, qui, semblable à la poussière la

plus fine, se glisse dans les maisons en dépit des doubles vitraux dont chaque croisée est garnie.

Les Miquelonnais ont emprunté à la langue maritime presque toutes leurs expressions particulières, ils ont donné à leur neige ténue et pénétrante, le même nom qu'à cette pluie subtile que les vagues, en se brisant, répandent sur les côtes et à bord des navires. Le *poudrin* tombe si abondamment, que fort souvent en une seule soirée, il obstrue toutes les portes. Le sol s'élève ainsi subitement à la hauteur des mansardes ou des toits, et les voisins réunis à la veillée se voient forcés de sortir par les fenêtres ou les cheminées pour regagner leurs gîtes. Heureusement la blanche surface se glace et devient solide en peu d'instants. Dans une maison située entre cour et jardin, il existait une fontaine d'eau de source qui ne gelait jamais ; la chute de la neige ayant obstrué le chemin, les gens du logis creusèrent une espèce de tunnel qui allait jusqu'à la fontaine. La voûte était diaphane comme un verre laiteux, et cependant assez résistante pour qu'on put marcher dessus sans aucune crainte.

Bien que les îles Saint-Pierre et Miquelon soient situées par le 47ᵉ degré de latitude, c'est-à-dire environ trente lieues marines plus au Sud que Paris, leur température est à peu près celle de Stockholm ou de Christiania. L'on sait que la bande isotherme qui passe en Europe au 60ᵉ degré de latitude, comprend

dans l'Amérique septentrionale, Terre-Neuve et ses
dépendances. Avec des jours égaux à ceux de France,
ces îles sont une seconde Norwège où les phénomènes
de l'hiver ont la même rigueur que dans les sombres
régions d'Odin.

Vers la fin de novembre, une immense barrière de
glace se dresse autour de Terre-Neuve dont la plupart des baies deviennent inabordables. A partir du
rivage jusqu'à trois lieues en mer, s'étend une ceinture de monts gigantesques aux formes étranges et
fantastiques. Les premiers bâtiments qui arrivent
d'Europe l'année suivante (ce sont d'ordinaire les
Basques), ne peuvent parvenir à se frayer un chemin à travers ces dangereux blocs flottants, et s'y
amarrent jusqu'à ce que la banquise se rompe. Alors
ils se hasardent dans les canaux ouverts devant eux
et atteignent ainsi le plus souvent, les côtes le long
desquelles le dégel est déjà terminé.

Cependant les communications des îles françaises
avec le reste du monde ne sont pas interrompues. Les
courants éloignent les bancs glacés de leurs havres ;
et la navigation n'est guère suspendue que pendant
les trois mois de février, mars et avril, ce qui arrive
uniquement parce que les bâtiments destinés à recueillir et transporter les produits ne partent de
France qu'au commencement du printemps. C'est
donc à tort que les adversaires de nos pêcheries permanentes leur ont reproché d'être hors d'état de faire
le commerce durant la majeure partie de l'année.

16

Comme tous les habitants des pays froids, les colons de Saint-Pierre et Miquelon mènent deux existences bien distinctes ; l'une, d'intérieur et d'isolement lorsque l'hiver les emprisonne dans leurs demeures ; l'autre, de mouvement et d'activité lorsque la belle saison rouvre la pêche et que plus de trois mille bâtiments accourent de tous les points du globe sur le grand banc et dans les rades de Terre-Neuve.

A quinze milles au Nord-Ouest de Saint-Pierre s'étend Miquelon, beaucoup moins désolée, couronnée qu'elle est par des bois de sapins et de bouleaux, peu vigoureux mais épais, et comparativement grande, car elle a près de quinze lieues de tour. Langlade en a huit ou neuf. — De beaux cours d'eaux où l'on pêche la truite saumonnée, de vastes prairies susceptibles de culture dans lesquelles la fraise croît indigène, des paturages pour les bestiaux et des plaines marécageuses abondantes en gibier, font de Miquelon un paradis terrestre, pour celui qui vient de Saint-Pierre dont la nudité lugubre et les rochers d'un gris rougeâtre jettent la tristesse dans l'âme.

Langlade surtout est fertile et bien boisée ; depuis 1834 environ, elle est habitée par des agriculteurs venus de France qui ont défriché des terrains et qui élèvent des bêtes à cornes et même des chevaux. Grâce à ces rares cultivateurs, les provisions sont devenues même à Saint-Pierre d'un prix aussi modéré qu'en Normandie ou en Bretagne. Les habitants ne sont pas obligés d'avoir recours comme autrefois aux Anglais de Terre-Neuve; ils sont désormais affranchis de la ruineuse assistance de leurs voisins. La création de trois ou quatre fermes due au gouverneur Brue a été du plus heureux secours pour la colonie. Miquelon est dirigée par un commis de marine qui a sous ses ordres quelques gendarmes. Un chirurgien de troisième classe, aidé par des religieuses, y fait le service de santé.

Pour compléter la description topographique de notre petit archipel, il suffit de citer l'île du Grand Colombier, espèce de morne, refuge ordinaire des madres, des godes et des pingoins macareux qui s'y trouvent en assez grande quantité pour dérober entièrement la vue de la terre; — l'île Verte peuplée d'alcyons et d'eiders, oiseaux dont on tire l'édredon; — l'îlot Vainqueur fertile en paturages, où l'on récolte en juin et en juillet une sorte framboise appelée *plats de bière* par les colons; — enfin, l'Ile-aux-Chiens habitée par quelques pêcheurs et tapissée de lambeaux de verdure.

Les îles de Saint-Pierre et Miquelon sont très-accidentées; on y rencontre une foule de sites pittoresques d'un aspect grave d'ensemble, beau de détails. Au commencement de l'été, quand le rideau de brouillards se déchire et qu'un pâle rayon de soleil vient se jouer sur les montagnes couvertes de neige, de larges effets de lumière se produisent de toutes parts. En premier

plan les lames bleues se brisent aux grêves ; autour
des criques sablonneuses, s'élèvent en amphitéatre
des terrains tourmentés comme par des convulsions
volcaniques ; plus loin des rochers sombres et des
arbres couverts de mousses dorées se détachent sur
un fond éclatant. Malheureusement, les brumes déro-
bent presque toujours au regard ces magnifiques points
de vue. Même pendant les mois les plus beaux de
l'année, l'atmosphère se charge tout d'un coup d'é-
paisses vapeurs, et le pêcheur entouré d'écueils, re-
doute la rencontre des navires dont le choc menace sa
fragile embarcation. Aussi que d'heures d'angoisses
pour la famille du colon absent quand il est surpris
par ces brouillards qu'amènent les vents de Sud-
Est. On se porte sur le rivage, on prête l'oreille
aux bruits du large, on est aux écoutes pour entendre
le son de la trompe dont le marin égaré se sert pour
se faire reconnaître. Si la conque retentit, on lui
répond de terre ; les signaux succèdent aux signaux
sans interruption. Quelquefois e bruit s'éloigne ; une
profonde terreur s'empare de ces vieillards, de ces
femmes, de ces enfants assemblés à la rive ; mais le
plus souvent la clameur se rapproche et le bateau
triomphant rentre dans la darse protectrice. Alors c'est
une joie des plus vives, on accourt au devant des
matelots, on les fête, on les embrasse, comme si l'on
eût été séparé d'eux par une longue absence. C'est
qu'il arrive aussi bien des fois que les chaloupes pé-
rissent au large.

L'habitude de *corner* pour nous servir du mot propre, est générale dans le pays. Les jours de brouillards, les hurlements des *corneurs* se mêlent aux sifflements des vents; tout autour des îles jusqu'à plusieurs lieues en mer, retentit la sinistre voix des trompes marines, car il est digne de remarque que ce lugubre signal de détresse perce toujours la tempête. Peut-être les vibrations sont-elles rendues plus sonores par l'état même de l'atmosphère, c'est du moins ce que tendraient à démontrer les fréquentes et dramatiques expériences des pêcheurs de Saint-Pierre et Miquelon.

Enfin les barques sont arrivées saines et sauves, elles se sont amarrées à l'abri; femmes et enfants s'empressent d'aider les marins à décharger le poisson. On le traîne dans les *chaufauds*, — (échafauds ou ateliers établis sur les côtes) —, on l'apprête, et puis on l'étend le long des *graves* (sortes de terrains unis sur lesquels on a disposé à l'avance des cailloux ou galets, et même du menu bois).

« S'il est une population laborieuse et digne d'intérêt, dit, à ce propos, M. Marec dans une savante dissertation concernant nos grandes pêches, c'est assurément celle du rocher de Saint-Pierre, qui, par l'activité constante de ses habitants offre le spectacle d'une ruche d'abeilles. »

Pendant cinq mois de l'année, c'est-à-dire depuis la fin de mai jusqu'au milieu d'octobre, ils sont ex-

clusivement occupés de la *récolte* et de la préparation
de la morue, au moyen de laquelle, ils se procurent
à grand' peine de quoi vivre pendant les sept autres
mois. Souvent même leurs efforts n'y suffisent pas
et quand l'hiver vient les condamner à l'inaction,
ils périraient de froid et de faim, si le gouvernement
ne leur fournissait quelques rations de bois et de farine.

Pour apprécier dignement les services rendus par
la colonie de Saint-Pierre et Miquelon, il faut se
rappeler que ce faible débris de nos anciens et vastes
domaines de l'Amérique septentrionale, est à la fois :
une *fabrique* et un *entrepôt* de morue, un port d'où
l'on expédie des chargements à la Martinique et à la
Guadeloupe, un débouché commercial plus considérable qu'on ne le croit généralement, et un lieu de
relâche assuré pour les nombreux navires que nous
envoyons tous les ans sur le grand banc et à l'île de
Terre-Neuve.

La population, du reste, se subdivise en trois
classes : — *les pêcheurs sédentaires* au nombre de
huit cents environ ; — puis trois ou quatre cents *pêcheurs hivernants* qui s'adjoignent aux premiers et
partagent tous leurs travaux pendant une ou plusieurs
années ; — et enfin trois cents *passagers* qui ne séjournent dans les îles que durant la saison des pêches.

C'est au moyen de ce surcroît temporaire de marins et d'ouvriers que la petite colonie parvient à
équiper une cinquantaine de goëlettes pontées, et près

de trois cents embarcations baleinières ou warys qui
vont pêcher sur les fonds avoisinants, et jusques dans
les havres du Cod-Roy et de Saint Georges (à la côte
occidentale de Terre-Neuve). Elle occupe cinq cents
personnes aux manipulations des chaufauds et des
graves, et emploie en outre, plus de mille marins et
de cinquante navires français à exporter directement
aux Antilles les produits de sa pêche particulière.

Ceux des colons sédentaires qui ne sont pas pêcheurs proprement dits, quoiqu'ils partagent cette
dénomination avec leurs compatriotes, exercent tous
des professions relatives à la marine. Les femmes
travaillent aux agrès et aux voiles; les charpentiers,
les calfats, les forgerons sont nombreux à St-Pierre,
et quand un bâtiment vient se radouber dans le barachois il y trouve toutes les ressources qu'offrirait un
de nos ports d'armement.

Pendant trois ou quatre mois, la rade est couverte
de navires: les uns chargés de sel, de farine, d'eau-
de-vie et d'objets manufacturés, les autres venus pour
prendre des cargaisons de morue. Il convient d'ajouter
que, malgré les franchises et les immunités dont
jouissent les îles Saint-Pierre et Miquelon, le commerce des Anglais et des Américains entre à peine
pour un quart dans les importations, dont la valeur
s'élève à plus d'un million en ce qui concerne la
France.

Au moment du concours des navires sur la baie, la

petite ville s'anime et devient bruyante, les marins
étrangers envahissent les cabarets du pays, et souvent
la gendarmerie ne peut parvenir à maintenir le bon
ordre. Le gouverneur requiert, en ce cas, l'équipage d'un petit navire de guerre spécialement attaché
au service de la station locale.

Après avoir passé la première moitié de la saison,
dans les baies désertes de Terre-Neuve ou sur le banc,
les matelots de long-cours ont besoin de plaisirs et
troublent le repos de la paisible bourgade. Une rixe
et une arrestation nocturne, un de ces épisodes si
communs dans nos ports, sont les grands événements de l'été qui serviront de texte aux récits de
l'hiver.

Mais il est une scène, d'une nature bien différente,
qui se reproduit presque tous les ans ; scène touchante et primitive qui fait encore l'éloge des mœurs
patriarchales du colon, et dont l'origine pieuse se rattache à l'époque où tous les Canadiens étaient sujets
du roi de France.

Le souvenir de ces temps ne s'est pas effacé de la
mémoire des indigènes. Après tant de révolutions et
de bannissements, après de si longues séparations,
ils se rappellent toujours leurs frères de France, dont
ils ont embrassé la religion sans renoncer toutefois
à l'existence et nomade de leurs aïeux.

Les Gaspésiens ou Micmaks (Souriquois) habitaient
jadis, la côte orientale du Canada, et les îles voisines.

Aujourd'hui ceux d'entr'eux qui étaient chrétiens se sont réfugiés à Terre-Neuve. La tribu expatriée qui a suivi de loin l'exil des colons français de l'Acadie, veut que ses dépouilles mortelles dorment sur la même terre que celles de ses compatriotes blancs. Au retour du printemps, une flottille de pirogues indiennes, s'échoue aux graves des pêcheurs. — Ce sont les naturels qui descendent en pèlerinage à Saint-Pierre, amenant avec eux leurs morts et leurs nouveaux nés. Une croix de bois à la main, ils se dirigent vers la ville, entrent dans les cases des habitants, les saluent du nom de *frères*, et leur demandent à boire, à manger, à reposer sous leurs toits. Toutes les cases leur sont ouvertes; les pêcheurs accueillent avec joie, ces hôtes simples qui n'ont oublié ni les traditions du passé, ni la langue de leurs anciens maîtres. Puis, tous ensemble se rendent à la chapelle; les enfants des sauvages sont baptisés par le prêtre catholique; l'office des morts est récité en commun pour les trépassés; et l'on va processionnellement au cimetière, afin d'inhumer dans une terre bénie, ces indigènes fidèles, même après le dernier soupir, à leurs nobles sympathies et à leurs sentiments religieux. Au bord d'une fosse profonde, lentement fermée, Indiens et pêcheurs s'agenouillent et prient pour les âmes des défunts. Une modeste croix plantée sur cette vaste tombe apprend à l'étranger le lieu ou gisent à jamais les ossements des fils chrétiens de l'antique famille de Lennappe (1). Ainsi les plus puissants des liens, la foi et la charité, unissent encore de nos jours les descendants des naturels de l'Acadie et les neveux de ses anciens colons.

Les Miquelonnais qui forment un peu plus de la moitié de la population sédentaire, sont issus sans mélange des Acadiens ; tandis que les habitants de Saint-Pierre sont de race acadienne mêlée de sang normand. Des Basques et des Bretons ont aussi droit de cité dans la petite bourgade ; mais les Indiens n'établissent pas de distinctions entre les uns et les autres, ils les savent tous catholiques et français d'origine, ils leur demandent également à tous, l'hospitalité pour eux-mêmes, et des prières pour leurs morts.

Lorsque le devoir sacré est accompli, que les honneurs funèbres ont été rendus aux manes de ses pères, que l'eau lustrale a coulé sur le front de ses enfants, le naturel retourne à ses canots, les décharge et offre au colon en échange de produits manufacturés, des peaux de renard argentés, d'ours, de martres, de rats musqués et de castors. Peu de jours après les frères rouges donnent le baiser d'adieu à leurs frères blancs, remontent dans les pirogues et s'éloignent pour retourner dans la grande île de Terre-Neuve.

(1) Les peuples de la famille Lennappe ou Algonquino-Mohegane, dont les Gaspésiens font partie, sont les mêmes, selon Vater, que les Chippaways-Delaware, encore nombreux au Canada.

La domination anglaise n'a pu détruire chez cette peuplade reconnaissante le souvenir de notre règne sur son territoire. Les indigènes ont malheureusement appris quelle différence réelle a toujours existé entre notre conduite envers les habitants des pays conquis et celle de nos rivaux d'outre-mer. Les paroles du grand roi recommandant à ses vice-rois et gouverneurs, de ménager ses bons et loyaux sujets de la Louisiane et du Canada, de les traiter avec justice, humanité et douceur, de respecter leurs usages, leurs propriétés, leur indépendance, retentissent encore dans les cœurs des Indiens du Nord Amérique. Et si nous ne craignions de nous laisser entraîner hors de notre sujet par des réminiscences qui nous ont profondément ému bien des fois, nous pourrions citer des traits nombreux de protection accordée par les sauvages des rives des grands lacs, à des émigrés aventurés dans leur contrées, à des prisonniers français déserteurs ou à des fugitifs que la tyrannie britannique forçait d'abandonner Québec, Montréal ou les bords des Trois Rivières.

Mais d'après un préjugé contre lequel on ne saurait assez protester, la France se croit incapable de colonisation. Le Canada, la Louisiane, Saint-Domingue prouvent le contraire, qu'importe! Il serait facile de démontrer que les Français doivent au liant de leur caractère le don de s'attacher les naturels, — qu'au Brésil, à Madagascar, en Guinée ils réus-

sirent dès l'origine mieux que les autres Européens,
— qu'en général ils furent les moins barbares envers
les indigènes,, — que souvent ils s'en firent des auxiliaires dévoués, — et enfin que des revers maritimes,
militaires ou financiers ont seul causé l'évacuation des
territoires où ils s'étaient établis. En interrogeant
avec soin les documents historiques, on verrait que
nos pionniers et nos aventuriers ont de tous côtés fait
des merveilles, que parmi nos fondateurs et gouverneurs de colonies, il en est qui, comme Mahé de
La Bourdonnais, accomplirent des prodiges de talent,
de patience, de génie ; — et l'on se convaincrait de
l'inanité d'une assertion continuellement répétée à la
légére. Par malheur, elle a été répétée si souvent
qu'on ne peut guère espérer sa réfutation. L'erreur
est invétérée ; l'opinion fausse et fatalement décou-
rageante, est devenue en quelque sorte historique.

L'emphase déclamatoire de Raynal y a singulièrement contribué. Accomodant les faits aux besoins de
sa thèse, l'auteur de l'*Histoire philosophique des
deux Indes* où jamais une source authentique n'est
indiquée, en a toujours assez dit lors qu'à propos de
toutes choses il a crié à la superstition, au fanatisme,
à la corruption de la cour et à l'incapacité du gouvernement français.

Plût à Dieu, pour le bonheur de leurs peuples pri-
mitifs que la Louisiane et le Canada ne nous eussent
point échappé ; — plût à Dieu que l'Acadie et Terre-

Neuve fussent encore à la France. Il ne nous reste en
ces contrées que quelques pauvres îlots ; eh bien ! en
présence des excès de la race anglo-saxonne dans
l'Amérique du Nord, cela suffit pour fournir un
exemple de ce que notre domination passée avait
d'humain et de fraternel.

A Saint-Pierre, l'été rend toutes les industries
florissantes ; des canots sillonnent la rade, accostent
aux quais, chargent, déchargent et transportent les
marchandises, ou bien gagnent la plaine mer pour
conduire les marins aux fonds de pêche.

Dans les ateliers et aux alentours du port, les
ouvriers des professions maritimes se multiplient pour
faire face à leurs nombreux engagements. Ici l'on
dégrossit des espars, là l'on ajuste des pièces de mâture, plus loin on répare un navire abattu en carène.
Les sècheries sont le théâtre d'une activité sans
égale ; on empile, on emboucaute, on emmagasine
la morue apprêtée, on fait subir les opérations nécessaires à celle mise récemment à terre. De toutes parts
retentissent les chants des matelots qui virent aux
guindeaux de lourds appareils ou qui établissent les
huniers, ceux-ci pour aller directement en France,
ceux-là pour faire un rapide voyage à la Martinique
et revenir bientôt prendre une nouvelle cargaison.
A chaque moment des voiles sont signalées, l'on
apprend ce qui se passe au grand banc et à Terre-
Neuve, la population s'intéresse vivement aux moin-

17

dres détails. C'est de la *récolte* qu'il s'agit, et l'habitant est aussi attentif à ces faits de mer, que le fermier aux pluies ou aux chaleurs qui fécondent ses semailles, et aux orages qui menacent ses sillons jaunis.

Notre petit archipel si populeux et si actif pendant l'été, doit être considéré encore avec intérêt sous le rapport de sa végétation à la même époque. Dans les ravins de Miquelon et les endroits cultivés, ce qui se borne pour Saint-Pierre, à d'étroits jardins de terre rapportée, tout semble sortir du néant et s'élancer vers la vie avec passion. Au contact d'une température parfois aussi élevée qu'en France, la nature se réveille en sursaut; elle enfante avec d'autant plus de vigueur que les beaux jours ont moins de durée. Les bourgeons se développent en une nuit, la sève circule et monte avec force, la croissance et la maturité des plantes sont rapides, une chaleur fécondante pénètre les arbres, les fleurs et les fruits. Mais les produits trop hâtifs manquent de saveur, les roses et les œillets n'ont que de faibles parfums, et les habitants les moins étrangers à l'horticulture ne peuvent obtenir que des légumes fades auprès des nôtres.

C'est une fête, pour les colons que le moment où leurs îlots se parent de verdure et de fleurs, ils oublient alors les sombres nuits d'hiver où, accroupis auprès d'un pâle foyer ils réparaient les filets, les

lignes et les hameçons; ils ne songent plus à ces
tristes journées où, bravant l'intempérie des éléments
ils allaient poursuivre sur les neiges, au péril de la
vie, la perdrix, le moyac et le canard de roche.

La brume, si souvent fatale au Miquelonnais déso-
rienté dans sa barque de pêche, n'est pas moins
funeste au chasseur. Quand elle confond tous les objets
sous son voile opaque, et que le poudrin a effacé la
trace de ses pas, il ne peut plus reconnaître son chemin, erre au hasard dans un horizon étroit et triste
comme un cercueil, et périt souvent de froid à peu de
distance des habitations. Sa famille frémit d'inquié-
tude, mais nul ne peut maintenant aller à sa rencontre; on se borne à tirer des coups de fusil par les
cheminées afin de lui indiquer la direction de sa
demeure.

Ces terribles brouillards frappent encore l'habitant
dans son unique industrie. Ils détériorent le poisson
en l'empêchant de sécher. La morue gâtée de la sorte
est dite *brumée*, elle n'a plus de valeur marchande.
Le pauvre pêcheur perd ainsi tout à coup le fruit de
son labeur, et qui sait si demain le soleil se montrera
radieux; qui sait si les mêmes pertes ne doivent pas
être occasionnées par un nouveau vent du Sud-Est.
Malgré cela, les soins vigilants de la population et
sa longue expérience des travaux de sécherie, font
que la morue de Saint-Pierre et Miquelon est plus
estimée qu'aucune autre dans le commerce, et sur-

tout aux Antilles où cette denrée est de première nécessité pour la nourriture des noirs.

Lorsque la rade se dégarnit et que les passagers abandonnent la colonie, le pêcheur sédentaire en voyant approcher l'instant où il sera confiné dans sa case, se hâte d'aller chercher à Miquelon du lard et du beurre pour l'hiver. Chacun se fournit de gibier, de volailles et d'énormes quartiers de viande qu'on suspend aux fenêtres des mansardes. Ces provisions ne tardent pas à être parfaitement gelées et pourraient se conserver ainsi jusqu'au printemps. Afin de les couper en morceaux on est obligé de se servir de la scie.

Le colon retiré dans son intérieur sort rarement du petit cercle qui renferme ses affections.

L'hiver est l'époque où l'on s'occupe surtout de l'éducation des enfants, car l'été ils suivent leurs parents dans les embarcations ou sur les grèves. C'est autour des petits poëles de fonte allumés dans la salle commune, que les mères de famille leur apprennent de bonne heure la résignation et la patience. Quelques lectures rompent la monotonie de la longue réclusion; des travaux d'aiguille sont l'occupation des jeunes filles, pendant que les garçons étudient ou aident les vieillards à la confection des objets nécessaires à la pêche prochaine. L'habitant a toujours un nombre considérable d'enfants; pour lui, comme pour le pasteur des temps antiques et le paysan de nos campagnes, ils sont une richesse dont il se fait gloire. Aussi la population fixe s'est elle accrue de plus d'un tiers depuis notre dernière prise de possession. Le climat du reste, est très-salubre, bien que la froidure dépasse quelquefois 25 degrés centigrades au-dessous de 0, tandis que la chaleur s'élève vers le mois d'août jusqu'à 24 degrés. Les vieillards sont très-nombreux, et l'on n'a d'autre exemple de maladies graves que celles engendrées par la misère et la mauvaise qualité de nourriture. Le régime des plus pauvres consistant uniquement en morue et en poissons secs, donne lieu en effet aux mêmes accidents que peut causer l'abus des viandes salées. L'antidote, le remède du scorbut et des autres maux du même genre se trouve heureusement dans la boisson ordinaire des habitants, — le spruce ou *sapinette* que chaque famille prépare chez elle.

La sapinette est une décoction de copeaux, de branches, de feuilles et surtout de jeunes pousses de sapin qu'on fait bouillir d'abord avec quelques poignées de genévrier dans une vaste chaudière. Après avoir retiré le bois, on transvase le résidu dans une barrique où l'on jette de la mélasse, de l'eau-de-vié et du biscuit pilé afin d'accélérer la fermentation. Au bout de vingt-quatre heures le résultat des opérations est potable; mais les étrangers ne s'habituent pas aisément au goût prononcé de térébenthine qui domine dans le mélange. Cette liqueur précieuse au colon, à la fois saine et économique est à peu près le seul produit particulier au pays à moins qu'on ne veuille compter comme tel, une sorte d'herbe assez fade qui y sert de thé et qu'on nomme *thé de James.*

On a pu voir qu'il n'y a pas à St-Pierre et encore moins à Miquelon de société proprement dite. La tribu de pêcheurs a les mœurs simples des races primitives. Comme le sauvage auquel il a succédé dans ces froides régions, le colon ne connaît que la chasse et la pêche, sa cabane est un wigwam où il vient se reposer de ses travaux, il ne comprend d'autre réunion que celle du dimanche à la chapelle ; il méprise les orgies des matelots français ou américains, il ne fraye pas avec les marchands et les industriels qui arrivent de France pour spéculer sur sa misère et lui vendre fort cher de méchantes pacotilles. Ceux-ci, peu nombreux d'ailleurs, ne séjournent jamais longtemps sur les îles.

Ce qu'on pourrait appeler le *Monde*, se réduit donc à quelques familles d'employés ; mais elles sont fort rares ; la plupart des agents du gouvernement ne veulent pas faire partager à leurs femmes l'exil auquel ils sont condamnés et les laissent en France. L'existence de tous en est d'autant plus triste. Ils ne trouvent autour d'eux aucune des ressources de la vie, pas même d'auberge où ils puissent prendre leurs repas, ce qui les oblige souvent à faire leur cuisine eux-mêmes et à s'occuper des plus intimes détails d'un ménage de garçon. Le seul plaisir qui leur reste est la chasse dont on connaît les périls. Pendant que la population est tout entière sur les graves, ils s'y livrent avec fureur, et descendent quelquefois à Miquelon où l'on rencontre le renard et le loup marin fort recherché à cause de sa fourrure. A certaines époques, ils chassent aussi la poularde, la bécassine, le courlier, et à leur défaut le calculot et le goëland qui abondent toujours aux bords de la mer. Les employés font aussi volontiers la pêche dans les étangs et les rivières de Langlade que leur abandonnent sans partage les infatigables moissonneurs de morue. Une petite maison de campagne appartenant au gouverneur est alors le point de rendez-vous dans cette dernière île, mais les absences ne sauraient être longues, car les devoirs du service rappellent bientôt chacun à son poste et à ses ennuis.

Pour habiter notre archipel terre-neuvien, il faut, ainsi que le pêcheur, porter à l'excès l'insouciance commune à tous les matelots, ou bien être doué d'une de ces natures contemplatives qui, se renfermant en elles-mêmes, sauraient trouver le désert au milieu de nos plus bruyantes cités.

PÊCHE A TERRE-NEUVE ET SUR LE GRAND BANC.

Tandis que le port de Saint-Pierre, sorti de la léthargie de l'hiver, s'anime, vit et s'agite, les mers avoisinantes sont couvertes de navires de toutes les nations, parmi lesquels les français forment une minorité considérable. Des navires de Granville, Saint-Malo et Saint-Servan, Nantes, Bordeaux, La Rochelle, Marseille, mouillent en foule dans les rades de la côte orientale de Terre-Neuve où se trouvent la plupart de nos pêcheries. — Sur la partie occidentale, les travaux commencent en avril et finissent avec août. — Une station militaire, dont le point central est la baie du Croc, veille activement aux intérêts de nos marins et défend l'abord de leurs havres à tous les pêcheurs étrangers.

Les équipages terre-neuviers sont très-nombreux, et les emplois de leur personnel extrêmement variés. Un navire de 300 tonneaux, par exemple, est monté par quatre-vingt-dix hommes dont soixante et quelques-uns sont constamment en mer ; le reste est occupé à terre à la préparation du poisson.

Parmi les premiers, les uns choisis dans l'élite des matelots, arment les bateaux *seineurs*, qui prennent la morue au moyen de filets ou *seines* ; d'autres dans le bateau *capelanier* sont destinés à recueillir le *capelan*, petit poisson qui sert d'appas ; d'autres enfin s'embarquent dans les bateaux pêchant à la ligne et montés chacun par deux bons marins et un novice.

Les gens détachés à terre se subdivisent également en plusieurs classes ; ainsi : Les *décoleurs* sont chargés exclusivement de couper la tête des morues, qui passent aussitôt entre les mains des *trancheurs*, hommes spéciaux, adroits et ordinairement marins, dont les fonctions consistent à ouvrir et vider le poisson. Le second capitaine, les officiers et quelquefois le chirurgien font partie de ces derniers. Les plus jeunes, sous la dénomination de *graviers*, portent la morue à la sécherie, la traînent, la lavent, l'étendent et la salent sous l'inspection du *maître saleur*.

Comme on l'a déjà vu, le peuple de notre littoral donne les noms de *pêle-tas* ou *terre-neuvás* aux manœuvres pêcheurs qui s'embarquent en supplément d'équipage pour les expéditions à Terre-Neuve. Ces novices de tout âge qui forment un septième ou un sixième du personnel, sont étrangers au métier de marin, mais beaucoup d'entre eux en font nécessairement l'apprentissage, et, atteints par l'inscription maritime, finissent par rendre d'utiles services. Il en est de même des *passagers* ou *compagnons-pêcheurs* dont se compose la population flottante de Saint-Pierre. Les uns et les autres sont partis pour gagner tant bien que mal un salaire modique ; une fois classés, ils acceptent définitivement le cotillon goudronné, les droits à une pension alimentaire sur la caisse des Invalides de la marine et en attendant la vie nomade de l'Océan. Ils s'étaient enrolés comme *décoleurs* l'an passé, ils s'engageront comme *trancheurs* l'année prochaine.

Quant aux *pêcheurs hivernants*, presque tous sont déjà marins quand ils vont s'établir à Saint-Pierre; ils visent à y ramasser un certain pécule en naviguant *à la part* sur les goëlettes et les barques du pays; mais placés vis-à-vis des négociants qui les emploient dans la position de fournis à fournisseurs, ils consomment généralement leur faible gain au fur et à mesure. Impossible de réaliser les moindres économies; force leur est donc de prolonger la bordée du large. La majeure part, faisant contre mauvaise fortune bon cœur, restent au service de notre petite colonie de pêcheurs; et les autres rentrent en France où les attend la levée pour la marine de l'Etat.

Si importante que soit la pêche de la morue dans les havres et sur les côtes de Terre-Neuve, du Canada, du Labrador et des îles grandes ou petites des mêmes parages, elle ne peut se comparer à celle du grand banc. Située à une trentaine de lieues au Sud-Est de Terre-Neuve, cette immense montagne sous-marine, longue d'environ deux cents lieues, large de soixante, est le théâtre des travaux les plus actifs d'un nombre prodigieux de navires de toutes les nations.

La morue y foisonne. Naguère encore, naturalistes et pêcheurs s'accordaient à dire qu'elle y pullule en telle abondance que, depuis quatre ou cinq siècles de guerres acharnées, on n'en avait pas constaté la moindre diminution. Cette opinion émise et répétée partout, a encore de sérieux défenseurs. On se fonde pour la soutenir sur la prodigieuse fécondité d'un poisson qui, répétons-le, produit plus de neuf millions d'œufs en une seule ponte. Et, en effet, il est clair d'après celà qu'en une seule année, la moindre famille de morues serait capable de repeupler l'Océan. Mais, entre le 40° et le 76° degré de latitude nord, où habite la morue, est-il un seul point où elle ne soit poursuivie, dévorée, pêchée sans merci? Sa rogue, ainsi qu'on l'a dit au sujet de la sardine, est l'objet d'un grand commerce, et qu'est-ce que la rogue? — Un amas de millions d'œufs, des milliards de milliards d'individus que nous détruisons en germe. Du reste, les rapports des pêcheurs contemporains sont unanimes, et les hommes qui ont mission d'étudier la question pratique s'alarment d'un décroissement devenu très-sensible. Aussi faudra-t-il sans doute en venir à créer des lieux d'asile pour la morue, et en suite de conventions internationales, interdire sa pêche dans quelques cantonnements de l'un et de l'autre hémisphère sévèrement gardés par les croiseurs de toutes les nations intéressées; c'est-à-dire qu'on prévoit le moment où nous devrons protéger la maîtresse pondeuse dont l'innombrable postérité serait susceptible, en l'espace de trois ans, de combler et putréfier toutes les mers.

L'équilibre naturel a donc été rompu par le développement d'une industrie dont la haute importance est prouvée par le fait même.

Sur le grand banc, la pêche de la morue se fait à la ligne de main comme dans les havres et le long des côtes, mais surtout à la ligne de fond.

Ce dernier engin consiste en cordes très-solides sur lesquelles on fixe à un mètre et demi de distance des lignes de 70 à 75 centimètres, munies chacune d'un hameçon amorcé. L'ensemble est disposé de sorte que les hameçons étagés ne sauraient s'accrocher entre eux. On mouille le tout au moyen d'un grappin dont une bouée surmontée d'un petit pavillon marque la place et l'on attend ensuite six ou huit heures avant d'envoyer retirer *les cordes*. Un navire peut ainsi avoir à l'eau près de trois mille hameçons et prendre en un seul jour jusqu'à huit mille morues. A la vérité, le poisson pêché de la sorte n'étant pas immédiatement relevé, est plus ou moins délavé durant plusieurs heures et ne vaut pas celui qu'on pêche à la seine ou à la ligne de main, mais ce qu'on perd en qualité est largement regagné en quantité ; on a l'avantage de pêcher en même temps à toutes les profondeurs, et en outre de pouvoir employer des appâts grossiers dont ne se soucierait pas l'imprudente morue qui nage près de la surface.

Faut-il croire qu'instruites par l'expérience les morues sages essaient de se soustraire aux piéges en se réfugiant au fond des eaux, où, rendues plus voraces par une moindre abondance de pâture, elles se contenteraient de n'importe quelle proie? Faut-il supposer que leur gloutonnerie augmente en raison de la profondeur où elles nagent? Toujours est-il que le capelan, et à son défaut le hareng frais, le maquereau, l'encornet doivent amorcer les lignes de main, tandis que l'on peut garnir les lignes de fond avec du poisson salé, des morceaux de chien de mer ou même des intestins de morue.

L'usage des lignes de fond ne remonte guère à plus d'un siècle; et le nombre des navires pêcheurs ne cessant d'augmenter, telle est assurément la double cause de la diminution des morues que leur prodigieuse génération ne garantit plus. « Peut-être, dit Michelet, la morue s'exile vers des solitudes inconnues. » Cette supposition favorable ne paraît que fort peu fondée. S'il était pour la morue des asiles inviolables, elle en déborderait tellement vite qu'aucune diminution ne pourrait alarmer nos pêcheurs.

A une soixantaine de lieues au Sud-Ouest de l'Islande, dans des parages peu fréquentés, les morues et foule d'autres espèces s'étaient réfugiées au-dessus d'un banc où bientôt les eaux devinrent excessivement poissonneuses. Un navire norwégien passa. Le fait fut signalé. Dès l'année suivante le cantonnement naturel était envahi par des centaines de de barques et de navires islandais, écossais, suédois,

danois. Rafle générale fut faite de ces fonds hospi-
taliers. Dans la vaste zône que fréquente la morue,
il en est ainsi partout ; d'où le projet de cantonnements délimités qui, gardés par des navires de
guerre, seraient absolument interdits aux pêcheurs.

Avant les destructives lignes de fond, jusqu'en
1768, quand on ne pratiquait la pêche qu'à la ligne
de main, tandis que le bâtiment allait en dérive, le
fond même était un cantonnement immense. Et cependant la pêche aux lignes de main est si fructueuse
dans les parages de Terre-Neuve, qu'un pêcheur
habile peut prendre en un même jour plus de quatre
cents morues. Chaque homme est muni de deux lignes
qu'il tient l'une d'un bord, l'autre de l'autre bord
du bateau. La plupart du temps, le poisson ne lui
laisse que le temps d'amorcer.

Les navires français qui font la pêche de la morue
ont souvent deux capitaines, l'un *porteur d'expéditions*, prête nom qui passe en second ordre et qui est
en quelque sorte le gérant responsable de l'affaire,
l'autre, chargé de la direction, pêcheur émérite,
praticien consommé, en qui l'armateur place sa haute
confiance, mais qui, n'étant pas breveté capitaine,
n'a pas légalement le droit de commander. — Les
attributions de ces deux capitaines de pêche et de
route ont beau être distinctes, il y a d'inévitables
conflits qui doivent faire préférer, comme pour la
pêche de la baleine, l'unité de commandement.

On reste sur le grand banc jusqu'à la fin de juin , puis on se rend à Saint-Pierre pour y transborder la première pêche sur des bâtiments venus tout exprès pour renouveler en échange la provision de sel , de capelan et d'instruments nécessaires. Parfois aussi la première pêche est vendue à des entrepositaires qui la chargent sur des caboteurs. Après cette opération qui coupe en deux la campagne , on retourne sur le grand banc où l'on fait la seconde pêche à destination de France.

La morue séchée à Terre-Neuve a ses débouchés principaux dans nos ports du midi.

La morue, simplement salée à bord , dite morue *verte* , *en pile* , *en grenier* , *en vrac* est apportée sur nos côtes de l'Océan où nous avons des établissements de sécherie. Elle consiste en poissons ronds et en poissons plats , différant en ceci que les plats après la section de la tête ont été fendus dans toute leur longueur pour l'extraction des entrailles. Il faut très-souvent saler à nouveau la morue verte traitée d'ordinaire sur le banc avec la plus grande précipitation.

Les bâtiments pêcheurs rudement menés par des lames et des coups de vent très-fréquents, mis en péril par les brouillards, exposés à perdre leurs lignes de fond , menacés d'abordages à tous les instants , ne cessent de hâter leurs opérations dont les dangers augmentent à mesure que la saison s'avance. Ainsi s'explique le peu de soin donné à la morue de seconde pêche. Une fois en France, on avisera, on ressalera; et l'on craint d'autant moins d'y être obligé que l'immunité du sel est accordée à cette préparation complémentaire tout comme à l'exportation pour la pêche.

La morue fraîche qui se prend sur nos côtes de France, mais en trop petite quantité pour donner lieu à salaison ou à sêcherie, est désignée sous le nom de cabillaud. Préparée à la hollandaise, elle ne manque pas de mérite, et les docteurs en gastronomie enseignent qu'en coquilles, en croquettes, en vol-au-vent, au gratin, ce cabillaud quand il a la chair blanche, feuilletée, ferme et en même temps crêmeuse, est assez recommandable pour être risqué comme turbot. La cuisine, on le sait du reste, ne néglige point les contre-façons.

La morue qui a été desséchée et fumée sans être salée prend le nom germano-britannique de *stock-fish*. La morue verte, comme on vient de le voir, est salée sans avoir été séchée ; enfin la morue sèche ou *merluche*, la morue commerciale par excellence, celle qui nourrit un tiers des habitants de notre planète, nègres, blancs, peaux jaunes, peaux rouges, Hottentots ou Kamchadales, a été tout à la fois sêchée et salée.

L'huile de foie de morue dont la médecine tire un parti si précieux, notamment contre les maladies de

poitrine, est l'objet du soin qu'ont les trancheurs de
mettre le foie à part. De là une branche de commerce
de plus en plus importante. Supérieure à toutes les
autres huiles de poisson, l'huile de morue ne se soli-
difie pas à la température de la glace fondante, elle
est plus onctueuse, moins altérable à l'action de l'air
et d'autant plus recherchée pour certaines industries
manufacturières.

La rogue, dont notre sardine est si avide, constitue en outre un produit tellement digne de considération que, renouvelant l'arrêt du 29 mars 1788,
le gouvernement a établi une prime de 20 fr. par
quintal métrique de rogues de morue que les navires
pêcheurs rapporteraient en France (loi du 22 juillet
1851, art. 1, et du 28 juillet 1860, art. 1 (1).

Faut-il de ces dispositions excellentes, conclure
avec M. Gérard, auteur d'une étude substantielle sur
la pêche de la morue en Islande, que le gouvernement ne craint point l'amoindrissement de l'espèce ?
Mais ces dispositions ne prouvent que le dessein de
se soustraire au tribut que nous payons à la Nowége :
rien de plus, rien de moins. Quant au fond de la
question, l'auteur fournit un argument contre lui-
même en constatant que la morue n'est et ne peut
être capturée par nos pêcheurs qu'au temps même
où elle s'approche des côtes pour y déposer ses œufs.

(1) Voir p. 136 ci-dessus.

« Ce qui garantit ici la reproduction de l'espèce, ajoute M. Gérard, ce n'est pas une vaine règlementation établie par la science imparfaite des hommes, c'est la vigilance divine et la fécondité de la nature qui permettent à la morue de déposer un frai assez abondant pour se multiplier à l'infini. » — Et l'auteur renvoie à un article du *Moniteur* du 7 juin 1863, tendant à prouver combien est faible la part relative que tous les pêcheurs réunis prennent à la destruction des moyens de reproduction des espèces principales de poissons.

Malheureusement, il est trop prouvé que les espèces principales diminuent au point que certaines d'entre elles, comme l'esturgeon par exemple, ont absolument disparu de nos rivages, et qu'au premier jour nous sommes exposés à manquer de plusieurs autres.

Et il n'est pas moins certain que la vigilance divine s'arrête devant les lois mêmes qu'elle s'est tracées, car elle n'accroît pas la fécondité des espèces en raison des progrès de nos engins de destruction.

« Pour bien traiter cette question, dit un auteur très-spécial, il faut ne pas la considérer d'un seul côté, mais bien l'embrasser tout entière. Sans doute les poissons se mangent entre eux, les oiseaux de mer les détruisent, les courants, les tempêtes les dispersent et peuvent être aussi une cause de dépeuplement; mais ce sont là des effets de lois harmoniques, dont la dernière expression tournerait au bénéfice de l'homme, s'il ne s'étudiait pas à les contrarier.

« Dans tous les lieux où les conditions naturelles n'ont pas été changées, l'abondance du poisson est incontestable (1). »

La Providence, en donnant à l'homme l'intelligence, lui a laissé pleine faculté d'user et d'abuser. Et l'homme, faisant de son intelligence même un emploi funeste, abuse trop souvent contre toutes les créatures. Il se fait la guerre, il déracine les forêts, défriche imprudemment, consomme outre mesure, s'expose aux inondations, aux ouragans, à la famine, empoisonne ou dépeuple ses fleuves et ne ménage pas plus la mer que la terre, les poissons que les oiseaux, les arbres que les mines. En vérité, le libre arbitre ayant été la part de l'homme, il serait par trop commode de s'en fier à la vigilance divine pour réparer les désastres dont nous sommes les seuls auteurs. Nous violons les lois de la nature, nous ne tenons aucun compte des exemples qu'elle nous donne, et nous la chargerions de nous rendre ce que nous avons eu l'imprudence de nous ôter! A qui a détruit revient la tâche de rebâtir; à qui fit un désert le soin de repeupler.

En dernière analyse, il s'agit, non de disserter,

_____

(1) ÉTUDES SUR LA PÊCHE EN FRANCE. — *Revue maritime et coloniale*, t. V, p. 796 (août 1864.)

mais de constater un fait. La morue diminue-t-elle ou ne diminue-t-elle pas? Toutes les négations, tous les raisonnements du monde ne peuvent prévaloir contre une preuve matérielle.

PÊCHE AU DOGGERS-BANCK ET EN ISLANDE.

La morue, — le bacaleo ou bacalan des Basques, des Espagnols et des Portugais, la merluche des des Provençaux et des Italiens, le cabéliau ou cabillaud des Bretons et Normands, le stock-fisch des Allemands, cod, shellfish (poisson à écailles) des Anglais et autres gens du Nord, — fut pêchée sur toutes les côtes d'Europe, antérieurement aux grandes pêches de Terre-Neuve que les navigateurs basques, selon nous, ont le mérite d'avoir inaugurées avant 1400.

Dès le neuvième siècle, les Norwégiens, les Danois, et même les Anglais se livraient, dans le Sud de l'Islande, à une pêche déjà considérable de la morue qui n'a pas abandonné ses eaux.

Elle abonde également sur le Doggers-banck (banc des chiens) qui s'étend des côtes de l'Ecosse à celles de Hollande. Aussi, la proximité des lieux fait-elle que nos marins de Dunkerque et de Boulogne s'y rendent de préférence.

La pêche aux Doggers-banck n'exige qu'un voyage

de petit cabotage et rentre par conséquent dans les pêches côtières. Les légions de harengs poussant devant elles, dans la mer du Nord, les carrelets, les raies, les plies, les flétauts, sont poursuivies par les chiens de mer, variété minuscule du requin, et par les morues non moins gloutonnes. Guerre terrible entre deux eaux, carnage, boucherie incessante. Les hommes postés à la surface font bien pis ou bien mieux. Leurs milliers de barques pêchent sans trêve, nuit et jour. Nos Boulonnais et Dunkerquois font aisément en une même saison plusieurs voyages au Doggers-banck, s'y chargent de morue, la rapportent dans leurs ports d'armement, et se hâtent de repartir.

La pêche en Islande qui, de même, donne lieu fort souvent à deux voyages consécutifs, est classée parmi les grandes pêches. Le poisson pris dans ces parages est mis en saumure et rapporté en tonnes. Il est dit *paqué*. A son arrivée, on l'égoutte, on le presse fortement dans un baril entre des couches de sel sec, ce qu'on appelle *repaquer*. L'on procède ainsi principalement à Dunkerque.

La pêche d'Islande se fait toujours à la ligne et sous voiles.

Une ordonnance royale de 1840 ayant défendu à tout capitaine de navire équipé pour cette destination, d'appareiller avant le 1er avril, tous les ans une foule de bâtiments dunkerquois attendent impatiemment le jour qui leur rend la liberté de prendre la mer. Ce jour venu, la plus grande animation règne dans le port. Les guindeaux crient, les gens de mer chantent en pesant sur les barres et les cordages, les ancres sont levées, les voiles se déploient. La flotte de la morue part aux cris de la population rassemblée sur les hauteurs du rivage.

— En route, braves marins ! que Dieu vous garde et vous ramène !

Dès que la fonte des glaces permet l'abord des côtes, la morue s'en rapproche; elle y vient pour frayer, chercher les capelans, les harengs et les multitudes innombrables de petits poissons dont elle fait sa pâture. C'est donc avec le printemps que commence la grande pêche.

Nos pêcheurs d'Islande se plaignent de l'excès de prudence qui retarde leur départ. Ils regardent comme oppressive la mesure motivée par les nombreux sinistres de 1839 et en réclament le retrait.

M. Gérard s'est fait l'interprète de leurs doléances:

« Les navires des autres nations, dit-il, ont conservé la liberté de leurs opérations en Islande, et ils en profitent de telle sorte qu'ils ont quelquefois une partie de leur cargaison assurée quand nos nationaux arrivent sur les lieux de pêche.

» La primeur appartient aux Islandais qui font la pêche en février et mars, dans les baies les mieux abritées, à quelques mètres du rivage, sur des yoles

montées de dix à quinze hommes, et à la corde
tendue sur des barils flottants ; ce qui leur procure
sans peine des quantités considérables d'un poisson
plus gros que celui qui se pêche ensuite. — Les
Danois vont à la fin de mars recueillir les produits
de cette pêche, toujours plus abondante dans cette
saison qu'à toute autre époque de l'année.

» Quand les français arrivent, ils trouvent les
Anglais, les Belges, les Danois et les Norwégiens ins-
tallés déjà et ayant souvent à bord des produits assez
importants. Tous ces pêcheurs étrangers, si l'on en
excepte les Islandais, courent les mêmes risques et
affrontent les mêmes dangers que nous courons et
affrontons nous-mêmes. C'est qu'ils savent bien que
les sinistres se présentent dans tous les parages, à
toutes les époques et ne sont qu'accidentels. L'histoire des naufrages a enregistré bien des drames
dont le golfe de Gascogne, la Manche, ont été le
théâtre.

» Ainsi nulle crainte chez les étrangers, nulle
précaution prise.

» Non-seulement nous voyons des navires anglais
entreprendre avant nous la pêche d'Islande, mais
nous en voyons encore d'autres plus intrépides partir
en février de tous les ports depuis Hull jusqu'à Pe-
terhead, pour arriver de bonne heure sur les lieux
de pêche à l'île Jean Mayen, c'est-à-dire par 75
degrés de latitude Nord, tandis que l'Islande n'est

située que par 65. On répond à cela que l'île Jean
Mayen est beaucoup moins dangereuse, parce qu'on
y trouve des abris que l'on ne rencontre pas aux
côtes islandaises. Cela fût-il vrai, et beaucoup le
contestent, resteraient encore les périls du voyage
entre les ports anglais et cette station. — D'ailleurs
l'Islande, sur certaines parties de ses côtes, offre
de très-sûrs abris.

» Nous ne parlons que pour mémoire des Suédois,
qui font la pêche de la morue aux îles Lofoden, de
janvier à avril.

» La vérité est que les pêcheurs étrangers acceptent les sinistres comme inévitables, et qu'ils mettent toute leur foi, non dans la prévoyance de leurs
gouvernements, mais dans la Providence. »

» On affaiblit l'autorité, conclut M. Henri Gérard,
à vouloir l'étendre au-delà de ses justes limites (1). »

Cette protestation contre une ordonnance impro-
visée est fondée sur un incontestable principe de
liberté commerciale. — Mais il n'en faudrait pas
conclure que notre législation relative à la pêche de
la morue soit vicieuse et oppressive ; loin de là, essentiellement sage, protectrice, encourageante,
minutieusement étudiée, améliorée par une expérience plusieurs fois séculaire, elle concilie avec la

_____

(1) *Note sur les conditions légales d'existence de la Pêche de
la Morue aux côtes de l'Islande.* — Boulogne-sur-Mer, 1863.

plus grande équité les intérêts nombreux et divers qui sont engagés dans une industrie si considérable.

Est-ce à dire qu'elle ait atteint le suprême degré de perfection et qu'il ne reste plus rien à faire? — Non, certes! Telles dispositions ont vieilli, telles autres sont insuffisantes. Les progrès qu'accomplit l'art de la navigation, et ceux de la pêche, doivent amener d'autres progrès. Le temps qui modifie les usages entraîne la nécessité de réviser les meilleures institutions. Ces réformes s'opèrent. Toutes les questions qui se rattachent à nos grandes pêches sont incessamment étudiées avec une impartialité profonde et un zèle éclairé. L'administration supérieure de notre marine ne néglige aucun moyen de faire prospérer une industrie à laquelle les gens de mer, ses administrés, sont intéressés directement, et qui par ses ramifications innombrables influe d'une manière non moins évidente sur le bien-être des populations de toute la France.

LA TORTUE.

Aux grandes pêches pourrait se rattacher la recherche de produits marins tels que l'écaille de tortue. Mais la pêche de la tortue franche et celle du carret, jadis pratiquées par les Dieppois, ne sont plus parmi les Français l'objet d'aucun armement spé-

cial. Nos baleiniers en Océanie, nos croiseurs même,
la font à occasion. Dans le fond du golfe du Mexique
à défaut de vivres frais, quelques quartiers de tortue
franche sont une ressource culinaire qu'on ne dé-
daigne point. Un cuisinier expert peut jusqu'à un
certain point les déguiser en tranches de veau. Le
bon appétit complétera l'illusion.

Aux colonies, comme de raison, la pêche de la
tortue est riveraine au premier chef, car deux des
modes principaux de capture de cet amphibie se
pratiquent à terre ou tout au ras du bord.

Ainsi, le soir, on tend près du rivage des folles
ou filets à mailles lâches pour prendre les tortues qui
viennent faire leur ponte. Elles s'y engagent par
les pattes et le cou, se débattent, s'entortillent, et
finissent par se noyer.

Souvent on se borne à les guetter au passage. Puis
en évitant de les attaquer de face, car leur morsure
est dangereuse, on les renverse, on les *chavire* à
l'aide de leviers. Il faut souvent deux hommes pour
y parvenir tant certaines d'entr'elles sont lourdes et
fortes. La tortue franche, quels que soient ses efforts,
ne saurait se retourner ; mais le carret dont le dos est
plus arrondi et les mouvements d'autant plus vifs est
parfaitement capable de s'échapper, il faut donc le
charger de pierres ou le tuer sur place.

Enfin, l'on fait usage aussi de la varre ou harpon
effilé sans crochet, pour frapper la tortue quand elle

flotte endormie ou qu'elle remonte à la surface pour
respirer. C'est en petit la même pêche que celle de
la baleine, et la similitude est complétée par la force
et la vitesse extraordinaire de la tortue de mer quand
elle nage. La tortue dont la lente démarche terrestre
nous fournit une comparaison proverbiale, file entre
deux eaux avec une rapidité furibonde. On cite
l'exemple d'un malheureux pêcheur de la Martinique
dont une tortue, qu'il venait de harponner, chavira la
pirogue. Tous les instruments de pêche et le couteau
se perdirent, impossible de couper la corde qui re-
liait la varre à la frêle embarcation. L'homme,
excellent nageur, retournait sa barque, la vidait et
y remontait. La tortue, redoublant de vélocité, faisait de nouveau sombrer la pirogue. Ces alternatives
affreuses durèrent trente-six heures au bout desquelles la tortue s'échoua sur une plage où le pêcheur fût trouvé mourant de fatigue, de faim et de
soif.

Dame tortue est très-clairvoyante et très-défiante,
aussi faut-il cacher avec le plus grand soin les piéges
qui lui sont tendus ; elle ne se prendrait jamais, par
exemple, dans des filets qu'on n'aurait pas eu la
précaution de teindre de couleur sombre ; à l'aspect
de l'homme, elle fuit. Mais, dit-on, elle est sourde,
« de sorte que les valets qui passent la nuit sur les
anses, cachés dans les bois, y peuvent causer,
chanter et se réjouir pour chasser le sommeil. » Les

naturalistes ayant reconnu l'organe de l'ouïe dans la tortue, nient sa surdité complète ; il faut pourtant bien admettre qu'elle a tout au moins l'oreille fort dure.

CONCLUSIONS.

La chasse de quelques oiseaux de mer qui , comme l'eider terre-neuvien sont l'objet d'un débouché commercial , celle des ours blancs et des autres animaux à fourrures que dépouillent les marins conduits dans les latitudes glaciales par la recherche de la baleine, du cachalot , des morses ou même de la morue , se relieraient fort aisément aux grandes pêches et permettraient encore d'élargir notre sujet.

Nous croyons qu'il est temps de le restreindre, ici, par un résumé rapide.

Les gens de mer qui se livrent à la pêche se confondent avec les caboteurs dès que, pour exercer leur industrie , ils doivent s'éloigner sensiblement de nos côtes ; — ceux qui font les grandes pêches de la morue et surtout de la baleine sont, par excellence, marins de long-cours. En traçant le portrait du *matelot*, nous les avons peints les uns et les autres (1). Seuls, les pêcheurs riverains ont une physionomie à part. Généralement éprouvés par la misère,

(1) Voir au volume LES MARINS.

il n'ont l'allure insouciante des autres gens de mer que dans un petit nombre de quartiers privilégiés. Mais, soumis comme ils le sont à la loi de l'inscription maritime, appelés conséquemment au service de l'État où ils se formeront aux manœuvres des grands navires, ils y perdent assez souvent cette âpreté de caractère, cette tendance à la mélancolie, cette tristesse parfois sauvage et sombre qui tient surtout à la continuité de leurs souffrances. Il en est beaucoup alors qui, de simples pêcheurs riverains, se font pêcheurs côtiers ou même marins de long-cours. La majeure partie, cependant, retourne à ses filets et à son bateau. Leur crique, leur anse les rappelle; il leur faut pour balise le clocher de leur village. Là sont leurs familles, les vieux parents, les femmes, les sœurs, les enfants qui, comme on sait, doivent à leur travail toutes les ressources de la vie.

Nos pêcheurs forment la grande majorité de notre population maritime. Leur intrépidité, leur patience, leur adresse comme navigateurs les place au-dessus de ceux de toutes les autres nations. Avec des barques inférieures, ils affrontent les plus gros temps dans les plus dangereux parages. Les Anglais, les Hollandais, les Norwégiens, mieux équipés, cessent de tenir la mer, tandis que les Français, avec une louable confiance en leur habileté, continuent la pêche; et cependant les naufrages des Français sont de beaucoup les moins nombreux.

On ne saurait assez insister sur ces faits incontestables, trop peu connus, surtout en France. Un préjugé funeste a cours dans notre propre pays où l'on reste toujours porté, dès qu'il s'agit de marine, à décerner la palme aux peuples rivaux. Les désastres de La Hogue, d'Aboukir et de Trafalgar ont enfanté, dans l'opinion publique, des jugements irréfléchis qu'on a étendus outre mesure à tout ce qui concerne nos gens de mer.

Un ordre absolu du roi, contraignant Tourville à combattre malgré l'infériorité la plus évidente, entraîne la perte de la sublime bataille de La Hogue. Devant Aboukir, une cruelle série de fatalités nous livre à l'ennemi; nous sommes dans la nécessité de rester à l'ancre avec des vaisseaux à moitié dégarnis de leurs équipages, et Nelson, jouant de bonheur, brûle notre flotte, dont les capitaines manquaient, pour la plupart, de la savante expérience de nos officiers de l'ancien régime, proscrits par la révolution. Enfin, à Trafalgar, nos vaisseaux enchaînés par le calme et montés par des équipages mal exercés au tir du canon, succombent sous le même Nelson, dont la témérité en cette journée serait absurde, si le succès ne l'avait fait passer pour admirable. Ces trois immenses désastres devraient-ils nous conduire à oublier d'innombrables victoires? Et du reste, qu'ont-ils de commun avec les qualités de nos gens de mer? Nos matelots, alors comme tou-

jours, déployèrent non seulement un courage héroïque, mais encore toutes leurs excellentes aptitudes
pratiques. Les fautes, — y compris l'insuffisance du
tir, — ne doivent être rejetées que sur des chefs peu
capables qui avaient négligé d'exercer leurs canonniers et qui, malheureusement, n'avaient pas conservé les belles traditions navales du règne précédent.
Eh quoi! parce que trois pages funèbres assom-
brissent nos annales, faut-il en conclure que nos
gens de mer n'ont ni l'initiative, ni l'expérience, ni
l'audacieuse présence d'esprit, ni les talents spéciaux
qui les caractérisent au plus haut degré? Serons-
nous moins justes à leur égard que nos concurrents?

Aucune population maritime ne vaut la nôtre,
répétons-le avec obstination. La vaillance de nos pêcheurs l'emporte sur celle de tous les autres, à
quelque nation qu'appartiennent ces derniers; mais
nos braves gens de mer souffrent et méritent d'être
soulagés. Sans faire table rase d'institutions qui,
comme l'inscription maritime, sont fondamenta-
lement protectrices, il importe d'adoucir ce que la
législation a d'exceptionnellement onéreux; il faut,
autant que possible, dégager nos pêcheurs de leurs
entraves, les éclairer sur leurs intérêts, les amener
à former des corporations locales, des associations
pour l'exploitation des fonds de pêche, des commu-
nautés qui, s'affranchissant des tiers, puissent gouverner sagement les affaires collectives. — C'est vers

ces précieuses améliorations qu'on tend aujourd'hui,
avons-nous dit plus haut. — Puisse l'administration
persévérer dans une voie féconde et faire ainsi, à
notre laborieuse population du littoral, tout le bien
dont ses vertus la rendent digne !

Sur nos cinq cents lieues de côtes les genres de
pêche varient selon les espèces de poissons et leurs
modes d'apprêt; encore y a-t-il des procédés, des
usages qui n'ont d'autre cause que la tradition du
pays. Les pratiques spéciales qui donneraient lieu à
une infinité de détails sont l'objet d'ouvrages techniques auxquels notre *Tableau de la mer* ne prétend
pas suppléer (1).

La petite pêche est très-active dans la Manche et
sur les côtes de Bretagne. Elle l'est moins depuis
l'embouchure de la Loire jusqu'à Bayonne, parce
que, sans doute, elle le fut trop autrefois. De nombreux pêcheurs exploitent notre littoral du midi et
ses poissonneux étangs salés.

Les espèces sédentaires qui donnent lieu à la pêche
permanente sont les raies, les turbots et barbues, les
soles, les plies et les limandes, les rougets, les mu
lets, les bars, les loups, les congres, les merlans,

(1) Voir Duhamel du Monceau, *Traité général des Pêches*,
1762 ; 3 vol. in-folio accompagnés de planches et gravures. —
Baudrillart, *Dictionnaire des Pêches*, 1825.

les dorades, etc. qu'on trouve dans la Manche et dans le golfe de Gascogne aussi bien qu'entre Nice et Portvendres. L'ange, variété de raie, la baudroie, le pilot, la liche, le miraillet, la mélette se pêchent sur les rives de Languedoc et de Provence.

Nous avons dit quels parages affectionnent les principaux des poissons voyageurs. Nous avons peint les principales grandes pêches françaises.

Pour conclure, il suffira de rappeler que tous les genres de pêche semblent nécessiter aujourd'hui de nouvelles dispositions conservatrices. Les cantonne ments méthodiques seraient le plus efficace des remèdes au dépeuplement de nos mers. Coquillages, crustacés et poissons, tout est menacé. On avise à la protection de ces espèces mille fois précieuses. Nous ne saurions qu'applaudir à des mesures si sages.

En prohibant l'emploi de certains engins trop destructeurs des fonds où fraie le poisson sédentaire et où s'élabore la pâture des espèces nomades, — en interdisant certains parages, rigoureusement délimités, à la pêche riveraine, à la pêche côtière, et même, en suite de conventions internationales, à la grande pêche, on prendra la défense d'intérêts généraux qui priment tous les intérêts particuliers.

Ajoutons que, par compensation, on pourrait appliquer avec fruit à la pêche les découvertes de l'art tout moderne des conserves alimentaires. On offrirait ainsi à nos pêcheurs la ressource de pratiquer leur

industrie en des parages lointains, prodigieusement
poissonneux, qu'ils ne sauraient exploiter faute d'être
instruits des récents progrès de la science. La conservation pneumatique du poisson frais par les plus
économiques procédés mérite d'être rangée au
nombre de ces inventions bienfaisantes qui réparent
les désastres. Elle servirait puissamment la marine, le
commerce et l'alimentation publique, tout en fournis-
sant à l'activité de nos gens de mer le moyen de ne
pas souffrir des mesures restrictives que commande
la prudence. Mais il s'agit de passer de la théorie à
la pratique, ou plutôt d'appliquer sur une grande
échelle des expériences jusqu'ici purement démons-
tratives. En d'autres termes, il s'agit d'encourager
et de soutenir, de provoquer, de créer en quelque
sorte, un genre de grande pêche dont les bienfaits
rivaliseront, un jour, avec ceux des pêches du hareng et de la morue.

V.

HONNEURS MARINS.

SALUTS. — PAVILLON.

Parmi les usages maritimes les plus intéressants et
et les plus curieux, on doit ranger en première ligne
les honneurs de tous genres rendus à bord, les uns,
tels que les pavois et les salves, plus connus de nom
que de fait, les autres inconnus au point de paraître
étranges. Leur nomenclature complète serait capable
d'épouvanter le plus scrupuleux observateur de la
civilité puérile et honnête. Voiles, pavillons, canons,
fusils, tambours, sifflets, fanaux, avirons, sont tour
à tour transformés par les marins en instruments
honorifiques.

On rend à bord des honneurs religieux, patriotiques, internationaux, des honneurs impériaux,
royaux et diplomatiques, des honneurs militaires,
des honneurs marins proprement dits. — En signe
de fête ou en signe de deuil, le jour et même la nuit,

certains honneurs particuliers sont de rigueur. Prescrits par les ordonnances ou imposés par d'impérieuses traditions, ces honneurs divers deviennent des devoirs auxquels on ne saurait se soustraire.

Le seul salut actuellement usité de peuple à peuple se fait à coups de canon... Mais montons à bord de la frégate française *la Gloire*, qui entre en relâche à Lisbonne.

Avant même que l'ancre soit tombée par le fond, un canot se détache de ses flancs; l'officier qui le commande gouverne sur le fort de Bélem et va traiter avec l'autorité militaire du salut que fera *la Gloire* au nom de la France, afin de s'assurer d'avance que le fort rendra coup pour coup au nom du Portugal.

Cependant à bord on retire des pièces les projectiles dont elles sont toujours chargées à la mer; tandis que l'équipage s'occupe de la manœuvre des voiles et des ancres, le maître canonnier et ses aides s'apprêtent à faire un salut dans les règles; les sabords sont ouverts, les canons sont amorcés, l'ancre mord le fond, les voiles sont entièrement serrées, le canot revient sur les entrefaites. Les timonniers ont eu soin de préparer un pavillon portugais qu'on hisse tout roulé en tête de mât; on ne le déploiera qu'en ouvrant le feu.

Le salut à bord est loin d'être aussi lent que celui des batteries de terre; mais pour qu'il soit bien exécuté, les coups de canon doivent se suivre à intervalles parfaitement égaux ; aussi l'officier qui le dirige se sert-il quelquefois d'une montre à secondes ; à son commandement, les canonniers tirent sur le cordon du percuteur qui enflamme la capsule.

— *Tribord ! feu !* s'écrie-t-il.

Une première détonation se fait entendre, un nuage de fumée roule sous le vent de la frégate, l'enseigne de la nation saluée se développe en même temps.

Après dix ou douze secondes de silence profond, le portevoix reprend : *Bâbord ! feu !*

Un deuxième coup part à l'instant. Puis alternativement, chacun des deux côtés de la frégate vomira la flamme et la fumée blanche qui tournoie sur les eaux. Mais le vingt et unième coup retentit, la pavillon portugais s'abaisse ; bientôt après, les embrasures de la batterie de terre s'illumineront à leur tour. A bord on compte attentivement, car un coup de moins serait l'objet d'une réclamation opiniâtre, et l'on regarderait comme une insulte cette violation du petit traité de politesse, conclu, un quart d'heure auparavant, entre l'officier de corvée et le commandant du fort.

Parfois on a mal compté de part ou d'autre, ou bien deux coups de canon sont partis en même temps par l'effet d'un accident ou d'une maladresse. Un va et vient de canots s'établit, de sérieuses négociations sont entamées. La frégate réclame le coup de canon qui lui est dû. Le fort répond qu'il a rendu coup pour coup. C'est un *casus belli*. L'officier de corvée déclare qu'il en réfèrera à son gouvernement. Le commandant de la place jure qu'il n'a pas eu l'intention d'offenser la nation française, mais qu'il aimerait mieux se faire sauter que de tirer un vingt et unième coup de canon, attendu que la frégate n'en a tiré que vingt. Des paroles très-vives sont échangées à ce sujet. L'officier français se retire en menaçant; le commandant portugais retrousse sa moustache grise de l'air le plus matamore.

Espérons pourtant que l'ambassadeur français et le ministre de la marine de Portugal ne seront pas forcés de s'en mêler, et arrêtons nos regards sur la grande enseigne qui flotte majestueusement à l'arrière de *la Gloire*. A bord, elle est l'objet d'un culte constant. Nul ne doit paraître sur le gaillard d'arrière sans porter la main au chapeau pour la saluer. Mais d'autres honneurs lui sont rendus deux fois chaque jour, et donnent lieu à une imposante cérémonie.

D'après les vieilles ordonnances de notre marine, le pavillon était hissé au lever du soleil, et n'était amené qu'à son coucher. Aussi longtemps que l'astre du jour était au-dessus de l'horizon, la bannière de France flottait sur les mers. Il y avait certainement une idée de grandeur dans cet usage maintenu durant plusieurs siècles; mais les Anglais ne procé-

daient pas de même, ils avaient adopté huit heures
du matin pour l'instant du lever officiel, du grand
lever maritime. Et nous avons suivi leur méthode!
Est-ce par caprice, par esprit d'imitation ou par
courtoisie ? Les trois hypothèses sont également
admissibles. Quoi qu'il en soit, aujourd'hui, pour
la France comme pour tous les autres nations maritimes, l'heure invariablement fixée est huit heures
du matin.

Quelques minutes auparavant, le bâtiment qui
commande les forces françaises réunies sur la rade
fait signal de se préparer à arborer le pavillon, et
habituellement cette cérémonie coïncide avec l'opération de larguer les voiles qu'on laisse ensuite exposées à l'air durant une partie de la journée. L'officier de service se tient sur le banc de quart. Il
commande à chacun de se porter à son poste. Les
marins de garde s'assemblent en armes au pied du
mât d'artimon. La grande enseigne est frappée sur
sa drisse, les timonniers sont prêts à la hisser.

Puis, au signal du commandant en chef, à bord de
tous les navires de guerre mouillés en rade, retentit
le commandement : « En haut le monde ! » Les marins
courent dans le gréement, se précipitent sur les
vergues, démarrent les rabans des voiles..... et attendent.

On s'est également préparé aux autres manœuvres
signalées, comme par exemple à croiser les vergues
de perroquet.

Un religieux silence règne en rade ; les factionnaires, dont les armes sont chargées, mettent en
joue. L'équipage est déjà rangé sur les vergues et
sur les manœuvres.

Enfin tous les navires ont répondu qu'ils sont
parés ; la Gloire, qui fait fonction de vaisseau amiral,
amène les flammes et guidons de signaux : c'est le
moment d'exécution ; quatre coups doubles tintent à
toutes les cloches de la division navale.

— Envoyez ! commande l'officier de quart.

Ce seul mot résume tout : les voiles sont déferlées,
les perroquets sont mis en croix, les couleurs nationales montent et se déploient majestueusement, la
garde présente les armes, les factionnaires font feu,
le tambour bat au drapeau.

Tous les hommes qui se trouvent sur le pont, du
commandant au dernier mousse, se tournent vers
l'arrière et se découvrent jusqu'à ce que la bannière
flotte au bout de la corne d'artimon.

— En bas le monde ! crie l'officier, dont la voix
perce au milieu du bruit général ; les sifflets roucou-
lent, la mâture se dépeuple en un clin d'œil, la
musique du vaisseau amiral joue une fanfare, puis
la garde rompt les rangs et replace ses armes au
râtelier.

Au coucher du soleil, c'est avec la même pompe
qu'on amène le pavillon ; seulement, au lieu d'être
sur les vergues, comme le matin, les matelots sont

répartis sur les garants des canots, qu'ils hissent en porte-manteaux pour la nuit, au pas de charge, et le plus souvent au son du fifre.

Les honneurs quotidiennement rendus au pavillon, pour lequel le marin français est prêt à périr, sont un noble symbole digne d'admiration et de respect ; mais en mer, lorsqu'on aperçoit un navire ennemi, et que l'on hisse l'enseigne de combat en l'appuyant d'un coup de canon, lorsque l'équipage entier la salue, au bruit de la générale, la cérémonie qu'on vient de décrire prend un caractère plus religieux encore ; et alors s'il était permis de comparer aux misérables jouets des Césars les glorieux défenseurs de la France navale, on pourrait dire au drapeau qui se développe : *Morituri te salutant!*

SALVES ET PAVOIS. — HONNEURS IMPÉRIAUX.

Les fêtes nationales sont plus fréquentes pour les marins que pour qui que ce soit, car la politesse navale veut qu'ils s'associent aux démonstrations des peuples étrangers.

Ainsi, *la Gloire* est dans le Tage, il est de règle qu'elle prenne part à toutes les fêtes politiques ou religieuses du Portugal ; une division anglaise est mouillée dans le fleuve, une frégate américaine est à l'ancre un peu plus loin, plus loin encore quelques

légers navires de guerre de diverses nations. Eh bien !
aujourd'hui l'on pavoise et l'on salue pour le roi de
Portugal , demain pour la reine d'Angleterre , puis
pour la fête de l'Ascension , puis pour l'une des féries
des Etats-Unis d'Amérique. A peine s'écoule-t-il une
semaine sans que les rives du fleuve soient ébranlées
par d'interminables salves d'artillerie qui commencent à l'heure du lever officiel.

Depuis la veille , le chef de timonnerie a étiqueté
tous les pavillons de nation ou de signaux desquels
il dispose ; on les a classés en vertu des méthodes
les plus sévères. Il importe de ne blesser personne.
Le bout de la grande vergue à, tribord est la place
d'honneur : on la doit, en principe , à la nation dans
les eaux de laquelle on est mouillé ; mais pourtant
si l'on pavoise pour rendre hommage à la reine d'Espagne , à celle d'Angleterre , à l'Union ou à quelque
potentat du Nord , on ne mettra le pavillon portugais
qu'à la seconde place , grand'vergue bâbord. La
troisième doit appartenir au pavillon de l'escadre
étrangère dont le commandant en chef a le grade le
plus élevé. Il est bien rare qu'on ne froisse aucune
susceptibilité , en déployant ainsi les couleurs de
cinq ou six nations à des postes qui ne sont pas tous
également estimés. Il est même des circonstances où
une distraction devient une grave injure. N'allez pas
hisser à l'envers la bannière britannique, vous ris-
queriez de compromettre la cordiale entente. Danger

plus grand encore , parmi vos flammes , vos guidons et vos pavillons de signaux (dessins qui semblent n'avoir d'autre valeur que celle d'un chiffre télégraphique), n'oubliez pas qu'il en est de semblables à certains drapeaux étrangers, car vous iriez reléguer le yacht anglais ou la croix russe, aux barres de perruche, ou au-dessous de la civadière.... place honteuse !

De semblables méprises se sont si fréquemment renouvelées, qu'on a presque entièrement renoncé au grand pavois. Hors des rades de France, on se borne d'ordinaire à arborer en tête de mât le pavillon auquel on veut faire honneur, et des pavillons français flottent au-dessus de tous les autres mâts du navire, souvent même on ne se sert que des pavillons, flammes et guidons de signaux. C'est là le petit pavois que les Anglais ont les premiers mis en usage.

L'on ne pavoise qu'en signe de réjouissance ; alors généralement trois salves d'artillerie sont faites, l'une le matin , lorsque l'on arbore les couleurs, la seconde à midi, la troisième au coucher du soleil. Au vingt et unième et dernier coup de canon de ce dernier salut, tous les pavillons doivent disparaître à la fois ; la rade entière se dégarnit de ses guirlandes éclatantes.

Les pavois et saluts d'artillerie entrent dans le nombre des honneurs rendus à l'Empereur ou au Roi, aux princes, aux amiraux, aux ambassadeurs. De longs règlements déterminent le nombre de coups de canon qui sont dus au visiteur, suivant son rang et son importance.

Si l'Empereur paraît sur l'une de nos rades, tous les bâtiments de guerre sont couverts de pavillons, et font trois salves d'artillerie dès que l'enseigne impériale flottant sur le canot de Sa Majesté est aperçue par l'escadre. Chaque fois que l'embarcation passe auprès d'un bâtiment, l'équipage, rangé debout sur les vergues, la salue de *sept cris* de *vive l'Empereur!* La garde présente les armes, les tambours battent aux champs.

L'Empereur monte-t-il à bord, les officiers généraux et le capitaine du vaisseau l'attendent au pied de l'escalier de commandement. Tous les officiers et aspirants de marine se tiennent sur le passavant du côté de l'échelle et saluent de l'épée. L'équipage, descendu des vergues, est aligné en bataille du côté opposé.

Au moment où l'Empereur met le pied sur le navire, son pavillon particulier, *le pavillon impérial,* chargé de ses armoiries, est arboré à la cime du grand mât, à la poupe et sur le beaupré. Il est salué par l'équipage de sept autres cris de *vive l'Empereur!* et tous les autres bâtiments répondent par un nombre égal d'acclamations.

Les mêmes honneurs sont rendus à l'Empereur

lorsqu'il quitte le vaisseau. Enfin, une dernière décharge de toute l'artillerie de la rade salue le canot
impérial quand il rentre dans le port.

ÉTIQUETTE NAVALE.

Dans la pratique journalière de la vie maritime,
des honneurs qui rappellent les imposantes démonstrations que nous venons de décrire, se présentent
sans cesse. Ce n'est plus l'équipage entier qui se
range sur les passavants, mais un certain nombre
d'hommes ou de mousses proprement habillés, même
dans les jours où quelque grossier travail oblige à
rester en vareuse goudronnée, se tiennent prêts *à
passer sur le bord* pour le moindre enseigne.

Il devient nécessaire d'expliquer cette expression
au moins bizarre. Un timonnier en faction, la longue
vue à la main, veille sur le dehors. D'autres factionnaires, postés tout autour du bâtiment, ont en outre
pour consigne d'avertir le caporal de garde de tout
mouvement extérieur. Un canot apparaît; il semble
se diriger vers la frégate, au même instant il est
signalé : « Qui porte-t-il? »

Un enseigne ou un lieutenant de vaisseau (com-
mençons par les plus humbles) :

« Maître! deux hommes sur le bord, » commande
l'officier de quart.

A ces mots, le maître de manœuvre donne un petit coup de sifflet, et deux hommes, vêtus suivant la saison, en petite tenue blanche ou bleue, se précipitent à l'escalier de commandement. Le maître et l'officier de quart se tiennent auprès d'eux.

Le canot accoste, deuxième coup de sifflet; les hommes qui *passent sur le bord*, — on comprend à présent le sens de cette expression, — tendront d'une main à l'officier qui arrive un cordage garni de drap, dont il se servira en guise de rampe; de l'autre main, ils saluent. Le maître donne un long coup de sifflet d'honneur; le factionnaire placé sur les porte-haubans porte les armes; enfin, l'officier de quart se découvre, fût-ce en présence d'un simple collègue, et celui-ci serait-il un ennemi mortel.

Le coup de sifflet prolongé qui accueille tout personnage un peu marquant à son entrée à bord a parfois donné lieu à d'étranges méprises. Chaque épaulette, grosse ou petite, chaque décoration, chaque broderie consulaire, administrative ou diplomatique, ayant droit à ce bizarre hommage, rendu aux officiers du bord même quand ils sont en bourgeois, le maître de quart siffle en conscience, à percer les oreilles du nouveau venu.

On est trop galant, du reste, pour ne pas faire un semblable salut aux dames. Honneur au beau sexe ! Mais si telle ou telle de nos actrices célèbres s'avisait de monter sur un de nos bâtiments de guerre, que

penserait-elle, grands dieux ! de l'urbanité maritime, en s'entendant siffler à outrance ?

Je vois encore un gros bourgeois de Limoges,
décoré comme capitaine de la garde nationale, qui
crut qu'on lui faisait une méchante farce ; de colère
il devint rouge jusqu'aux oreilles ; on eut grand
peine à l'apaiser. D'autres, de meilleure composition,
se mettaient à rire en disant :

— Quels drôles de corps que ces marins !... Ils
vous accueillent et vous traitent à merveille ; mais
pour se rattraper ils vous sifflent à l'arrivée, ils vous
sifflent au départ. C'est leur manière de se moquer
des simples habitants de la terre ferme.

— Vous vous trompez, Monsieur... ce coup de
sifflet est un honneur qu'on vous a rendu.

— A d'autres !... Drôle d'honneur que votre sifflet ;
votre siffleur mettait la main au chapeau en me regardant d'un air moqueur !..... Mais j'ai le caractère
bien fait, Dieu merci ! et vos truffes étaient excellentes !...

— Encore une fois, Monsieur, un amiral, un
ambassadeur, une tête couronnée ne seraient pas
moins sifflés que vous !... C'est une vieille coutume
maritime.

— Riez, Messieurs, plaisantez à votre aise ! vous
êtes de joyeux compagnons ! J'ai pris la chose en
bonne part !

Décidément nous comblons ici une immense lacune,

en apprenant à la France et au monde ce que c'est qu'un coup de sifflet honorifique.

S'agit-il d'un officier supérieur, quatre hommes passent sur le bord; d'un officier général, six, huit et quelquefois davantage. La garde prend les armes et forme la haie. Suivant le grade du commandant ou de l'amiral, le tambour bat ou ne bat point. Pour un amiral la musique est toujours rassemblée et joue une marche ou une fanfare. Reçoit-on un officier général, un gouverneur ou un ambassadeur étranger, l'air national de leur pays est expressément recommandé au chef de musique, et dès que le tambour a cessé de battre, l'hymne patriotique retentit sur le gaillard d'arrière.

L'officier, les aspirants, le maître de quart, et les hommes ou les mousses qui passent sur le bord ne suffisent pas encore; le capitaine d'un navire, le jour ou la nuit, n'entre ni ne sort de son bord sans être salué à l'échelle par son second. Un amiral qui va se promener à terre ou qui en revient, est sûr de déranger cinquante personnes tout au moins, à commencer par le capitaine du bâtiment qui doit se tenir au pied de l'escalier, et à finir par le triangle de la musique militaire.

Ces lois de l'étiquette maritime sont maintenues avec une extrême rigueur, et la nuit, quand un canot d'officier supérieur revient, afin qu'on soit bien prévenu à bord et qu'on ait le temps de s'y préparer, le patron de l'embarcation prévient de loin par un coup de sifflet.

A ce signal, l'officier de quart envoie réveiller le second, fait allumer des fanaux, presse les endormis; enfin le canot accoste, l'officier supérieur monte à bord, on le siffle, on l'éclaire, on le salue; bon sommeil !

En marine, on rend donc des honneurs de nuit, contrairement au texte même des ordonnances et à tous les usages de l'armée de terre.

Pour un amiral, huit ou dix fanaux ; pour un commandant, quatre au moins ; pour un officier, deux sont *passés sur le bord*. Et toujours, sauf le dernier cas, il faut réveiller l'infortuné second du bâtiment qui se lève chaque matin avant le soleil et ne se couche que fort tard, après n'avoir cessé d'aller, pendant tout le jour, de venir, d'inspecter, de commander, de tourmenter les gens, malheureuse cheville ouvrière qui fonctionne sans cesse et dont nous avons déjà célébré les douleurs (1). Brusquement, secoué dans son cadre à minuit ou à deux heures du matin, et prévenu que l'amiral ou que le commandant revient à bord, combien de fois le second a dû maudire les plaisirs de ses chefs, et surtout les règlements touchant les *honneurs maritimes*. Mais rien n'y fait ; il se lève, il arrive en bâillant,

(1) Voir au volume *Les Marins*, ch. III.

il salue , ne dit mot, et puis il va se recoucher et se
rendormir , s'il plaît à Dieu ! Son grade ou plutôt ses
fonctions lui procurent ces loisirs. Aussi aime-t-il
bien mieux la mer que la rade : à la mer au moins on
ne l'oblige pas à se lever pour aller rendre honneur
à toutes les grosses épaulettes qui ont passé la soirée au spectacle ou autour d'une table de bouillotte
chez l'ambassadeur de France. Mais nous sommes à
Lisbonne ; à toute heure de nuit et de jour les canots
peuvent circuler sur le fleuve , et le second de *la
Gloire* en a bien encore pour deux ou trois mois de
réveils en sursaut.

La réception du commandant à bord par son
second, l'officier , les aspirants et le maître de
quart, six hommes sur le bord , et la garde sous les
armes, et tous les hommes présents sur le pont ,
saluant avec respect, a dû donner à nos lecteurs
une juste idée de l'étiquette navale , infiniment utile
pour prévenir les conflits, et qui coopère ainsi d'une
manière très-efficace au maintien du bon ordre, de
la subordination et de la discipline.

Dans les canots, des lois rigoureuses déterminent
la place de chacun ; l'angle de tribord à l'aviron,
l'angle du côté du vent si l'on est à la voile , appartient au plus ancien des officiers ; l'officier qui le suit
immédiatement dans l'ordre hiérarchique s'asseoit en
face de lui, et ainsi alternativement.

Un canot à la rame rencontre-t-il un canot d'officier supérieur ou général, on lève les avirons horizontalement ou on les mâte perpendiculairement jusqu'à ce que le commandant ou l'amiral ait rendu du chapeau ce salut d'avirons.

Si l'on est à la voile, on file l'écoute, et tous les canotiers saluent du chapeau.

Court-on dans la même direction que l'embarcation supérieure, on doit se laisser dépasser par elle et ne jamais jouter de vitesse, à moins que le canot soit porteur d'ordres importants et pressés.

Est-il nécessaire de rappeler enfin que tous les honneurs militaires proprement dits rentrent dans les honneurs maritimes et sont en vigueur à bord, Ainsi les visites officielles sont de rigueur ; ainsi les factionnaires, répartis dans l'intérieur du navire, qu'ils soient armés de fusils, de sabres ou de demipiques, doivent porter l'arme aux officiers et aux aspirants de première classe, la présenter aux officiers généraux et supérieurs.

CÉRÉMONIES FUNÈBRES.

De Lisbonne, la frégate *la Gloire* partit pour les mers du Sud, où elle passa deux longues années en station, saluant et pavoisant en l'honneur de bien des gens qui ne méritaient guère tant de cérémonies ; mais, les règlements à la main, on leur devait du

bruit et de la fumée. Enfin, elle fut rappelée en
France, doubla le cap Horn sans difficultés, et
arriva sur les sondes au large de Brest sans rencontres fâcheuses.

Tout-à-coup la vigie signale une voile, deux,
trois, quatre, dix voiles, une division....

« Ce sont des Anglais! ils croisent devant Brest!
La guerre est sans doute déclarée. Force de toile!
Branle-bas de combat. »

. . . .

Lorsque la frégate passa sous le fort Mengam, la
division ennemie comptait une frégate de moins; la
meilleure marcheuse des Anglais avait été coulée
en vue des vaisseaux retenus par la faiblesse de la
brise.

La Gloire, habilement pilotée à travers des écueils
qui la défendaient de toute poursuite, entra donc
victorieuse dans le goulet, mais son succès lui avait
coûté cher. Quand elle parut sur la rade, son pavillon était en berne, ou, en d'autres termes, plié par
petits plis dans toute sa longueur, la queue étant
seule déferlée au vent; sa flamme, marque distinc-
tive des navires de guerre, ne flottait plus à la tête du
grand mât, elle était amenée à mi-distance de la
pomme, en signe de deuil. Et les marins rassemblés
sur le rivage dirent alors :

« Elle a coulé l'autre, mais son commandant est
mort. »

Dès que l'on fut à l'ancre, le second de la frégate, qui venait d'en prendre le commandement, fit mettre les vergues en pantenne, c'est-à-dire qu'on les apiqua obliquement dans le sens vertical. Puis, les ordres de l'autorité supérieure de la rade et du port ayant été pris, le corps du commandant fut déposé dans la chaloupe, la moitié de l'équipage en armes s'embarqua dans les canots où les blessés avaient aussi été placés, car on devait les transporter à l'hôpital de la marine.

Au moment où la chaloupe déborda, sept coups de canon furent tirés. Toutes les embarcations avaient leur pavillon en berne, leurs flammes amenées à mi-mât; les tambours, voilés de crêpes noirs, battaient aux champs. L'escadrille de deuil traversa ainsi la rade sur une longue file.

En entrant dans le port, tous les postes du ressort de l'autorité maritime prirent les armes et les tambours battirent aux champs; — car il est écrit dans la consigne générale:

« Toutes les fois que l'on débarquera des militaires ou des marins blessés dans un combat, pour être portés aux lieux où les secours les attendent, il leur sera rendu les mêmes honneurs qu'à l'amiral ou au général de l'armée de terre. »

L'équipage réparti dans les canots porta les armes, les rameurs levèrent rames un instant; on accosta.

Lorsqu'après la cérémonie religieuse le corps fut

inhumé, trois décharges de mousqueterie furent tirées autour de la tombe ; à bord, on redressa les vergues, le pavillon déferlé se déploya en entier, la flamme fut rehissée en tête de mât.

Si le commandant d'un navire meurt à la mer, les vergues chargées de toile ne pouvant être mises en pantenne, on se borne à carguer la grand'voile en signe de deuil; mais du reste on procède comme en rade. Au moment de l'immersion du corps, sept coups de canon et trois salves de mousqueterie saluent le corps du capitaine du vaisseau.

Ces honneurs varient suivant le grade et les fonctions des officiers. L'on doit à l'amiral commandant en chef, un coup de canon d'heure en heure, depuis l'instant du décès jusqu'à celui des obsèques. Pour lui rendre les derniers devoirs, les trois quarts de l'équipage prennent les armes. Trois salves de treize coups de canon par le bâtiment qu'il montait, trois salves de mousqueterie par tous les équipages de l'armée sont tirées lorsque le corps est débarqué ou immergé. L'on doit à un simple enseigne de vaisseau servant en sous-ordres, un seul coup de canon, et pour lui rendre les derniers devoirs, le cinquième de l'équipage prendra les armes, sans que ce nombre puisse excéder soixante hommes. Les mêmes honneurs sont rendus à tout officier, matelot ou passager décoré de la Légion d'honneur (1).

(1) Voir au volume *Les Marins*, p. 230.

Au nombre des honneurs funèbres nous devons ranger les deuils religieux ou patriotiques. La flotte, en ce cas, met du lever au coucher du soleil ses vergues en pautenne, ses flammes à mi-mât, ses pavillons en berne ; et des coups de canon sont tirés d'heure en heure ou à intervalles plus rapprochés encore, conformément à un ordre du jour spécial. Mais ces dernières démonstrations n'ont jamais lieu qu'au mouillage ; au large on se dispense en général de toutes salves tristes ou gaies, on a mieux à faire de sa poudre que de la brûler aux requins.

VI.

LA JOURNÉE A BORD.

LE QUART DU JOUR.

Nous sommes à l'ancre, à bord d'un vaisseau de guerre. Les dernières ombres de la nuit enveloppent encore la rade ; l'équipage dort, à l'exception peut-être d'une escouade de matelots accroupis çà et là sur le pont ; l'officier de quart se promène sur le gaillard d'arrière. Le silence n'est interrompu que par le bruit de ses pas et les ronflements nasillards de quelques pauvres diables endormis à la belle étoile.

Cependant le pilotin de veille a retourné pour la dernière fois son horloge de sable, il se glisse jusqu'à la cloche et frappe huit coups distincts : huit demi-heures se sont écoulées depuis minuit.

— Bien envoyé ! nos quatre *brasses* sont *embra-*

quées [1], disent les gens de quart. — A l'appel, les deux sections! commande l'officier de service. — Les deux sections, à l'appel! répète le maître après un long coup de sifflet.

Ceux qui dormaient étendus sur le pont, se dressent nonchalamment et prennent leurs rangs d'un côté du navire; de l'autre s'alignent ceux qui montent pour faire le *quart du jour*. Au même instant paraît à l'arrière une figure enveloppée d'un manteau, c'est le nouvel officier de service. Un colloque assez laconique s'établit entre lui et son prédécesseur :

— Quoi de nouveau? — Rien, le train-train ordinaire. Il y avait un tas d'ordres en cas de mauvais temps, mais il fait beau et le jour va paraître, ça ne vous regarde plus. Les deux divisions sont à l'appel comme vous voyez. Bon quart!

Celui qui vient de rendre la consigne descend dans sa chambre; l'autre à son tour, parcourt à grands pas la longueur du gaillard d'arrière comme pour chasser le sommeil. Il jette un premier coup d'œil sur le ciel, un second sur la rade, on vient lui rendre compte que tout le monde est présent.

— « Faites rompre les rangs, dit-il, et à coucher qui n'est de quart! »

---

1 *Embraquer* ou *abraquer*, donner quelque tension à un cordage mou, le tirer à soi sans effort; *voir* le Langage des marins aux mots : *brasse* (figurement heure), *embraquer*, etc.

Après ce commandement, les matelots qui ont fait le quart de minuit à quatre heures, vont se jeter dans leurs hamacs ; leurs camarades se dispersent sur le pont et causent à demi-voix ; la rade et le vaisseau dorment encore.

Mais déjà quelques nuages blanchissent à l'est de la baie, déjà quelques coups d'aviron retentissent dans le lointain, à bord on se dispose à reprendre les travaux. Le maître de manœuvre fait monter de la cale les ustensiles nécessaires pour le lavage ; l'ordre est donné de préparer les rations du déjeûner ; les tambours, les clairons, les fifres sont réveillés et sur l'avant on voit briller comme un point rouge la mêche allumée du canonnier. Quatre heures et demie tintent ; aussitôt *la diane* résonne, le bruit ne cessera plus de la journée. L'aubade joyeuse fait jurer dans son hamac plus d'un infortuné matelot qui trouve de triste augure ce prélude du branle-bas.

— « Il va donc falloir recommencer un long jour de fatigues et de sueurs. Layer, briquer, fourbir, monter, descendre, aller, venir, armer les canots, faire l'exercice, comme hier, comme demain. »

Le coup de canon qui salue le crépuscule met brusquement fin à ces doléances et aux fioritures des artistes ; c'est le bruyant signal du retour à la vie active. Désormais, les canots peuvent sillonner librement la rade ; à bord, c'en est fait du sommeil, au moins pour les gens de l'équipage ; les plus vigi-

lants sautent hors de leurs hamacs, les dépendent,
les roulent, les transfilent avec soin ; les paresseux
attendent le coup de baguette irrévocable: ils ne
l'attendront pas longtemps.

Une demi-heure ou trois quarts d'heure au plus
tard après la diane, les tambours battront le branle-
bas. Les hublots et les sabords sont encore fermés ;
dans le faux-pont et dans les batteries, les lampes
qui ont brûlé toute la nuit ne répandent qu'une faible
lueur. Un homme à la voix brève, dont la démarche
tient plutôt du soldat que du marin, passe, un fanal
à la main, auprès des dormeurs :

— Allons! allons! debout les caïmans! qui m'a
donné des roupilleurs comme çà? En bas 36, 42,
48, 54, Nédelec, Mal-Blanchi, Cœur-de-Navet, en
bas! Debout 71, Grand-Sec, leste! 85, 89, Parisien,
Pétraïc, Simonet, debout! Entends-tu le clairon,
tas de fainéants? A vos rangs! en double!

Dans cet homme qui sait tous les numéros, tous
les noms, tous les surnoms, on a reconnu l'inflexible
capitaine d'armes.

Chacune de ses interpellations produit un effet
magique; à son rude discours, suffisamment accen-
tué d'apostrophes peu parlementaires, les plus
entêtés déguerpissent de leur couche, et se jettent
d'un bond sur le plancher comme des grenouilles
se précipitent dans une mare.

Dès que l'on bat le pas accéléré, l'officier de quart

voit débouquer par tous les panneaux des files d'hommes portant sur l'épaule leurs hamacs serrés uniformément. L'on entend encore dans les profondeurs du bâtiment le capitaine d'armes à la poursuite des traînards.

Menacés de voir se renouveler, mais en sens inverse et à leur détriment, le divin miracle de Cana, ils se pressent, se poussent, courent et grimpent les escaliers quatre à quatre pour préserver leur ration de vin d'une trop cruelle métamorphose.

L'impitoyable adjudant souffle la bougie de son fanal, monte le dernier, se dirige vers l'officier, la tête haute, la pointe du pied basse, le jarret tendu ; il fait halte à deux pas, porte la main à hauteur de l'œil :

— Tout le monde est en haut, mon lieutenant, hormis les malades et les gens aux fers.

Autour du pont supérieur d'un bâtiment de guerre, au-dessus de la muraille et semblables au parapet d'un rempart, sont situés les bastingages, sortes de filets ou plus souvent de coffres destinés à recevoir les hamacs pendant le jour.

L'équipage leur fait face ; tout-à-coup, à un signal donné, les gabiers s'élancent sur le vibord. — (On appelle *vibord*, la partie de la muraille qui s'élève au-dessus du pont supérieur). — Ils reçoivent des mains des matelots et arriment symétriquement les matelas empaquetés et numérotés.

Ce mouvement simultané est dirigé par les aspirants de marine répartis dans toute la longueur des gaillards. On les entend d'un ton criard exiger un rigoureux parallélisme dans l'arrangement de ces lits portatifs, dont les leurs aussi font partie. Ils imposent silence aux bavards, gourmandent les maladroits et les lambins, activent l'opération à l'envi. Grâce à eux, quelques minutes suffisent pour classer dans un ordre parfait les huit ou neuf cents hamacs de l'équipage.

L'officier chef de quart suit de l'œil tout ce qui se fait. Rarement il a l'occasion d'élever la voix. Tour à tour, divers agents subalternes s'approchent de lui : c'est le maître canonnier qui demande la permission de faire ouvrir les sabords ; puis un sous-officier qui prévient que les rations sont prêtes ; enfin le coq, qui s'avance humblement, et porte à goûter la panade ou le café qu'il va distribuer tout à l'heure.

Si nous passons en revue les nombreux personnages de cette scène animée, nous apercevrons le plus souvent à l'arrière un homme non moins vigilant que le capitaine d'armes, l'autre âme damnée du navire, le commandant en second. Il est déjà sur la dunette, les bras croisés derrière le dos ; il examine l'ensemble et s'assure de loin que chacun est bien à son poste.

On ne l'a pas vu monter, mais on a deviné sa présence ; un silence plus grand règne dans les rangs ; les matelots dont la conscience est chargée de quel-

que peccadille évitent son regard ; les aspirants, qui
le redoutent, ont redoublé de zèle. L'officier de service échange avec lui un salut, et lui demande ses
ordres pour la matinée.

Cependant les hamacs assujettis les uns contre les
autres forment une ceinture blanche autour du vaisseau, les gabiers sont rentrés dans les rangs ; à un
coup de baguette toutes les têtes se découvrent.

La prière du matin est récitée par l'aumônier du
vaisseau.

Jamais équipage n'a songé à murmurer contre le
Pater, et l'on connaît le mot naïf d'un marin qui,
faisant l'éloge de son ancien capitaine, ajoutait pour
compléter le panégyrique :

— C'était pas un chien, celui-là, à preuve qu'on
disait la prière matin et soir à notre bord.

Enfin, les rangs sont rompus ; on se rassemble
sur le gaillard d'avant ; les camarades s'abordent,
des groupes de causeurs se forment, on rit, on a
mille choses à se raconter ; mais ce moment d'aban-
don n'a que quelques minutes de durée. Un roulement
gaiement accueilli, annonce le déjeuner. Les mousses
s'élancent à la cambuse, où l'on distribue les rations
de pain ou de biscuit, de vin ou d'eau-de-vie ; ils
courent ensuite à la chaudière ; le coq leur sert une
épaisse panade, si le navire se trouve dans les régions froides ou tempérées, — un café limpide et
clair si l'on est entre les tropiques.

Le pont redevient désert ; il n'y reste que l'officier, l'aspirant, le maître de quart et quelques factionnaires ; le capitaine de frégate, second, après
avoir donné ses ordres, est redescendu ; l'équipage,
toujours surveillé par le terrible capitaine d'armes,
s'accroupit par *plats* autour des gamelles fumantes.
L'on parle peu d'abord ; chacun à son tour plonge
sa cuiller dans l'écuelle commune, le mousse du
plat verse alternativement le *boujaron* de *croc*, ou le
quart de vin, à chacun de ses anciens.

Vers la fin du déjeuner, les conversations s'ani-
ment, à demi-voix pourtant, il est expressément
défendu de parler trop haut. On se raconte les can-
cans de la nuit, on discute un point intéressant de
service ou de manœuvre, on murmure contre quelque mesure d'une des autorités du bord. Au plat
des chefs de pièce, il s'agit du coup de canon qu'on
a tiré trop tôt, — à celui des chaloupiers, d'une
corvée présumée pour l'après-midi.

Parmi les gabiers de grand mât, Marengo prend
la parole :

— J'en ai entendu cette nuit, pendant mon quart,
du nouveau et du crâne, voyez-vous ! il n'y a encore
que moi pour savoir ça. Marengo n'a pas de paille
dans l'œil ni à l'oreille non plus. Voici ce que c'est.

Le cercle se resserre, les plus affamés oublient
la gamelle et attendent ; Marengo passe la main
sur ses lèvres, remet sa cuiller dans son chapeau et
continue :

— J'avais donc le grand quart jusqu'à minuit, et j'étais de veille sur la dunette de dix à onze. Je venais justement de prendre la faction, que le commandant monte. C'est comme les chats, cet homme; il ne vient sur le pont quasiment qu'à la nuit. N'a pas fait quatre tours, qu'il s'asseoit là tout près de moi, comme qui dirait toi, Pastourin : — Ouvre l'œil, cadet, que je me dis ; ne va pas roupiller, le vieux requin est proche. Minute après : — Pilotin, qu'il dit, va voir si le capitaine de frégate dort; s'il ne dort pas, dis-y qu'il monte. — Tapé ! Marengo, mon fils; s'il y a du nouveau, je vas tout savoir. Note bien que l'ancien ne me voyait pas.

— Eh bien ! après ?

— Après ! le second ne dormait pas, il arrive, quoi ! — Voyez-vous, capitaine, que dit le commandant, je vas décidément vous conter de quoi il tourne. Nous allons en Tanger pour envoyer une brûlée aux Bédouins de l'empereur de Maroc qu'a pas été sage. — C'est-à-dire, en vous disant, que je dis, qu'il ne dit pas positivement la chose juste de même, mais quasiment; et pour l'installation du tremblement de la mécanique, c'est moi, Marengo, gabier du grand mât, un poulet, un vieux et tout, qui vous file l'histoire en droiture, à mon idée.

— Navigue toujours, Marengo !

— Pas plus tard que lundi on fait des vivres de campagne, nous partons la semaine d'après, et

digua, *dáou!* tu en auras de la musique, les mau-
ricauds! on t'enverra des dragées de baptême dans
le distingué, tas de renégats! suffit. — J'en ai-t-y
croché une drôle de nouvelle, hein? les cadets!
Faut rien dire de ça aux autres, entends-tu? c'est
tant seulement pour les gabiers de grand mât.

Cette conversation comme tant d'autres, est in-
terrompue par le tambour; les gamelles disparaissent, les mousses les lavent et les rapportent à la
cambuse.

C'est généralement alors qu'arrivent de terre les
heureux qui, la veille, ont obtenu la permission d'aller
y passer la nuit. Que de nouvelles ils rapportent!
que n'ont-ils point vu et entendu chez la mère Bringuebale, chez Zibelli, chez Delaury ou au café de
la Victoire? mais le moment de causer n'est pas venu.
Déjà retentit le coup de sifflet :

— Attrape à laver!

Chacun à son poste; du monde aux pompes, aux
seaux, aux balais, aux fauberts, Allons! lestes!

— Ici, à moi les chefs de pièce et chargeurs, crie
le maître canonnier dans la batterie.

— Embarque, petits canotiers! commande l'officier de quart.

Quelques sons aigus du sifflet qui répète cet ordre,
dominent le tumulte occasionné par les préparatifs
du lavage. Les petits canotiers descendent dans leur
embarcation, l'accostent à bâbord et prennent leurs

postes de nage; les cuisiniers, les domestiques, un cambusier et un·caporal s'asseyent dans la *chambre;* la place d'honneur seulement est restée vide. Le patron, debout à l'arrière, la barre du gouvernail en main, attend sans doute de nouveaux ordres. Un aspirant, armé de son sabre, un manteau ciré sous le bras, est monté·sur le pont, il se dirige vers l'officier :

— Me voici, monsieur. — La corvée ordinaire des provisions, *la poste aux choux.* Pousser de terre à huit heures moins vingt ; allez!

Il fait à peine jour, et cependant la plus grande activité règne déjà sur la rade, que mille canots sillonnent en tous sens, et à bord des navires de guerre, où le service matinal du nettoyage occupe les officiers de quart, les maîtres, les matelots, et surtout les officiers en second.

Le capitaine de frégate se montre tour à tour sur le pont, dans les batteries haute et basse, dans l'entrepont, et même dans la cale. Les neuf cents hommes du bord sont en mouvement. Déjà les pompes qui communiquent avec la mer vomissent d'énormes jets d'eau ; elles alimentent sans cesse de vastes bailles ou baquets, dans lesquels les matelots puisent largement pour arroser les ponts. Du sable a été jeté à profusion sur les planchers ; avec des cailloux aplatis on l'écrase à mesure. Enfin, des escouades de marins s'alignent, le corps plié sur de courts balais

de genêt, d'osier ou de bastin ; ils s'avancent à petits
pas, font mouvoir ensemble et symétriquement leurs
verges qui frottent toute la surface et font disparaître
les moindres taches.

Ce n'est point assez pourtant ; deux ou trois fois
par semaine, les jours de bricage, on emploie un
moyen encore plus énergique, on met en usage la
pierre infernale, c'est-à-dire un gros moëllon paral-
lélipipède, fixé par deux de ses faces à des cordes
auxquelles vingt hommes s'attellent de chaque côté.
Les deux pelotons tirent successivement à eux et se
renvoient le bloc de granit, broient la couche de
gravier semée sur leur passage et parcourent ainsi
trois ou quatre fois la longueur du navire, en faisant
un bruit vraiment *infernal*. La manœuvre de cette
meule exige une adresse d'autant plus grande que,
durant tout le temps du lavage, l'équipage est pieds
nus, barbotant dans une boue épaisse qui produira
bientôt un degré de propreté inconnu à terre.

Le capitaine de frégate inspecte, surveille, a
foule d'ordres à donner ; il parcourt toutes les
parties du bâtiment dans une tenue qui lui permet
de braver impunément les malices des arroseurs.

— Pardon, excuse ! mon capitaine, je ne vous
voyais pas, dira un gabier dont l'œil en dessous l'a
guetté au passage et qui vient de lui envoyer une
flaque d'eau dans les jambes.

Les officiers de quart, le maître d'équipage et les

aspirants dirigent le service de propreté sur le pont;
d'autres aspirants, le maître et les seconds maîtres-
canonniers remplissent les mêmes fonctions dans les
batteries.

Enfin, le sifflet ordonne de cesser : — bas le lavage
partout !

On expulse les ordures à grande eau; les matelots profitent de ce dernier moment pour se laver
le corps et la figure, — c'est l'instant d'admirer
de magnifiques charpentes anatomiques. Les pompes
s'arrêtent, on essuie, on *essarde* à l'aide des fauberts, on assèche au moyen de rateaux en cuir.

Cependant la toilette du vaisseau est loin d'être
achevée.

Les tambours viennent de battre le fourbissage,
les matelots se subdivisant d'après de nouvelles
catégories, se rendent, — qui à sa caronade, à son
canon ou à son espingole, — qui à son pied de mât ou
à son ratelier. Le bois est fardé, paré, pomponné;
au tour du fer et du cuivre, maintenant.

Le grand tripotage matinal ne déplait pas à l'é-
quipage, pourvu qu'il ne fasse pas excessivement
froid. Ce travail n'a rien de militaire, c'est une sorte
de jeu, on jase tout en appropriant le navire, les
permissionnaires ont donné une édition complète
des plaisirs de la soirée; on sait quels tours ils ont
joués aux terriens, bourgeois et soldats; on les écoute
en se promettant bien de les imiter à l'occasion.

Enfin, l'on va hisser le pavillon avec tous les honneurs règlementaires. Huit heures sonnent. La rade s'est pavoisée des couleurs nationales. Le lieutenant de service a fini son quart. Son successeur l'attend à deux pas.

A huit heures, on n'échange qu'un salut ou une poignée de main, il n'y a pas d'ordres à transmettre ; le capitaine de frégate les communiquera dans un instant au nouveau chef de quart. Ainsi se termine au mouillage et de beau temps, le *quart du jour*, qui doit son nom à la naissance du jour pendant sa durée.

S'il avait fait de la pluie, la plupart des travaux auraient été entravés ; cependant, on se serait efforcé de nettoyer le bâtiment tant bien que mal. Si la tempête eut grondé sur la rade, s'il avait venté coup de vent, l'on aurait sacrifié le service journalier aux mesures exigées par la sûreté commune. Mais les rayons du soleil argentent les eaux clapoteuses ; une douce brise agite les flammes et les pavillons des bâtiments de guerre ; des communications incessantes ont lieu entre la ville et la rade. Des bateaux chargés de femmes et d'enfants, des embarcations de service, de lourdes barques coulant bas sous une massive cargaison, passent à tous moments. Des bâtiments arrivent du large par le goulet, ou lèvent l'ancre pour des destinations souvent inconnues. D'autres navires, soit de guerre, soit de commerce, entrent dans le port ou en sortent. Quelques vapeurs chauffent; leurs doubles panaches blancs et noirs tourbillonnent en mugissant. Ceux-ci parcourent la baie; ceux-là font route pour l'Algérie, le midi de la France! De grosses barques chargées de soldats se rendent à bord des transports en appareillage. Le sémaphore et le télégraphe font des signaux. Les quarantainaires et leurs embarcations à guidons sinistres, traversent la foule des canots de tous rangs qui s'écartent à leur approche. Laissons passer la peste, à tout seigneur tout honneur!

Çà et là naviguent des caboteurs, des gabares, des citernes, des barques de servitude; plus loin les tartanes, et les yoles, et les petits youyoux dont le nom dérisoire doit exprimer les dimensions lilipu-tiennes d'un genre de canots cher aux flaneurs. Puis des corvées de forçats à livrées jaunes et rouges s'avancent lentement, traînant à leur remorque quelques lourds fardeaux. Mais voyez cette jolie barque de plaisance, fantaisie presque vénitienne, qu'on est tenté de traiter de gondole; elle vole et s'enfuit au chants des rameurs. Tandis qu'elle caracole en jouant, elle croise une forte chaloupe de pêche qui revient du large après une longue nuit de fatigue.

A bord, le service suit son cours accoutumé.

QUART DE HUIT HEURES A MIDI.

Pénalité maritime.

Si l'on ouvre les ordonnances de la marine, on y
remarque à chaque page des dispositions prises dans
le but de régulariser l'emploi de tous les instants à
bord des bâtiments de l'État. De nombreux tableaux
de service appendus dans les batteries, dans la
grand'chambre, dans la cabine de l'officier en
second, dans celle du capitaine d'armes, attestent
que l'on se propose de suivre les prescriptions
règlementaires; et l'on doit croire que l'existence
maritime, ainsi déterminée à l'avance, jour par
jour, heure par heure, a la régularité de la vie
scholastique ou monacale. Mais, il arrive sans cesse
que l'état de la mer, la position ou les besoins du
navire s'opposent à l'exécution littérale des règle
ments, et l'autorité se voit contrainte d'intervenir
pour concilier les devoirs des inférieurs avec l'ordre
du jour. Toutefois, on ne se dispense guère de l'inspection, regardée autrefois comme une parade militaire de peu d'importance, mais aujourd'hui l'objet
d'une sollicitude particulière. On ne se contente plus

de laisser les aspirants et les sergents passer rapidement les hommes en revue ; tous les officiers sont présents ; le commandant lui-même donne le coup d'œil du maître.

Dès que la toilette du bâtiment est terminée, un roulement se fait entendre dans l'entrepont.

Le sifflet du maître de quart retentit, et attire l'attention générale ; alors d'une voix enrouée, le sous-officier proclame la tenue du jour. Aussitôt les échelles craquent, les cloisons frémissent, le vaisseau tremble ; les 900 hommes, ou au moins la moitié d'entre eux, descendent précipitamment par les écoutilles et se hâtent d'arriver aux caissons qui renferment leurs sacs.

Dix ou quinze minutes au plus leur sont accordées pour se dépouiller de leur costume de nuit, de leur grossier pantalon de toile grise, de leur épaisse vareuse goudronnée, et pour se r'habiller de pied en cap. L'entrepont est évacué, chaque sac est dans sa case, les batteries sont vides, l'intérieur du vaisseau désert. On fait l'appel des matelots qui, alignés sur les gaillards, jambes et bras nus, attendent en silence la minutieuse inspection de leurs officiers respectifs. Souvent le commandant suivi du second et du chirurgien major qui examinent un à un chacun des marins, donne son coup d'œil au personnel et au matériel. Le vaisseau sera visité dans toutes ses parties.

Enfin, après un court défilé, la breloque est
battue, on rompt les rangs. Un bruit confus de rires
et de voix s'élève de toutes parts; les camarades se
cherchent et s'appellent; mais les anciens, fidèles
aux vieilles traditions, murmurent en allumant leurs
pipes à la mèche :

— Ces inspections de tonnerre, dit un contre-
maître provençal, c'est capable de rendre l'homme
plus sauvage qu'un chameau ! Pas vrai, père Kerjégu?

— Ne m'en parlez pas, maître Guérin, c'est la
plus pire de leurs inventions de bœuf; une idée de
faire de la misère au pauvre monde, quoi !

— Moi, dit Irigoyen, j'aimerais mieux être à la
cape, et qu'il ventât à déralinguer les yeux, pourvu
que l'on ne nous fît plus faire de factions pareilles.

Si les doléances, passablement injustes, des vieux
de la cale sont tristes à l'endroit de l'inspection ordinaire, quelle n'est pas leur amertume le dimanche
où on la passe en grande tenue, parfois en armes,
souvent aux postes de combat.

Une fois au moins chaque mois, lecture publique
est faite du *Code pénal des vaisseaux*.

Le Gouvernement provisoire de 1848, par un
décret précipité, trancha le nœud gordien en abo-
lissant les peines corporelles proprement dites. Il
fit ainsi, dans un moment d'agitation populaire et
d'indiscipline, un vide assez dangereux mais qui

est désormais comblé à l'honneur de notre civilisation. Supposons-nous, néanmoins, à une époque
antérieure au décret, car il importe de dire quelles
peines afflictives étaient, — récemment encore, —
infligées sur les bâtiments de notre flotte.

Le commissaire a jeté aux échos du bord les mots
suivants : — « *Extrait de la loi du* 22 *août* 1790. »
Le silence devient plus profond, l'on n'entend que
les soupirs étouffés de la brise dans les agrès, et le
bruissement de la mer le long du bord.

Il faut que tout le monde sache et que personne
n'oublie, que les peines de simple discipline, sont,
pour les matelots et les officiers mariniers :

« Le retranchement de vin, qui ne pourra avoir
lieu pendant plus de trois jours ;

« Les fers sous le gaillard, au plus pendant trois
jours ;

» La prison, au plus pendant le même temps. »

Et pour les officiers :

« Les arrêts, la prison, la suspension de leurs
fonctions pendant un mois au plus, avec ou sans
privation de solde. »

Il faut que chacun se grave dans la mémoire, les
châtiments que peut infliger un *conseil de justice*
assemblé à bord, c'est-à-dire :

« Les coups de corde au cabestan ;

» La prison ou les fers sur le pont pendant plus de trois jours ;

» Les réductions de grade et de solde ;

» La cale ;

» La bouline. »

Il faut enfin qu'on ait connaissance des cas qui entrainent peines des *galères* ou de *mort*, et sur lesquels est appelé à prononcer un conseil de guerre maritime tenant ses séances à terre, dans les ports de France, et à bord du vaisseau-amiral de la division, si l'on est en mer ou à l'étranger.

A la lecture de ce code, mélange extraordinaire d'arrêtés pleins de grandeur et de dispositions ridicules, l'attention redouble. Ce n'est pas sans admiration que l'on entend l'article 34 condamner à être cassé et déclaré incapable de servir :

« Tout commandant coupable d'avoir refusé ses secours à des bâtiments amis ou *ennemis* dans la détresse, implorant son assistance. »

Ce n'est pas sans une sorte d'orgueil que l'on entend lire l'article 35 ainsi conçu :

« Tout commandant d'un bâtiment de guerre, coupable d'avoir abandonné, dans quelque circonstance critique que ce soit, le commandement de son vaisseau, ou d'avoir fait amener son pavillon, lorsqu'il était encore en état de se défendre, sera condamné à mort.

» Sera condamné à la même peine tout commandant coupable, après la perte de son vaisseau, de ne l'avoir pas abandonné le dernier. » (1).

Mais à côté de celà, on trouve au moins singulière la gradation des peines afflictives entr'elles, et quand on voit la plus illusoire de toutes : *la cale*, être placée à trois degrés au-dessus de la plus sévère peut-être : *les coups de corde, au cabestan*, on ne sait comment qualifier la pensée du législateur.

Le *retranchement* ou privation de vin est la punition légère dont on a déjà maintes fois parlé dans le *Tableau de la mer* (2). La peine des *fers* consistant à avoir le pied passé dans une boucle de fer qui glisse sur une lourde barre fermée par un cadenas a également été décrite (3). On peut mettre aux fers par les deux pieds, par les deux pieds en croix, en fixant *la barre de justice* sur le pont au moyen d'un crampon, et enfin après avoir garroté et baillonné le patient, s'il n'y a pas d'autre moyen de le réduire au silence.

Pour infliger la peine des *coups de corde*, on commençait par attacher l'homme condamné, soit à deux barres de cabestan, soit, de préférence, à une échelle intérieure qui descend des haubans sur le pont. Un quartier-maître, caporal, désigné au ha-

(1) Voir au volume Les Marins, *le Capitaine*, p. 79 et suiv.

(2) *Idem* : Punitions, police, p. 135, la distribution, p. 462 et ci-dessous, p. 375

(3) *Idem* : Peines disciplinaires, p. 220 ; police qu'on garde sur mer, p. 224 et suiv.

sard, frappait soit avec un fort bout de corde, soit avec un fouet à plusieurs branches, sur les épaules nues du coupable. Nous avons vu plusieurs fois, néanmoins, permettre à l'homme de garder sa chemise de toile. Avant le douzième coup les épaules étaient toujours en sang. Et cependant cette peine était considérée par le législateur comme inférieure à plus de trois jours de prison et placée, ainsi qu'on vient de le voir, à deux degrés au-dessus de *la cale* qui eût mieux mérité, selon nous, la simple dénomination de bain de mer.

Le coupable est solidement attaché sur un cordage; on le hisse au bout d'une vergue et on le laisse tomber à l'eau, d'où il est immédiatement retiré. Le nombre des immersions ne peut être de plus de trois ; les meilleures précautions sont prises pour que le patient ne puisse se faire le moindre mal ; c'est une véritable épreuve de franc-maçonnerie ; on a eu soin de le mettre à cheval sur une traverse en bois, et de lui placer les pieds et les mains sur deux autres barres plus petites. Des boulets sont amarrés un peu au-dessous de lui, de manière que sa chute soit nécessairement verticale. Les bons nageurs qui se jettent à l'eau la tête la première courent beaucoup plus de dangers que l'homme condamné à la cale, car celui-ci, dans aucun cas, ne peut tomber de travers ni se blesser. Lorsqu'on le ramène à bord, il est d'usage de lui offrir un petit verre de liqueur forte pour le remettre de sa triple chute. L'on a l'exemple de matelots qui se déclaraient prêts à recommencer l'expérience pour une seconde dose d'eau-de-vie ou de tafia.

Du reste la peine de la cale n'est jamais semblable à elle-même ; redoutable jusqu'à un certain point en hiver à bord d'un grand navire, elle n'est plus qu'un badinage dans les pays chauds, surtout à bord d'un petit bâtiment. Il paraîtrait même que les anciens navigateurs s'en faisaient un jeu, s'il est vrai, comme l'affirment plusieurs chroniqueurs maritimes que *bailler la cale fut jadis un passe-temps pratiqué par forme d'exercice* (1). Toutefois l'appareil de la cale est imposant. L'homme suspendu, entre le ciel et la mer tombe à un coup de sifflet, et est rehissé au pas de course. Ce n'est pas sans une certaine crainte qu'on le voit disparaître comme un plomb de sonde à dix ou quinze mètres sous l'eau ; mais qu'importe l'apparence ! La peine de la cale était doublement mauvaise : d'abord, à cause des différences inhérentes à sa nature, et puis en ce que, le plus souvent elle ne punissait point par elle-même ; — elle ne punissait que par ses conséquences, c'est-à-dire par la réduction de paie qu'elle entraînait.

La *bouline* n'est autre chose que l'ancien supplice des verges longtemps en vigueur dans les armées de

(1) *Olaus Magnus, historiæ septentrionalis*, lib. 6 et lib. 10, cap. 16. — Commentaires des jugements d'Oléron, etc.

terre ; seulement les baguettes de soldats sont remplacées par des bouts de cordes. Trente hommes au plus forment une double haie ; le patient, nu jusqu'à la ceinture, la tête garantie par un panier d'osier, précédé et suivi de plusieurs hommes armés, passe dans les rangs, tandis que le tambour bat une marche lente et cadencée. Chaque matelot frappe à son tour le coupable ; le nombre des *courses de bouline* ne peut être de plus de trois.

Cette correction corporelle, dont la description seule inspire un sentiment de pitié, de dégoût et presque d'horreur, était illusoire avant même qu'elle eût disparu de notre code naval. Tout en obéissant en apparence à la loi on l'éludait par le fait ; personne ne frappait rudement. Les officiers qui surveillaient l'exécution fermaient les yeux, et l'on jouait une comédie qui ne produisait aucun effet moral, car tous les spectateurs étaient dans le secret.

Les peines actuellement substituées aux coups de corde, à la cale et à la bouline sont la prison et la privation de vivres autres que le biscuit et l'eau.

Au-dessus de ces châtiments, les lois en vigueur dans l'armée de terre sont applicables et appliquées dans la marine. Ainsi l'homme condamné à mort est fusillé.

Le code pénal lu publiquement à bord après l'inspection du dimanche dit quels sont les délits qui entraînent telle ou telle peine. Son dernier article

fait l'effroi des passagers civils et militaires, car il
leur apprend que, par le fait seul de leur embarquement, ils sont soumis à toutes les dispositions de la
loi maritime. Le soldat se révolte au nom de punitions inconnues dans l'armée, et le bourgeois tremble d'être accusé de quelque méfait pendant son
séjour à bord. On leur apprend d'ailleurs que le
conseil de justice porte des arrêts sans appel et que
l'application de la peine ne souffre aucun délai.

La lecture publique du décret de l'assemblée nationale, n'a pas médiocrement contribué, nous sommes porté à le croire, à rendre irréprochable pendant le cours de la traversée, la conduite de maints
émigrants d'une moralité plus que douteuse. Les
matelots finissent par se trouver à même de discuter
la légalité ou l'illégalité des punitions infligées. Mais
cette connaissance ne leur est d'aucune utilité, la
discipline militaire est trop forte pour qu'ils osent
lutter contre elle.

Dans la marine marchande, au contraire, les
hommes qui ont à se plaindre de mauvais traitements,
ne se font pas faute, en revenant au port, de s'adresser
aux tribunaux civils pour obtenir des réparations,
et de répondre à un coup de poing de leur capitaine,
par une assignation en police correctionnelle. Aussi
les armateurs et les officiers du commerce se plai-
gnent-ils sans cesse; leurs réclamations ont donné
lieu à de longs projets de loi; malheureusement la

question est difficile à résoudre et par cela même reste toujours à l'état de discussion.

Le code pénal en vigueur dans notre armée navale, laissant par la force des choses, une énorme latitude à l'autorité du bord, les équipages lui attribuent de mystérieux pouvoirs, et doutent qu'on leur en ait lu le texte dans toute sa pureté.

Quand les rangs sont rompus, il arrive souvent qu'un vieux second-chef de timonnerie, dit à voix basse à ses fidèles :

— « Ne croyez pas que ce soit tout, matelots, il y a des instructions secrètes que vous ni moi ne verrons jamais ; il y a des cas où le commandant peut vous fusiller comme des chiens, sans être tenu à autre chose qu'à faire dresser procès-verbal par le commissaire. »

Et les conscrits sentent augmenter leurs craintes, — car ils ignorent que le commandant ne peut user de son terrible privilége que dans les cas de lâcheté devant l'ennemi ou de rebellion, et sous sa responsabilité personnelle (1). Mais si le chef supérieur n'est autorisé à prendre des mesures violentes que dans des circonstances assez graves pour les justifier, il est entièrement libre d'organiser comme il l'entend, ce qui est relatif aux punitions de simple police ; il

(1) Voir note F · — *Droit de vie et de mort.*

en crée de nouvelles, il supprime, atténue ou augmente à son gré celles que fixe le code.

Le retranchement et les fers sont loin d'être les seules que le matelot ait à redouter : celles des *haubans*, du *peloton* et de la *consigne* lui sont également applicables.

La punition dite des *haubans* consiste à faire amarrer un matelot dans ces échelles de corde qui conduisent du pont à la hune et à l'y laisser, de nuit, durant plusieurs heures. L'on attache de même au pied du mât ou du cabestan ; l'on prive le coupable de sommeil ; on condamne à des vigies au sommet des mâts.

Le *peloton de punition* est, sous la surveillance d'un sous-officier, tenu en rangs, dans l'immobilité, dans le silence, parfois au port d'armes.

Enfin la *consigne* est la privation de toute permission de descendre à terre.

Faut-il dire de plus qu'à bord de chaque navire, le second, les officiers et le capitaine d'armes ne punissent qu'en vertu des instructions particulières du commandant.

Peu d'instants après l'inspection maudite des matelots commencent les exercices.

Aujourd'hui, l'amiral signale *grande manœuvre de voiles*. Chacun se rend à son poste. L'officier de quart commande, les matelots serrent, larguent, resserrent les voiles ou y prennent des ris, jusqu'à ce qu'enfin retentissent les commandements :

— En bas le monde! — Pare manœuvres! — Un coup de balai partout!

Alors un instant de repos est accordé à l'équipage.

Suivant les jours de la semaine, le signal de l'amiral indique l'exercice du fusil que dirige le capitaine d'armes, sous la surveillance du lieutenant et de l'enseigne chargés de la mousqueterie; ou l'exercice des embarcations, qui a pour but de former les marins à manier les rames et les voiles des canots; ou enfin tout autre exercice.

Ces occupations, qui n'interrompent aucun des travaux des ouvriers du bord, nous ont conduit jusqu'à onze heures et demie; un coup de sifflet se fait entendre, il se traduit littéralement par ces mots :

La Commission à la cambuse !

Nos lecteurs savent de quelles scènes est témoin l'antre enfumé dans lequel les cambusiers-distributeurs pèsent et mesurent les rations sous les yeux d'une commission d'officiers-mariniers et de matelots présidée par un aspirant de marine (**1**).

Les exercices ont pris fin; les rations sont prêtes, l'aspirant de corvée à la cambuse en envoie prévenir l'officier de quart.

(1) Voir au volume Les Marins : *Les cambusiers,* p. 459 et suiv., — et au petit volume in-18, la Frégate l'Introuvable : *Les Mystères de la cambuse.*

Les matelots, rassemblés sur le gaillard d'avant, attendent le coup de cloche qui sera suivi par le bienheureux signal du dîner. L'officier, las d'avoir passé quatre heures à ne cesser d'arpenter le pont, ne sera pas moins aise de voir monter à bord du vaisseau-amiral le guidon qui indique l'heure de midi à la division navale.

Approchons-nous de quelque groupe ; écoutons Marengo qui fait de la politique, ou maître Guérin qui gourmande son mousse Folichon, ou Kerjégu qui grogne, ou Mauricaud qui se lamente d'être retranché. . . . .

Mais le temps nous manque, il est midi, le roulement se fait entendre, les matelots se précipitent dans les batteries pour y dîner, et le quart est fini ; car le lieutenant, l'enseigne, les aspirants et les maîtres de service, viennent d'être remplacés par leurs collègues respectifs.

QUART DE MIDI A QUATRE HEURES.

A peine est-il midi, à peine le roulement s'est-il fait entendre que le pont se dépeuple comme par magie. Nos braves marins rassemblés tout-à-l'heure sur les passavants et le petit gaillard : quartiers-maîtres, gabiers, canonniers, timonniers, canotiers, pilotins, mousses, tous s'affalent en masse par les panneaux de l'avant.

Quel bruit ! quel tumulte ! quel désordre !

Mais après deux ou trois minutes de fracas épouvantable, quel ordre ! quelle symétrie ! quel silence !

C'est que d'abord il a fallu décrocher les tables et les bancs fixés entre les baux ou poutres de la batterie, les suspendre entre les canons, et convertir le champ du combat en salle de mille couverts; — c'est que les mousses ou les *hommes de plat* ont dû aller à la cambuse pour y prendre la gamelle et le bidon de leurs commensaux, et ensuite à la chaudière pour se faire servir la soupe et le bœuf bouilli, le lard ou les pois qui constituent le menu du dîner, — cuisine peu succulente, brouet spartiate, qu'assaisonnent à défaut des bains de l'Eurotas, la brise du large, l'air salin de la mer, les veilles et les fatigues du quart.

Ces divers mouvements n'ont pu s'effectuer sans une certaine confusion apparente, dans laquelle l'œil du marin reconnaît encore l'ordre toujours nécessaire à bord.

A l'aide d'une gigantesque cuiller dont Gargantua légua le modèle aux fournisseurs de la marine, le le coq effectue la seconde distribution. Enfin, l'équipage dine. — A chaque plat, avant toutes choses, un petit vase de ferblanc qui mesure vingt-trois centilitres, circule à la ronde.

La première opération du repas, pour les matelots, est de boire *le quart de vin* sans perdre un instant;

il faut aviser au plus pressé ; il faut sauver au plus vite ce qu'on a de meilleur et le mettre prudemment en lieu sûr. Si l'on attendait, on pourrait être brusquement appelé sur le pont pour la manœuvre, et n'avoir plus le temps de procéder à l'égale répartition du précieux liquide ; d'ailleurs un fatal coup de roulis ou un maladroit n'aurait qu'à le renverser, la perte serait irréparable. Enfin, c'est une vieille coutume, de temps immémorial on commence par mettre le bidon à sec.

Le matelot attache un prix infini à ses vingt-trois centilitres de *cambusium;* le moins ivrogne vous dira qu'il ne croit pas avoir mangé quand il ne les a point bus, il vous dira que son quart de vin constitue les deux tiers de sa force et de son courage, que sans ce secours réconfortant il n'est bon à rien, que c'est lui arracher sa vie que de lui enlever sa ration réglementaire, et qu'on n'est plus capable de résister au besoin de sommeil quand on est à *jeun;* car c'est *être à jeun*, suivant les matelots, que d'avoir fait sans vin les trois repas de la journée.

Au premier plat des gabiers d'artimon, au plat de Gaspard et de Mauricaud, la douleur est profonde ; quatre d'entr'eux sont retranchés, quatre au même repas, c'est jouer de malheur ; il n'est plus possible de remplacer par une quantité d'eau égale, le vin retiré du bidon.

Ce moyen usité en bonne camaraderie et qui rend

le châtiment illusoire n'est praticable, on le conçoit, que si le nombre des délinquants est très-faible. Pourtant les amis partagent encore leur portion si petite qu'elle soit, en maudissant cordialement le capitaine d'armes et les cambusiers.

Les commandants en second n'ignorent pas les arrangements des marins entr'eux pour éluder la punition, mais ordinairement ils ferment les yeux, laissent pâtir l'innocent pour le coupable et supposent que les camarades seront les premiers à se lasser de leur générosité. Cependant, un moyen cruel a été imaginé pour empêcher les matelots de baptiser la ration commune et pour rendre ainsi toute sa rigueur à la peine du *retranchement*.

Le charnier, sorte de baril qui contient l'eau douce destinée à la consommation habituelle, n'est plus ouvert à tout venant; on ne peut plus y puiser à discrétion avec la corne de bœuf qui servait naguère à cet usage; il est fermé à clef et l'on ne peut boire qu'en aspirant à l'un des tuyaux dont il est garni. Sous prétexte de s'opposer au gaspillage de l'eau douce, on est ainsi parvenu à faire de la privation de vin une affligeante vérité.

— Tant plus nous allons, tant plus le métier se gâte, disait Kerjégu à ce sujet; chaque matin on nous invente des inventions plus pires. Voici maintenant qu'on nous fait têter le charnier comme si nous étions des veaux, des vieux veaux tout de même.....

— Qui criez comme des ânes, interrompt le capitaine d'armes de sa voix sévère. Veux-tu bien ne
pas parler si haut, Kerjégu! ou je te retranche.....

— Ah! le marchand, reprend le gabier à demi-
voix et d'un ton de regret bien senti ; parlez-moi du
marchand. On y *bourlingue* quatre fois plus qu'au
service, c'est vrai! mais on n'a pas à toute minute
sur le dos un capitaine d'armes pour vous juguler,
des consignes, des inspections, des exercices, un
tas de bêtises capables d'abrutir Jean-Bart en personne.

— Tu parles bien, Kerjégu, dit Irigoyen. Mais
on n'est pas au service pour son plaisir, faut que
tout le monde y passe, chacun son tour !

Cependant, le dîner s'avance ; les convives ont mé-
thodiquement mangé la soupe, à la *matelotte,* c'est-à-
dire en saisissant la cuiller par l'extrémité du manche et du bout des doigts d'une manière particulière.
A tour de rôle, chacun trempe la sienne dans l'é-
cuelle et l'en retire en arrondissant le bras avec une
précision mathématique, avec une lenteur calculée,
pour l'introduire perpendiculairement dans la bouche. Enfin, au lieu de recommencer immédiatement,
on fait une pause afin de donner aux camarades le
temps de prendre aussi leurs cuillerées. — C'est
ainsi qu'en bons et braves marins on mange fraternellement à la gamelle, ce qui n'est pas toujours
ragoûtant, il s'en faut ; aussi, quoique Kerjégu pré-

tende que le métier se gâte, applaudirons-nous au
récent progrès qui s'introduit de plus en plus à bord
de nos navires de guerre. Sur les vaisseaux les mieux
organisés, chaque matelot, maintenant, à son
écuelle et son assiette de fer battu; la vaisselle commune est proprement serrée dans des armoires spéciales et les cuillers ne sont plus logées à perpétuité
dans l'étroit chapeau du marin.

Après la soupe, on partage le bœuf, tout en cau-
sant, mais à voix basse, car l'enseigne de quart,
plusieurs aspirants de corvée, le capitaine d'armes
et ses sergents se promènent dans le vaste réfectoire
et ne souffrent point le moindre tumulte. Cela n'empêche pas, toutefois, les rires confus et les bonnes
grosses plaisanteries qui continueront, tout-à-
l'heure, après la breloque, quand les amis iront
fumer leurs pipes sur l'avant en attendant l'heure
d'un nouvel exercice.

Généralement, en effet, l'après-midi est rempli
par quelque longue école de mousqueterie ou de
canonnage; parfois, — le jeudi de préférence, —
on fait le simulacre du branle-bas général de combat. — Parfois on s'occupe de la manœuvre des
voiles, ou encore des évolutions de canots.

A défaut d'exercices, d'autres travaux plus ur-
gents occupent le temps de l'équipage.

Vers trois heures et demie, comme nous l'avons
dit au chapitre des canotiers, le canot des officiers
va chercher à terre les promeneurs de l'état-major.

A peine l'officier de quart a-t-il le temps de faire
donner un de ces coups de balai généraux qui suivent tous les mouvement de l'équipage ; le canot
revient, quatre heures sonnent, le quart change
encore, et le commandant, l'état-major, les aspirants, les maîtres se mettent à table à leur tour.

QUART DE QUATRE A HUIT HEURES DU SOIR.

Ces messieurs dinent donc : Pourquoi de si bonne
heure ? — Par mille raisons dont la première est
qu'on a dû déjeuner à neuf heures du matin et que
l'air de la mer excite généralement l'appétit. La
seconde est qu'en rade on n'est pas fâché d'avoir
tout le temps de se rendre à terre et d'y prolonger
la soirée. Les règlements, d'ailleurs, n'ont pas
exempté de soins et de corvées diverses le nouveau
quart qui commence.

De son côté, vers quatre heures et demie ou cinq
heures, l'équipage s'est mis à table pour souper.

Au plat des gabiers d'artimon, Gaspard, Mauricaud, Pimpant, Rebussat et compagnie ont continué
à se lamenter et à maugréer contre le capitaine
d'armes, car le retranchement sévit encore.

Au plat des gabiers de grand mât, le brave Marengo, Kermorvan, Pastourin et consorts ont devisé
de l'appareillage présumé ; Paillanchet, qui les a

écoutés avidement, ne manquera pas de tout répéter à ses amis La Nantaise, Franc-Mitou, Cartahu, Folichon et Fricoté, mousses et novices comme lui, comme lui bavards, comme lui recueillant des bruits çà et là, et les colportant dans le vaisseau, dont ils sont les *Petites-Affiches*.

Les *Grandes-Affiches*, par parenthèse, sont messieurs les domestiques, embarqués comme tels pour servir le commandant, les officiers et les aspirants. Coupons court à leurs commérages. Déjà les officiers exempts de service s'apprêtent à descendre à terre, déjà leur canot est armé.

L'équipage répond à l'appel aux postes de combat.

Lorsque le soleil se couchera, l'on amènera le pavillon avec la même pompe, la même solennité qu'on a déployée à huit heures du matin.

Les permissionnaires répondent avec empressement à l'appel du capitaine d'armes, descendent joyeux dans la chaloupe ou le grand canot, et plus joyeux encore ils sauteront tout à-l'heure sur ce bienheureux quai où demeurent la mère Bringuebale et madame Alexandre Barbu, et Mlle. Anna, et le barbier des navigateurs, et d'autres non moins célèbres à bord du vaisseau où, sur les entrefaites, l'équipage a pris le costume de nuit.

Le branle-bas et la prière du soir ont terminé la journée : plus de service militaire désormais, sauf les factions des gens de garde ; mais le service maritime continue. Quand tous les hamacs seront distribués, nous entendrons le maître de manœuvre, proclamer après un long coup de sifflet l'ordre des quarts de nuit :

— Tribord-devant a le premier quart, — tribord-derrière le second, — bâbord-devant le troisième, — bâbord-derrière la nuit franche !

Pour les matelots le service de nuit en rade est ainsi divisé en trois parties. Mais sur ce point les usages varient de vaisseau à vaisseau.

Pour les officiers et sur le journal de bord, les quarts tels que nous les indiquons ici, sont invariablement de quatre heures. — Seulement, il n'en est jamais ainsi pour l'équipage dont *le premier quart* ou *grand quart* commence, à partir du branlebas du soir et ne finit qu'à minuit.

Dès que tous les marins ont défilé le hamac sur l'épaule et au son du tambour, dès que les factions ont été distribuées entre les gens de veille, nos gabiers de beaupré se réunissent dans leur coin favori, non loin de la colossale statue située à l'avant de vaisseau ; c'est là qu'il fait bon entendre Flafla, Prigent, Marengo ou Kerjégu, dignes émules de l'ancien Madurec.

« Cric-crac ! sabot ! cuiller à pot ! sous-pieds de guêtre ! pas accéléré, marche !... etc... etc... »

L'équipage prend le frais sur les passavants ; on chante, on rit, on cause ; peu à peu le gaillard d'a-

vant se dépeuple. Mais, parmi les gens de quart, l'é-
loquent Kerjégu a la parole ; on écoute avec délices
ses discours burlesques et passablement fantastiques.
Tout-à-coup les tambours et les trompettes se réunissent sur le gaillard d'avant pour battre la retraite ;
le conteur est interrompu par leurs roulements et
leurs fioritures.

Enfin, à bord du *Colbert* qui commande la rade
de Toulon, le coup de canon retentit. Désormais
aucun canot ne peut circuler en rade sans être muni
du mot d'ordre.

Huit heures sonnent, les officiers de quart sont
remplacés par des collégues, et Kerjégu reprend son
récit pour le plus grand plaisir de Nédelec, Irigoyen,
La Nantaise et foule d'autres du quart de tribord-
devant.

LES QUARTS DE NUIT.

En rade, — sauf dans les cas de très-mauvais
temps et de danger, alors que les ancres chassent,
que les chaînes et câbles se rompent, que les divers
navires risquent de se heurter et de s'avarier les uns
les autres, — le service de nuit se réduit à une veille
nonchalante, ou pour mieux dire *somnolente*, car en
vérité la plupart des gens de quart, étendus çà et
là sur le pont, dorment à leur aise. C'est contraire à
la lettre des règlements, mais toléré en pratique.

L'officier, les aspirants, les maîtres et seconds maîtres, ainsi que les factionnaires répartis dans les diverses parties du vaisseau, sont seuls astreints à une vigilance réelle; et cela suffit, car, au besoin, un coup de sifflet mettrait tout le reste sur pieds.

Les dernières embarcations qui ont fait le service durant la soirée, reviennent et sont hissées aux porte-manteaux, sortes d'arcs-boutants qui mériteraient mieux le nom de *porte-canots*.

Les quarts de nuit, dont le dernier se termine à quatre heures du matin se ressemblent par un égal *farniente* dans les circonstances ordinaires; on conçoit cependant que le premier trouve plus de gens disposés à veiller, à causer, conter, chanter ou danser au rond.

Jusqu'à huit heures et demie ou neuf heures, on permet que les matelots prennent leurs ébats sur le gaillard d'avant. Plus tard, le silence absolu doit être exigé dans l'intérêt des gens couchés qui se lèveront au milieu de la nuit ou au point du jour.

— Ah çà, père Kerjégu, dit tout-à-coup la Nantaise, votre histoire du brig à hélices, *l'Enfer*, nous a mis en goût, rapport à la vapeur...

— La Nantaise a raison, voyons voir un brin, si vous avez suffisamment fumé votre pipe....

— Allons! fait bonnement Kerjégu. Je vois qu'il faut vous éduquer, mes fils, sur l'article de la chose, rapport qu'il y en a qui parlent de l'ancien temps sans en savoir ce qui s'appelle le premier mot.

— Attention ! s'écrie Philibert le parisien de l'escouade, Kerjégu va refaire la science historique....

— Parisien ! ne nous moquons pas du monde avec tes grands mots longs de six cents brasses ! Tu pourras avaler quinze et vingt tonneaux de morue sèche, avant d'être celui qui filera ma langue par le bout ; fais plutôt un nœud d'écoute avec la tienne, ça te servira dans tes vieux jours !...

— Si ça me servira ! je crois bien. Je me présente à l'Académie, et j'obtiens d'emblée le quarante-quatrième fauteuil !...

— Hein !... encore quelque gausse de Paris.

— Calmez-vous, père Kerjégu, les légendes et traditions de l'armée navale jouissent du plus grand crédit à l'Institut philharmonique de la rue Quincampoix...

Pour le coup un murmure menaçant se fait entendre parmi les auditeurs ordinaires du gabier ; mais le prudent Parisien, qui connaît par expérience les suites de ce bruit avant-coureur, s'éclipse pour se mêler à quelque autre groupe de gens de quart.

Kerjégu débarrassé de l'insupportable goailleur va commencer son cours d'histoire ancienne :

— Naviguons droit ! dit-il.

— Voyons voir ! fait Irigoyen.

Fripsec, la Nantaise et compagnie opinent du bonnet. Non sans un petit bout de rocambole où la rime remplace la raison, le narrateur reprend en ces termes :

— Du temps que j'étais mousse, — ce n'est pas d'hier, — la vapeur, la mécanique à charbon, le feu et la fumée n'étaient pas à la mode comme à présent. Ça ne se voyait guère, ça ne se voyait pas, tellement que l'empereur Napoléon, qui dit, dit-il, à un inventeur de malheur : — « Tu me centes une couleur !... Mes matelots ont du bois, de la corde et de la toile ; que le bon Dieu leur donne de la bonne brise, je n'en demande pas plus !... Et si la brise leur manque, ils ont encore du cœur, des bras et des avirons, moyennant quoi ils trouveront bien moyen de moyenner ! Assez causé ! » C'était parler, ça !

— Oui, c'était parler !...

— Et pourtant, continue Kerjégu, si nous avions eu la vapeur du temps du camp de Boulogne, l'Anglais n'était pas blanc... Mais ne parlons pas politique ; le diable est pour l'Anglais, à preuve qu'un ami l'a mis en *verses* comme ceci :

L'Anglais, monsieur Satan, monsieur Satan, l'Anglais,
Matelots, c'est, vois-tu, bonnets blancs, blancs bonnets (1).

— Pour *lorse* donc, la vapeur est une invention du diable ? répète Irigoyen qu'aucune digression ne saurait égarer.

(1) Voir aux Poèmes et Chants marins : *Le quart de nuit.*

— Vous n'y êtes pas, la vapeur est premièrement une invention du bon Dieu!

L'étonnement arrache un cri de stupéfaction à tous les grognards de l'auditoire :

— Avez-vous connu Madurec? demande le conteur.

— Madurec!... un ancien de *la Bellone* et de *l'Alcibiade!*... Madurec de Tréven!... Madurec, le vieux des vieux!... un pays à Caboulot!... Justement!... Ah! oui, que nous l'avons connu.

— Eh bien, si vous l'avez connu, vous savez que sur n'importe quel article il n'avait pas son pareil; voilà donc ce qu'il nous disait, le vieil ancien : « Primo d'abord, la mer c'est l'eau, le soleil c'est le feu, les nuages c'est la vapeur, et le bon Dieu ayant fait que le soleil fabrique les nuages en chauffant la mer qu'il pompe en la faisant suer, c'est donc le bon Dieu qui a inventé la vapeur, primo d'abord! »

— Pour ça, c'est vrai!... Je ne suis pas la mer, mais le grand soleil me fait suer aussi.

— Bon! murmure La Nantaise, vous allez voir que nous allons tous passer machines à vapeur!

Kerjégu poursuit :

— Mais le vent nous vient des nuages...

— Pas toujours, objecte Fripsec.

— Si, toujours! Les grains blancs, les grains gris, les grains noirs sortent des nuages; quand il y a de la brise avec ciel bleu, c'est qu'elle vient de quelque part où tu verrais des nuages; et quand tu

trouves calme plat sous un ciel couvert, tranquillise
toi, la brise ne tardera pas à souffler...

— Bon! si Madurec et toi, Kerjégu, vous êtes de
ce sentiment, je ne vas pas à contre; mais la vapeur
avec tout ça?

— Faut toujours commencer par le commencement, hormis qu'on s'y prenne par le milieu ou par
la fin.

Ici La Nantaise ose dire d'un grand sérieux :

— Voilà qui est vrai, par exemple!...

Kerjégu a failli s'apercevoir que l'audacieux
novice ose se moquer; heureusement Irigoyen inter-
vient :

— N'embardons pas tant, dit-il, laissons filer
Kerjégu à sa mode, autrement nous ferons bien
quatorze lieues en quinze jours!

— Cric, crac! sabot, cuiller à pot! M. Satan le
grand diable d'enfer se dit en lui-même : puisque le
vent vient des nuages qui sont la vapeur par quoi
naviguent les navires à voiles, je m'en vas te chauffer de l'eau avec mon feu d'enfer en place du soleil,
ça me donnera de la vapeur; j'aurai du vent à discrétion par ce moyen pour faire naviguer mes navires
à moi. Et nous verrons! Car dans ce temps-là, c'est
bien connu, l'archange saint Michel, grand amiral
du bon Dieu, appuyait la chasse à tous les navires
du diable, et les genopait à tous coups, vu qu'il
avait pour lui le bon vent, et l'autre vent de bout

ou calme plat. M. Satan pique une tête et descend
au fin fond de son arsenal, où il commence par vous
forger une marmite de fer plus grande que Landerneau. Il loge dedans une couple de rivières, puis
attrape à chauffer. Au bout de quatorze heures, le
couvercle de la marmite se met à danser la cachucha
pire qu'une princesse d'Espagne ; la vapeur faisait
la musique en sifflant comme un régiment de serpents
gobe-tout : — Bon ! bon ! fameux, se dit M. Satan, si
la vapeur fait danser de même un couvercle plus
lourd que le château de Brest, elle fera bien tourner
une manivelle où je vous ajuste des milliasses d'avirons en manière de nageoires... Madame Satan, qui
était en train de tricoter une paire de bas rouges,
lui dit pour lors : — A ta place, j'y mettrais des
roues de moulin ! — Pas si bête pour une diablesse,
répond M. Satan, et voilà l'invention !...

      — Mais après, après ? demandent Irigoyen,
Fripsec et La Nantaise.

      — Si l'invention est d'un temps pareil, pourquoi
que l'empereur Napoléon n'y croyait pas ?...

      — Pourquoi, étant mousse, Kerjégu, n'avais-tu
pas encore idée d'un vapeur ?

      — Pourquoi !... pourquoi !... parce qu'il faut
que je fume une pipe !... M'est avis que vous avez
de quoi causer jusqu'à la fin du grand quart.

      Cependant, Philibert, le parisien, trop sceptique
pour écouter avec recueillement les contes de Ker-

jégu, a rejoint certains amateurs de rondes auxquels il propose d'entonner la chanson : *M'en revenant de Saint-Mandé;* mais celle *des Noces de Jeanne la Rousse,* sur l'air saintongeois : *A la pêche des moules,* devait être préférée.

Grandet, le gabier d'artimon, joyeux enfant de La Rochelle, l'entonne en donnant le branle aux danseurs qui répètent à l'unisson chaque couplet après le coryphée, bondissent, frappent du talon et font trembler le pont du vaisseau.

Grandet a terminé, à un autre !... à un autre !... encore à un autre !...

Le timonnier Télesphore qui accomplit à bord le temps de service exigé pour être admis à passer l'examen de capitaine au long cours, et qui ne peut manquer de devenir un des plus brillants officiers de la marine marchande, s'avance, prend Grandet par la main et entonne une chanson nouvellement composée par un de ses amis du gaillard-d'arrière.

On est éclectique sous la misaine. Les antiques noëls et les romances d'hier, mises en vogue par les cafés-concerts des quais de Toulon ou de Marseille, les grands morceaux d'opéra, les Ponts-Neufs, et les chansons de Béranger, de Pierre Dupont, de Gustave Matthieu, de Nadaud, celles de Flafla, de Mlle Thérésa ou du fameux Grichetitaine, peuvent y être accueillies avec une égale faveur.

Le tout est de savoir s'y prendre; et Télesphore

s'y prend à merveille. Il a de la voix, du chic, de l'entrain. De plus, il chante, lui, futur officier de voiles et de cordes, sur l'air bien connu *La belle ma dondaine*, LE CALME PLAT, une chanson voilière par excellence, contraste gracieux de l'infernale légende de la vapeur.

Sur la mer immobile,
Quand mon navire agile
Dormait emprisonné,
Au calme plat condamné,
Dormait emprisonné
Par les pieds enchaîné.

Il rêvait à la brise
Sa belle, sa promise
Au baiser velouté
Plein d'amoureuse gaité,
Au baiser velouté
D'où naît la liberté.

— Brise du ciel, ma mie,
Pourquoi t'être endormie,
Quand las de sommeiller
Sur mon immense oreiller,
Quand las de sommeiller
Je ne puis m'éveiller?

Viens par une caresse
Répondre à ma tendresse,
Viens, et que l'horizon
Barré pour ma flottaison,
Viens, et que l'horizon
Ne soit plus ma prison.

Que tes joyeux murmures
Soulèvent mes amures !
Fais bondir mon gréement
Muet et sans mouvement,
Fais bondir mon gréement
Par ton baiser charmant,

Doux baiser qui ranime
De la quille à la cime
Mon triste et lourd amas
D'apparaux de tous formats,
Mon triste et lourd amas
De voiles et de mats.

Viens, ma belle espérance,
Chanter ma délivrance.
Dansant à ta chanson,
Moi, plus heureux qu'un pinson,
Dansant à ta chanson
Je fuirai de prison.

Rends le bruit et la vie
A ma coque ravie ;
Et tu me reverras
Dès que tu me souriras,
Et tu me reverras
Voler entre tes bras ! (1)

Après Télesphore, qui vient de transplanter sur
l'avant du grand mat une chanson dont le mat d'artimon est à coup sûr le terroir, Philibert s'apprête
enfin à chanter : *En revenant de Saint-Mandé....*
Mais neuf heures du soir sonnent :

(1) Voir note G : — *Chansons.*

— Bas les chansons ! commande l'officier de quart.

— Bas les chansons ! répète le maître après un long coup de sifflet.

Si la ronde cesse, les contes et les causeries qui s'ensuivent ne risquent pas d'être interrompus dans l'intérêt du repos public. Kerjégu ajoutera peut-être un immense chapitre à ses études sur la navigation à vapeur. Il dira, comment M. Satan, après le naufrage de son immense vaisseau *le Grand-Chasse-Foudre*, la capture de son brig à vapeur *l'Enfer* par l'archevêque de Bordeaux, et la destruction de tous ses négriers par la flotte de l'amiral Saint-Michel, renonça pour son propre compte à la marine, légua la traite à Nathan-la-Flibuste, la piraterie à Quatorze l'homme fort, à Requin et autres, la baraterie à Fanfreluchon, et la cambuse à Quarantaine. Peut-être enfin racontera-t-il comment, après bien des siècles, M. Satan perdit au jeu le secret de la vapeur contre ce soi-disant Américain à qui l'empereur Napoléon parla si fièrement.

Oh ! c'est un sujet homérique, une épopée dantesque, un interminable poème que l'histoire de la vapeur.

Le diable, en collaboration avec sa maudite femelle, imagina de l'appliquer à la marine, — on sait déjà comment ; — et l'on comprend que les conteurs durent s'emparer avec avidité d'un thême si fécond, dès qu'ils virent naviguer, en plaine mer, des bâti-

ments filant contre vent et marée, sans voiles, vomissant des colonnes de fumée noire et faisant un
bruit infernal avec leurs immenses roues.

Il y eut, dans l'origine, des rivalités et des rixes
entre les matelots et les chauffeurs ; l'embarquement
du charbon déplaisait aux premiers, les autres étaient
en outre des anglais ou tout au moins des espèces de
messieurs. — Vite il fallut mettre le diable de la
partie.—Aujourd'hui les anciens griefs sont tombés ;
nos mécaniciens sont tous français, l'on murmure à
peine contre la corvée au charbon, et chacun trouve
excellent le secours de la machine, dont abusent,
en vérité, certains capitaines de vaisseau.

Les contes relatifs à l'origine de la marine à va
peur n'en sont pas moins restés en vogue; les chauffeurs, désormais compères et compagnons des matelots, en rient tout les premiers, aussi bien fau-
drait-il qu'ils eussent l'esprit bâti de travers pour
trouver mauvais, par exemple, ce que les Madurec
ou les Kerjégu débitent pour faire suite au grand
partage des industries navales de M. Satan.

— « Au fin fond de la mer, entre les Pierres-
Noires et le banc de Terre-Neuve, M. Satan a son
grand chantier, — c'est connu : à preuve que, naviguant pour la pêche de la morue, tu verras de nuit
l'eau tout en feu, pire que cinq cent milliasses de
tonneaux d'allumettes chimiques enfilés dans des
colliers d'étoiles.

« Voilà donc que l'amiral St.-Michel était rentré dans les ports du Bon Dieu, ayant fait défense à M. Satan de construire aucun navire à vapeur, et M. Satan ayant signé la chose, l'invention se trouva perdue, comme supposition un grain de moutarde dans un baril de goudron. — C'est même la raison pourquoi St.-Houardon en personne n'en a jamais eu connaissance, quand il courait au large dans son auge de pierre.

« Mais faut vous dire, — en vous disant que deux petits écus ne font pas six francs dans la poche du paysan, — que le maître cable du vaisseau *le Grand-Chasse-Foudre* n'est ni plus ni moins que le grand serpent de mer, dont auquel les gazettes ont fait l'article dans ces temps-ci. — Si tu ne sais pas lire, mets tes lunettes et vas-y-voir!... »

Philibert le parisien qui sait lire et a lu de ses propres yeux vingt entrefilets sur le monstre marin constatera ici que le conteur dit la pure vérité.

» M. Satan avait signé, c'est positif, mais le Grand Serpent n'avait rien signé du tout, par trois raisons : primo d'abord, que c'était un serpent sans plumes, quoique l'ancre fût étalinguée au bout de sa queue ; secondement, il n'avait ni pieds ni pattes pour signer ; mais la raison des raisons c'est qu'ayant reçu dans le ventre un éclat de mitraille grand comme l'île de Madère, il demeura deux mille six cents cinquante trois ans et quatorze semaines plus malade qu'une oie à la broche , — à l'effet tant seulement de faire peau neuve.

» Après ça le Grand Serpent aurait eu signé , vois-tu , que ça ne ferait rien de rien à l'histoire.

» A la fin des fins donc ayant refait sa peau en grand , il se met à gigoter , remonte au ras de l'eau pour voir la politique , et , d'un coup de tête , chavire un trois-mâts portugais dont il avale l'équipage comme une douzaine de prunes à l'eau-de-vie.

» Le treizième, qui était malin , s'appelait Fluton (1), sachant jouer du fifre mieux que Flafla-Raflafla si c'est possible, et il avait justement sa flûte au bec , quand l'autre l'avale sans le mâcher , — autrement l'histoire serait finie , et de marine à vapeur il n'y en aurait pas plus que d'oranges au bout de la grand'vergue.

» Etant dans le ventre au Grand Serpent , Fluton se met à y faire une musique choix sur choix, qui faisait *glouglou* parmi les tripes de la méchante bête et chatouillait là dedans comme un charme :

» — J'ai bien de l'agrément, se disait le Grand Serpent. Malgré çà voilà un *musico* dur à digérer qui me met du vent dans l'estomac et ça me scie le dos.

» Pour lors , pique une tête , va trouver M. Satan dans son grand chantier :

(1) Ne pas lire Fulton et surtout ne pas trop confondre avec le célèbre inventeur.

» — Papa, dit-il qu'il dit, j'ai une musique dans le ventre qui me gargouille comme un régiment de grenouilles, si c'était un effet de votre complaisance, ça m'irait que ce crapaud là s'en allât une bonne fois. »

« M. Satan dit : — « Je vas y voir » — entre dans la gueule au Grand Serpent, s'affale par le panneau de l'avant, descend dans là cale et y rencontre maître Fluton qui flûtait toujours, tranquillement assis devant un bon feu allumé avec les morceaux du navire portugais, entre un jambon de Bayonne et une barrique de vin rouge.

» — Camarade, dit-il, viens-t-en dehors.

» — Pas si bête, fait l'autre, dehors je me noierais ; je suis ici au sec, avec des provisions à volonté, je me trouve bien, je reste.....

» — Mais tu incommodes particulièrement mon enfant chéri le Grand Serpent, ta musique l'agace, ton feu le grille comme un boudin ; ça ne l'amuse que tout juste.....

» — Possible !... Mais s'il nous a tous avalés, je n'en suis pas l'auteur ; tant pis pour le goulu ! Je suis passager par force, j'ai droit à la table et au logement ; je ne m'en irai pas sans ce qui s'appelle un bon billet....

» — Eh bien ! fait M. Satan, où veux-tu aller, à New-Yorck, à Londres, à La Havane ? tu n'as qu'à parler, je te signe ta feuille de route.....

» — Et ma conduite, dit Fluton, qui me la paiera? J'ai perdu ma pacotille. A terre, en n'importe quel endroit, je serai un sans le sou; ici j'ai tout ce qu'il me faut; tiens! tout compté, je ne m'en vas plus.

» — Allons! tu es un roué de Cayenne ou un rompu de Valence, il n'y a pas mêche de t'entortiller; tu m'intéresses. Je vas te signer un engagement pour faire ta fortune sur terre et sur mer...

» — On commence à s'entendre, dit Fluton; mais je connais vos couleurs, et je me garde à carreau.

» — Ah! tu as parlé de cartes, tu es forcé de jouer, dit M. Satan tirant un jeu de sa poche. Garde-toi à carreau, ça m'est égal! Atout du roi de chique, celui qui renonce mange la carte!

» — Chien de chien! fait Fluton, je ne voulais pas jouer moi!.....

» — Tu es pris, mon petit; n'y a pas à chanter papa maman. — Attrape à couper!

» — Doucement, M. Satan!... qu'est-ce que nous jouons?

» — Je t'ai signé ton passeport et l'engagement de faire ta fortune, hein?... Eh bien, si tu perds, rien de fait, je reprends tout; et tu seras forcé de me suivre.

» — Et si je gagne?

» — Tu t'en iras tranquille comme un négociant.

» — Çà ne me va pas! dit Fluton, jouez moi la plus fameuse de vos inventions, à la bonne heure!

» M. Satan qui pensait bien gagner répond : — « Eh bien çà y est!... » Et voilà la partie en train.

» Mais Fluton, étant malin comme je vous ai dit, avait l'œil américain, de manière qu'au lieu de se garder à carreau, il se garde à pique.

» — Ah! brigand! fait M. Satan, tu m'as gagné l'invention de la marine à vapeur!

» Celui qui y gagna encore le plus, c'est le Grand Serpent, vu que Fluton sort de sa cale, remonte le long du pertuis à la turlutine par l'échelle de commandement, saute dans une coquille de St.-Jacques et s'en va tout droit à Paris proposer à Sa Majesté l'Empereur Napoléon de lui vendre la mécanique à charbon de M. Satan . . . .
. . . . »

Le conte est loin d'être achevé, le sera-t-il jamais ou plutôt peut-il jamais l'être? Nous ne pensons même pas qu'il soit continué, demain, passé minuit, car le gabier Kerjégu ne sera probablement pas en meilleure disposition pour conter que ses camarades pour l'entendre. La suite du feuilleton sera donc renvoyée à un autre numéro... à un autre grand quart, devrions-nous dire.

Pendant celui de minuit à quatre heures, le silence n'est guère troublé que par le son de la cloche et les cris des sentinelles qui, de demi-heure en demi-heure, font retentir les échos de la rade :

— Bon quart!... Bon quart devant!... Bon quart derrière!... Bon quart tribord!... Bon quart bâbord!.. Bon quart partout!...

Lorsque, pour la dernière fois, les factionnaires se les renvoient, il est quatre heures sonnées, et la journée qui recommence termine la nôtre, car voici revenir le *quart du jour*.

MARINE MARCHANDE.

Sur les bâtiments de long-cours ou de cabotage, et à plus forte raison sur les barques de pêche, la vie laborieuse du marin, généralement plus rude qu'à bord des navires de guerre, est, par compensation, mêlée d'une plus grande somme de liberté relative. Peu ou point d'appels; d'un simple coup d'œil on voit aisément si chacun est à son poste. Pas d'inspections, point d'exercices. Tout matelot a son sac à sa disposition et peut, à ses rares instants de loisir, raccommoder son linge ou ses effets. Moins de lavages, de bricages, de fourbissages et de coups de balai, bien que la propreté ne soit jamais négligée. L'étiquette est réduite à sa moindre expression; on navigue un peu en famille. Que, d'une part, le capitaine soit indulgent, ce qui arrive d'ordinaire, — que, d'autre part, il n'y ait dans l'équipage aucun trouble-repos, ce qui est aussi très-fréquent, — les querelles, les rixes, les punitions seront inconnues. Il est clair qu'abstraction faite des baleiniers et d'un certain nombre de bâtiments qui font de longs voyages, ce beau idéal sera facilement atteint : les capitaines au retour de leur première traversée se débarrassent au plus vite des mauvais sujets et des insubordonnés ; et les matelots, de leur côté, ayant toute faculté de débarquer, cesseront de servir sous un capitaine injuste ou brutal dont la fâcheuse réputation ne peut guère manquer de briser la carrière.

La vie commune est donc de beaucoup plus douce dans la marine marchande. L'existence n'en est pas moins soumise à une régularité pleine d'analogies avec celle des bâtiments de guerre.

Le lever, le coucher, les repas ont habituellement lieu aux mêmes heures, et toujours la journée y est subdivisée en quarts exactement de même. L'usage en est commun à toutes les nations.

Partout le premier quart dure de huit heures du soir à minuit ; partout, de demi-heure en demi-heure, un coup, puis deux, puis trois, jusqu'à huit, sont piqués sur la cloche.

La navigation marchande se fait avec un petit nombre de bras ; de là, le plus grand accroissement de labeur. Souvent, un magnifique trois-mâts n'est monté que par une douzaine d'hommes. Et cependant, il faut y faire tout ce que ferait, pour tenir la mer, une corvette de même tonnage portant de cent à deux cents marins. Sur les navires de commerce, le temps est nécessairement économisé avec une sage parcimonie, et le plaisir suprême y est le repos après la besogne qui presse toujours.

Sur les bâtiments de guerre, on est au contraire obligé très-souvent de créer des occupations aux gens de l'équipage. On va même jusqu'à s'ingénier à leur procurer des distractions, nécessaires pour combattre les ennuis des longues campagnes, le spleen, la nostalgie.

De là, les *fêtes à bord* dont la description rentre essentiellement dans le plan de cet ouvrage. Il convient d'y peindre le bal aristocratique du gaillard d'arrière, les saturnales populaires du gaillard d'avant aux jours de campo tels que celui du passage de l'équateur, les spectacles improvisés, les comédies longuement répétées par les acteurs ordinaires du navire, les jeux du dimanche, les récréations du soir.

A peine avons nous consacré quelques pages à la littérature du gaillard-d'avant. Le conte de Kerjégu n'en est qu'un spécimen insuffisant à maints égards. Et cependant, les récits, les rondes, les chansons, la poétique des matelots, les légendes, traditions et superstitions maritimes sont autant de sujets pleins de charmes. Nous ne les avons qu'effleurés çà et là, dans nos premières séries. Apprêtons-nous donc à à les rassembler. Ils nous fourniront un jour, s'il plaît à Dieu, une autre collection d'études : *Scènes et Coutumes,* destinées à faire contraste aux journées de deuil ou d'alarmes, aux drames sinistres et aux catastrophes, aux *Naufrages,* qui, comme nous l'avons dit dans notre Introduction, nous conduiront à traiter la magnifique et utile question des *Sauvetages,* trop longtemps ajournée. Hâtons-nous donc, répétons-le, de prendre part, selon la mesure de nos forces, à l'œuvre sainte de secours et de salut; — toutes choses cessantes, faisons du *Sauvetage* le sujet du volume suivant de notre TABLEAU DE LA MER.

NOTES.

A. — LES GRANDS PROGRÈS.

Des guerres de l'avenir . . . . page 94.

Ce serait le sujet d'un livre fécond en grands enseignements que les *Guerres de l'avenir*, — guerres permanentes
entreprises de concert par tous les peuples en faveur des
progrès réels et du bonheur de l'humanité, — guerres paci-
ficatrices dès leur principe et qui, si elles exposaient un
grand nombre de vies humaines, n'auraient au moins rien de
barbare.

Leur but est la conquête de notre globe par la Science
guidant le courage, — la domination de l'homme sur les
phénomènes de la nature, — la destruction progressive des
fléaux qui désolent les nations, — un combat incessant
contre les maux qui nous frappent.

L'œuvre civilisatrice dont l'objet est de rendre tous les
hommes moins malheureux, et partant meilleurs, n'a cessé
d'occuper les esprits élevés ; mais elle s'accomplit avec une
lenteur douloureuse parce qu'elle rencontre comme obstacle
la guerre de l'homme contre l'homme. Les forces vives des
nations les plus éclairées s'épuisent en efforts croissants
pour l'organisation de leurs armées de terre et de mer. Ces
armées absorbent la richesse publique, en même temps que
l'intelligence, la jeunesse, et trop souvent enfin la vie, de plu-

sieurs millions d'hommes capables, instruits, braves, généreux, habiles qui combattent pour des intérêts d'un jour, produisent en général plus de mal que de bien et prodiguent leur noble sang en pure perte.

« Les huit principales nations européennes ont sous les armes trois millions trois cent mille hommes qui leur coûtent plus de trois milliards. C'est un tiers de plus, en temps de paix, que Montesquieu n'en admettait sur le pied de guerre. Un statisticien célèbre, le baron de Redern, a calculé que dans une période de trente années, les armées permanentes ont coûté à l'Europe plus de soixante milliards. La conduite de l'Europe peut être comparée à celle d'un homme dont la santé était robuste et qui s'épuise dans la crainte seule de la mort. (1) »

Que reste-t-il pour les armées de la paix ? — Des sommes insignifiantes qui ne leur permettraient pas d'entrer en campagne lors même qu'elles seraient organisées. — Elles ne se composent encore que d'un très-petit nombre de volontaires épars sur la surface du monde, pionniers hardis dont le génie ne peut que nous signaler la route des grandes victoires et conquêtes.

Les armées de la paix auront mission de vaincre la misère. Pour obtenir un tel triomphe, il faut être à la fois puissants, nombreux, savants, dévoués, infatigables, intrépides. Il faut élargir le champ étroit où se débat l'espèce humaine, — se faire des éléments physiques de dociles auxiliaires, et comme nos ancêtres ont domestiqué le feu, l'eau et quelques animaux, transformer en instruments civilisateurs l'électricité, le calorique, la lumière, le vent, — travaux à peine ébauchés à l'heure actuelle.

Il faut, par exemple, qu'au lieu d'être conduite par un fil, l'électricité le soit par des câbles de la grosseur d'une tour, qu'elle foudroie et disperse les banquises des deux

(1) M. Jules Brame, discours prononcé au Corps législatif dans la séance du 3 mai 1865.

pôles, et que ces glaces séculaires, remorquées par les courants marins, se fondent dans la zône torride qu'elles rafraîchiront, tandis que la température des zônes polaires cessera de s'abaisser continuement en nous menaçant de congélation et au moins d'infertilité.

Il faut déplacer non les étés et les hivers, non les nuits et les jours, mais le froid et le chaud, mais l'obscurité et la lumière. Empruntez à l'été, dérobez aux climats intertropicaux leur excès de calorique; — par de gigantesques et périlleux travaux emmagasinez cette chaleur dans des canaux si mauvais conducteurs qu'elle ne puisse s'en échapper qu'à votre gré. Vous la dépenserez sagement en hiver partout où elle ne saurait nuire à l'agriculture de votre climat. Empruntez ainsi la lumière au jour lui-même pour en faire usage quand viendra la nuit (1). Vous ne brûlerez plus de bois, d'huiles, ni de charbons; vous économiserez vos forêts et vos mines; vous aurez accru vos richesses et vos ressources.

Si d'après les théories les plus récentes, l'électricité, le magnétisme, le calorique et la lumière, loin d'être quatre corps impondérables distincts, ne sont qu'un seul et même agent, dès que vous aurez découvert l'art de le soumettre à votre empire, vous serez armés pour les guerres sublimes de la civilisation contre la nature.

L'Islande jadis était couverte de forêts; la vigne était cultivée dans presque toutes les contrées du nord de l'Europe; les hivers rigoureux étaient inconnus dans des parages devenus presqu'inhabitables; les Sibéries nourrissaient des animaux qui ne peuvent vivre que dans des climats tempérés. Au neuvième siècle de notre ère, les côtes aujourd'hui inabordables du Groënland étaient accessibles et peuplées par de florissantes colonies danoises. Les navigateurs Norwégiens donnaient le nom de *Vinland*, terre du vin, à une île qui passe pour être la froide Terre-Neuve de nos jours. Toutes les con-

(1) Voir *Les Perles*, p. 73.

ditions de la vie matérielle se sont modifiées parce que les deux pôles de notre globe se refroidissent sans cesse ; les banquises s'agglomèrent, les régions habitables se restreignent, et cependant les coupes de bois exagérées et les exploitations imprudentes de tous genres détruisent l'harmonie nécessaire à ces mêmes régions tandis que, d'autre part, la population tend à s'accroître.

S'il résulte des travaux de nos savants que, depuis vingt siècles, la température de l'ensemble terrestre n'a pas baissé d'une manière appréciable, on n'en doit point conclure que nos alarmes soient dénuées de raison. L'équilibre qui existait entre les zônes glaciales, tempérées et torride a été altéré par l'application de l'intelligence humaine à l'art de la guerre contre les hommes, quand ils auraient dû combattre et asservir les éléments pour améliorer les conditions de leur existence.

« Il est certain que le climat de l'Islande est plus rigoureux aujourd'hui qu'il ne l'était à l'époque de la colonisation (de 873 à 920), car plusieurs historiens, entre autres Are, dans ses *Schedæ de Islandiá*, nous apprennent que l'île était alors couverte de forêts ; or, le froid y empêche aujourd'hui le développement des arbres. On sait que la même observation a été faite sur toutes les régions circumpolaires, sur la Sibérie, la Tartarie septentrionale et le Nord de l'Europe. Les modifications climatériques du Groënland viennent à l'appui de cette opinion, s'il est vrai, comme nous le pensons, que la partie de ce pays qui est depuis si longtemps inabordable, à cause des glaces, ait joui autrefois d'une température assez douce pour comporter un établissement colonial important. (1) »

Les traditions historiques, les anciennes relations de voyage, l'histoire, la science et notamment la géologie s'accordent pour attester le refroidissement progressif des ré-

(1) Frédéric Lacroix, — *Régions circumpolaires*. — L'Univers, histoire et description de tous les peuples.

gions polaires, l'accroissement des banquises, les conquêtes funèbres de la température glaciale. L'excédant du calorique qu'il importerait de ramener vers les pôles, reflue vers l'équateur où il produit d'autres perturbations. D'après les vraisemblances les mieux établies, l'on pouvait jadis remonter jusqu'aux environs du pôle arctique et toutes les mers boréales étaient navigables. De nos jours, l'excès dans les différences de température engendre des tempêtes beaucoup plus formidables que celles des temps antiques. La mer et la terre, l'agriculture et la navigation sont également menacées.

N'y a-t-il aucun remède à ce mal croissant qui, dans un avenir de quelques siècles, doit mettre en péril nos centres actuels de civilisation, ensevelir les capitales de la Russie, de la Suède et du Danemarck sous un linceul de glaces éternelles, souder la Norwège aux Iles Britanniques, faire de la Manche un nouveau détroit de Waigats, et de Paris, déjà situé sous la même latitude que Terre-Neuve, un pays qui, à son tour, aurait la température de cette ancienne terre de vignobles *(Vin land)?* — La puissance qui produit ce refroidissement graduel serait-elle irrésistible?

— Non! A l'homme de la combattre, à l'homme de lutter avec une sage énergie pour en arrêter la marche envahissante; mais, il faudrait évidemment que le génie humain, dirigeant ses forces contre les fléaux naturels, s'attachât sans relâche à les maîtriser, il faudrait que les passions mesquines des peuples fissent place, sinon à l'ardent et et noble amour de l'humanité, au moins à l'instinct éclairé de sa conservation, — il faudrait enfin que la politique lilliputienne qui improvise les Marseillaises et croise les bayonnettes au son des tambours, fît enfin place à la seule politique raisonnable, celle de la civilisation, de la paix entre les nations et de la guerre aux éléments prétendus indomptables, parce qu'on n'a seulement pas essayé de les dompter.

Par des efforts héroïques, il faut repeupler les déserts, féconder les sables, assainir les foyers pestilentiels, les

408

marais putrides , les mers et les terres dont les émanations
engendrent les épidémies; il faut arrêter l'envahissement
progressif des fléaux en étudiant, découvrant et détruisant
leurs causes; la Science sera le généralissime des armées
de l'avenir luttant sur ces champs de bataille où nul ne pé-
rira sans être sauveteur.

Observer les lois de la nature pour triompher de la nature même, se conformer à ses méthodes au lieu de les
contrarier par ignorance , opposer comme elle la destruction à l'excès de production , mais ne jamais détruire aveuglement ce qui nous sert, ce qui nous conserve ou nous protége , parce que l'élément opposé prenant aussitôt le dessus,
la loi d'antagonisme qui nous était favorable, devient inévitablement un désastre : — Tels sont les principes de la
tactique des armées de l'avenir qui auront fort à faire pour
réparer les fautes des générations présentes et passées.

Dirai-je qu'il faut raffermir le sol ébranlé par les tremblements de terre , en multipliant les soupiraux des volcans
artificiels , qu'il faut ouvrir les espaces aériens à la civilisation , pénétrer les abîmes sous-marins et les profondeurs
terrestres , mettre à profit les richesses enfouies dans ces
domaines encore inaccessibles , et par le rapprochement des
races qui se fusionneraient entr'elles embellir et fortifier la
famille humaine.

Les maladies héréditaires qui amoindrissent les peuples
tiennent surtout à l'immobilisation d'une même race sur un
même sol.

Les guerres du passé, les invasions des barbares, furent
en ce sens des palliatifs , car elles occasionnèrent des croi-
sements qui ont arrêté, dans la majeure partie de l'ancien
continent, cette dégénération dont l'Australie et certains archipels de la Mélanésie présentent des exemples si frappants.
Les polynésiens, peuples navigateurs, les nomades de l'Asie
et de l'Afrique, Arabes, Foulahs, Malais ou Tartares, n'ont
pas, à beaucoup près, subi la même influence, tandis qu'au
contraire les populations isolées des régions septentrionales

du globe se sont étiolées et rabougries en raison de leur séquestre. La navigation et les grandes émigrations ou colonisations ont, comme les guerres du passé, puissamment contribué à l'amélioration relative de l'espèce. Il est facile de constater que les nations supérieures à toutes les autres par la beauté physique et le développement intellectuel sont celles dont le territoire fut le plus souvent envahi, conquis et reconquis par des peuples nouveaux qui leur inoculèrent un sang régénérateur. L'histoire atteste, au contraire, que les nations autochthones qui n'ont pas voulu ou pu se fondre avec leurs conquérants, se sont abâtardies ou ont disparu. Un peuple qui se subdivise en castes, une aristocratie qui s'obstine à augmenter ses quartiers de noblesse, seront abêtis, crétinisés, scrofuleux ou lépreux d'autant plus vite que les mœurs des femmes seront plus pures. Les alliances entre frères et sœurs, cousins et cousines sont à bon droit proscrites. L'inceste dont les législateurs, d'accord en ceci avec les naturalistes, ont fait un crime, est une conjonction de lèse humanité, car il engendre des êtres malsains ou même des monstres. Chez les peuples séquestrés ou dans les castes qui obéissent au préjugé de l'union constante entre un certain nombre de familles toujours les mêmes, les vices héréditaires du sang se perpétuent et se multiplient au point que tout mariage est physiologiquement incestueux.

Le mélange des races est de la plus grande utilité pour tous les progrès.

Les guerres de l'avenir généraliseront ce bienfait dont les conséquences sont incalculables.

Activer la circulation et par ainsi rapprocher les peuples, c'est assainir, fortifier, embellir, élever l'espèce, augmenter sa valeur physique et accroître la moyenne de l'intelligence.

Il faudrait réaliser l'aviation ou navigation aérienne mécanique, seule capable d'ouvrir les continents et de créer entre tous les peuples des rapports continuels; — il faudrait mettre un trucheman universel au service des hommes, et avant tout fonder un tribunal arbitral jugeant en dernier

ressort les litiges internationaux , — toutes choses difficiles,
—toutes choses possibles, dès que la Civilisation l'emportera
enfin sur la Barbarie.

Donnez à la Paix les budgets de la Guerre, et le principal
obstacle, la guerre telle que nous la faisons encore, aura
promptement disparu. Que la science, la discipline, le courage
et les vertus militaires soient mises au service de la Civilisation, tous les progrès qui marchent aujourd'hui d'un pas boi-
teux s'avanceront à pas de géants à la conquête du globe. La
nature, encore notre ennemie, deviendra notre amie dévouée,
toujours prête à couronner nos efforts.

Je n'ai qu'indiqué le canevas d'un livre dont le programme
devrait être mis au concours par toutes les académies Européennes. Et je voudrais que quiconque l'aurait suffisamment rempli en signalant quelques uns des moyens d'atteindre le but, reçût une récompense proportionnée aux peines
qu'il aurait prises et à la valeur des idées qu'il émettrait.

Malgré la guerre à outrance des États d'Amérique,
malgré nos guerres de Crimée, d'Italie, du Mexique, il faut
reconnaitre que, de siècle en siècle, le fléau diminue.

Les temps modernes n'offrent plus d'exemples de ces débordements de peuples envahisseurs qui se ruaient en masse
d'une extrémité du monde sur une autre extrémité. Si l'Europe et l'Afrique ont pris possession, l'une par la colonisation,
l'autre par l'esclavage, du nouveau continent et des terres
de l'Océanie, leur action graduelle n'est pas comparable aux
invasions des Gaulois, des Germains, des Francs, des Huns,
des Vandales, des Goths, des Arabes, des Turcs, des Malais,
repeuplant à nouveau des régions lointaines dont ces hordes
conquérantes se faisaient une nouvelle patrie. L'Europe menacée par Genghis-Khan fut en état de lui résister, et la
prise de Constantinople par les Turcs clot l'ère des grandes
guerres d'envahissement. Les Malais qui, sous les noms de
Peuls ou Foulahs, représentent la race conquérante de l'est
et du centre de l'Afrique, ne sauraient déborder hors de ce
continent dont le Nord fut tour à tour conquis par les Van-

dales et par les Arabes. Désormais en aucune partie du
monde des cataclysmes analogues ne semblent possibles.

Les attaques à main armée contre les simples particuliers
forcés de se mettre sur la défensive, de marcher par groupes
nombreux, de se faire escorter par leurs amis ou leurs ser-
viteurs, n'existent plus dans notre degré actuel de civilisation. La guerre des rues et des routes, après avoir été un
fait journalier, n'est plus qu'un cas exceptionnel résultant
d'une émeute, d'une révolution, non d'une haine jurée
entre familles, non de l'esprit de rapine. La répression du
du brigandage est affaire de gendarmerie.

La guerre de châteaux à châteaux, de bourgades à bourgades. de provinces à provinces, n'existe plus dans la chré-
tienté. Il n'y a plus de guerres étrangères qu'entre États,
qu'entre nations. Les deux grandes batailleuses, l'Angleterre
et la France, vivent en paix depuis cinquante ans, chose qui
n'a qu'un seul précédent dans leurs annales (1). Les guerres
civiles elles-mêmes, tendent, — très-lentement il est vrai,
— à diminuer parmi nous.

En somme, le fléau décroît sous l'influence de la Civilisation
qui se substitue peu à peu à la Barbarie; mais, hélas, combien
ce progrès est faible, puisque les nations les moins arriérée
jugent encore nécessaire de dépenser la majeure part de leurs
richesses et de leur génie à se tenir sur la défensive les unes
contre les autres. Les armées permanentes mieux disciplinées et plus habilement organisées, n'ont encore d'autre
objet que la guerre proprement dite. A peine pouvons-nous
entrevoir la transition qui doit les transformer en armées
de Paix, en armées qui, combattant les fléaux, remporteront
les sublimes victoires de l'avenir.

(1) Sauf la paix de 1564 à 1627 (63 ans), toutes les autres
ont été de beaucoup plus courtes que la paix actuelle, c'est-à-
dire de 37, 31, 29, 25 ans, ou bien moins encore. Depuis 1110
jusqu'en 1815, en l'espace de 705 ans, les deux couronnes ont
été en état de guerre durant l'espace de 264 ans, un peu plus
du tiers du nombre total des années.

Utopies! paradoxes! illusions d'enthousiaste! rêveries d'optimiste insensé! — s'écrie-t-on.

Mais je circule dans Paris à toute heure de nuit et de jour sans craindre d'être attaqué par des bandes de malfaiteurs ; mais les omnibus, la poste aux lettres, le télégraphe, les chemins de fer sont à mes ordres ; mais la démonstration de la possibilité de l'aviation est faite ; mais le trucheman universel est trouvé et sa généralisation n'est plus qu'une question d'argent ; mais les lois des courants et des vents sont indiquées ; mais l'esprit d'association se substitue à l'esprit d'individualisme ; mais l'état présent des nations est sous tous les rapports préférable à leur état d'autrefois, quoi qu'en disent les esprits chagrins...

Faites à la Paix son budget international. Sachez acheter le premier des biens ; tous les autres en seront la conséquence.

Eh quoi ! malgré nos passions mauvaises, en dépit des obstacles innombrables suscités par la misère, la haine, l'avarice, l'égoïsme, l'étroit sentiment de jalousie entre les prétendus civilisés, les préjugés nationaux dits patriotiques et les aspirations criminelles de la majorité des hommes enclins à jouir des maux de leurs semblables, — en dépit de la résistance systématique des faux sages, — nous voyons que d'immenses progrès ont été accomplis par la volonté désintéressée, par le dévouement et par la science du très-petit nombre ; — que serait-ce donc si l'aveuglement général faisait place à la clairvoyance ! Que ne devrait-on pas espérer si les hommes, comprenant enfin leurs véritables intérêts, s'unissaient pour arracher à la nature les concessions qui diminueraient tous leurs maux.

L'œuvre de bien marche, mais trop lentement mille fois. Le temps suppléera-t-il à notre défaut d'entente? n'est-il pas à craindre que la science et l'amour de l'humanité ne soient devancés par la nature qui enfante sans obstacles les causes de destruction et par la barbarie qui la seconde avec la plus stupide témérité? N'est-il pas à craindre que le mal n'empire tellement qu'à l'époque où la vraie civilisation sera enfin en mesure d'agir, il ne soit trop tard?

Voilà la question, la grande question d'avenir. Il s'agit du sauvetage de notre globe par l'union de nos forces, par notre courage et notre génie.

La planète que nous habitons est semblable à un vaisseau en péril dont l'équipage s'entretue au lieu d'aviser aux moyens de conjurer la perte corps et biens. A la dernière heure on s'unit avec désespoir en criant : « Miséricorde! » Trop tard! Les flots ont délié la carène, les membres disjoints s'ouvrent de toutes parts, et l'abîme engloutit le misérable navire que la concorde eût sauvé, que la discorde a perdu.

Nous n'en sommes point à la dernière heure, grâce au ciel; les progrès accomplis présagent au contraire de nouveaux et de plus grands progrès; toute espérance de vaincre est permise. Voir, savoir et vouloir, c'est pouvoir. Mais encore faut-il ouvrir les yeux, s'instruire et faire actes de volonté.

L'optimiste s'en fie aveuglément à la destinée, — le pessimiste annonce d'infaillibles catastrophes, — « après moi le déluge, » s'écrie l'égoïste; — tous trois se croisent les bras; et cependant le sage qu'ils traitent d'utopiste ou de fou signale le danger, indique la voie de salut, et, tout en appelant au secours, donne l'exemple du travail.

A l'œuvre donc, gens de bien! Paix entre les hommes et guerre à tous les fléaux dont la mère est l'Ignorance qui nous désunit, nous affaiblit et nous réduit à l'impuissance!

Les hautes visées de nos grands politiques Européens me transportent d'admiration. Parlez leur de navigation aérienne, de trucheman universel, de congrès pacificateurs, vous n'êtes qu'un niais, un fantaisiste, un gobe-mouches. Ils sont, eux, les hommes profonds! Le futur discours qu'ils méditent fera tant de bruit en leur Landerneau. Banquises, Palus-méotide, marais du Gange, Cyclones, quelles sornettes que tout cela! — Le budget de la guerre est en discussion; changera-t-on les tuniques en jacquettes ou les fracs en vestes à pans arrondis? Cassera-t-on les œufs par le petit bout ou par le gros

— A la bonne heure ! Voilà qui est digne de passionner, d'enflammer d'un saint zèle et de faire décréter la destruction de Liliput.

Du reste, les savants patentés se disputent à propos de la génération spontanée, et, microscopes au poing, se menacent d'excommunication avec la plus édifiante fureur. A coup sûr, s'ils la connaissaient, ils trouveraient singulièrement puérile notre thèse sur les armées de la paix et les guerres de l'avenir.

Ne leur suffit-il pas de renvoyer à M. Babinet tous les projets relatifs à la conquête de l'air ? Quant aux travaux du major de Maimieux et de Sudre sur la pasigraphie et le trucheman universel, ils n'en auront jamais souci. L'abbé de Saint-Pierre n'est à leurs yeux qu'un rêveur. Enfin nous sommes autant de songes-creux nous tous qui aspirons à secourir et à sauver l'humanité par des applications pratiques de la vraie science.

La *Pasigraphie*, inventée par le major Maimieux, est une écriture idéologique qui permet de représenter toutes les pensées au moyen de douze signes aphones. Cette méthode ingénieuse (1) constitue un trucheman universel, puisque chacun lira en sa langue ce qui a été *pasigraphé* par un étranger qui l'ignore. Mais elle exige nécessairement la connaissance préalable de nomenclateurs dont l'étude est contraire à l'instinct qui nous porte à nous exprimer au moyen de sons, opposée à nos habitudes d'éducation et cadrant assez mal avec notre genre de mémoire.

La méthode dite *musicale* de Sudre est évidemment plus simple, car une prononciation est affectée aux signes em-

(1) Publiée à Paris, en 1797, sous les initiales J. de M***, au bureau de la Pasigraphie, rue Notre-Dame-de-Nazareth, Nº 118.

ployés, qui ne sont qu'au nombre de sept. L'auteur s'est servi des noms des notes de la gamme : *do*, *ré*, *mi*, *fa*, *sol*, *la*, *si*. On peut représenter ces éléments uniques du langage par des caractères, notes, lettres ou chiffres, des pavillons, des objets quelconques, des gestes, des signes des doigts ou des attouchements; on n'aura jamais à faire que sept premiers efforts de mémoire. De loin comme de près, dans l'obscurité comme au grand jour, que l'on soit aveugle ou clairvoyant, privé ou non de l'usage de la parole, on appliquera la méthode Sudre avec une égale facilité. Deux sourds-muets, les yeux bandés, ou un sourd-muet et un aveugle causent ensemble en se touchant mutuellement les doigts selon les sept attouchements correspondant aux sept éléments du système. Du reste, les nomenclateurs idéologiques de Sudre, basés sur les combinaisons 2 à 2, 3 à 3, etc., des sept signes, doivent être des merveilles de méthode et de logique, si, comme l'affirment les représentants actuels de l'inventeur qui n'est plus, on peut, en trois mois d'études, posséder à fond la langue dite musicale. En faisant entrer dans l'instruction primaire, chez tous les peuples civilisés, cette admirable méthode, on doterait l'humanité d'un trucheman universel parfait.

Un rapport très-remarquable entre la pasigraphie et la méthode musicale de Sudre, est que le système du major de Maimieux a aussi pour base le nombre 7 : « La division du » substantif en 7 adjectifs et en 7 adverbes, comme le rayon » solaire se divise en 7 couleurs, au moyen du prisme de » Newton; trois verbes extrêmement simples, une décli-» naison et une conjugaison de 7 lignes (1). »

Page 93, il est question de prisonniers de guerre mis au bagne. — En 1809 et 1810, des officiers et des soldats faisant

(1) Textuellement extrait du prospectus de la *Carte générale pasigraphique*

partie des bandes de Schill et du duc d'Oëls-Brunswick, furent ignominieusement envoyés — les uns, au nombre de cent vingt-six, au bagne de Brest, d'où ils furent libérés le 29 octobre 1811, — les autres au bagne qui existait alors à Cherbourg, dont la population affligée en vit arriver, avec une pitié profonde, toute une compagnie, du vieux capitaine qui, de désespoir, s'arracha sa moustache grise, jusqu'au tambour, jeune garçon qui pleurait à chaudes larmes.

Il y avait un régiment d'infanterie et un régiment de hussards, des houlans et des pionniers dits de Schill.

Par décret du 2 août 1809, onze officiers des mêmes troupes doivent être traduits devant une commission militaire, pour être jugés et punis comme brigands; trente-six soldats sont envoyés aux galères de Toulon.

En 1811, neuf cents miquelets espagnols, faits prisonniers au fort de Figuières, subirent le même traitement dans les bagnes de Brest et de Rochefort; ils furent libérés en avril 1814.

Les pontons d'Angleterre et d'Espagne, le séjour sur le rocher désert de Cabrera, les déportations en Sibérie, nous inspirent une pitié profonde mêlée d'horreur; et cependant les Français, eux aussi, ont, comme on le voit, à se reprocher des actes non moins odieux, — conséquence fatale des passions que surexcite la guerre.

Que dire des représailles entraînant à fusiller tous les vaincus ! Nos marins n'ont pas oublié que dans un jour de fureur démagogique, la guerre à mort fut décrétée.

En terminant cette note, constatons avec une joie impartiale que deux grands et féconds exemples viennent d'être donnés au monde par la France, toujours généreuse, toujours disposée à susciter le bien et à prendre l'initiative de l'œuvre régénératrice de la vraie civilisation.

Peu de temps avant d'être assassiné, Henri IV, dans le

but de faire régner la paix en Europe, formait le projet d'en
confédérer tous les Etats sous le nom de République Chrétienne.

En 1865, Napoléon III, après avoir tenté de constituer un
congrès permanent de la paix, réduit l'effectif de notre armée
de terre et provoque la création d'une commission sanitaire
européenne, contre les invasions du choléra.

Ces deux belles mesures sont des acheminements évidents
vers la réalisation des Grands Progrès, dont la Pacification
Universelle et les Guerres de l'avenir seront un jour les
sublimes conséquences.

(décembre 1865.)

B. — ORTHOGRAPHE ET PHONÉTIQUE.

Seinche, cenche, cinche, etc..... p. 149

A défaut de l'orthographe phonétique, dont la parfaite
connaissance serait si utile aux progrès de l'étude des
langues, l'orthographe étymologique est seule admissible;
mais un système bâtard prévaut sans cesse, en dehors
comme en dedans de l'Académie. On ne se fonde ni sur la
prononciation, ni sur la racine des mots. Sans utilité aucune,
on estropie ainsi toutes les infortunées parties du discours,
pour lesquelles il faudra bientôt un second hôtel des invalides. Les prétendues réformes orthographiques, adoptées
par les grammairiens depuis un siècle ou deux, sont toutes
d'une niaiserie inqualifiable.

Au lieu d'écrire *seinche*, selon les vieux auteurs qui ont
traité des pêches, Méry écrit *cenche*. Pourquoi pas *cinche*,
qui se rapprocherait davantage de *cingere* ? pourquoi pas
ceinche, qui serait analogue à *ceindre* et *enceinte* ? — Pho-
nétiquement, jusqu'à ce qu'un signe de nasalité soit affecté
à l'*e* comme à chacune des six autres voyelles, *e, n*, est la
meilleure manière de représenter l'*e* nasal de *cenche*, qui

sonne merveilleusement en provençal. En somme, vis-à-vis d'un mot peu connu, renouvelé par une pratique récente, et que Méry a nécessairement recueilli dans la bouche de pécheurs méridionaux, il a choisi l'orthographe qui lui a plu le mieux, et certes il en avait bien le droit, dans l'état actuel des études orthographiques, où tout est arbitraire.

La véritable orthographe existe dans la nature. Elle a ses lois physiques qui bornent le nombre des voyelles (ou sons du langage humain), à sept, formant une gamme dont l'ordre absolu est :

A, — O, — OU (*à représenter par un signe unique*), = EU *(même observation)*, = U, — I, — E.

Chacune de ces voyelles, à part une infinité de nuances secondaires dont, en pratique, il est complètement inutile de tenir compte, peut affecter *six états* distincts, ce qui a trompé une foule de linguistes, qui prenaient pour un son nouveau, pour une voyelle de plus, un son premier modifié, conformément à une loi constante, par les organes actifs ou passifs de la voix. Pendant très-longtemps, trompé par la même cause, j'ai admis que les voyelles étaient au nombre de huit ; et ce n'est qu'en reconnaissant cette erreur, que j'ai enfin découvert, ou cru découvrir, l'ensemble des lois phonétiques dont la recherche n'a cessé de me préoccuper depuis 1832.

Les six états des voyelles sont : 1° l'état premier vulgairement dit aigu ; — 2° l'état grave ; — 3° l'état nasal ; — 4° l'état intermédiaire ou mixte ; — 5° l'état sourd ou étouffé ; — 6° l'état multiple engendrant les diphthongues et triphthongues.

Chose fort remarquable, dont on ne trouve pas d'exemple en français, le demi-ton existe dans la gamme des voyelles comme dans la gamme musicale. Les Anglais ont les sons mixtes entre l'*é* et l'*à*, l'*à* et l'*ò*, l'*eu* et l'*u* ; — les Allemands ont le son intermédiaire entre l'*u* et l'*i* ; — les Grecs usent du demi-ton situé entre l'*i* et l'*e*.

Nous avons à l'état nasal les quatre voyelles : a , — o , — eu , — e ; en portugais l'ou et l'i sont fréquemment affectés de nasalité; l'u se rencontre quelquefois au même état en patois languedocien et en bas-breton.

A l'état sourd ou étouffé on ne trouve guère en français que l'eu, lorsqu'il est vicieusement dit e muet; mais les six autres voyelles, dans les langues les mieux connues de nous, se rencontrent à cet état, comme, par exemple, l'a, l'o, l'i et l'e en italien.

Le nombre des diphthongues du langage humain s'élève à plus de 500 (518 d'après mes calculs); celui des triphthongues susceptibles d'être facilement émises, ne doit pas être de beaucoup supérieur.

Pour phonographier toutes les variations des sept voyelles, il ne faut que cinq petits signes supplémentaire du genre de ceux que les grammairiens appellent *accents*. C'est ce que je démontre dans mon *Traité de Phonétique*, étude comparée des sons du langage humain, — ouvrage encore inédit que je complète chaque jour par de nouvelles observations.

Bornons-nous à ajouter ici que les consonnes, articulations aphones résultant de certains mouvements des organes actifs de la parole, sont beaucoup moins nombreuses qu'on ne l'admet généralement. En faisant entrer en ligne de compte les *douces* et les *fortes* de la même classe, je n'en connais encore que vingt-trois, nombre qui ne peut être que très-peu augmenté par les consonnes de certaines peuplades barbares.

Il faut remarquer en effet que les observateurs superficiels ont pris pour des articulations spéciales, pour des consonnes nouvelles, des articulations en contact avec l'un ou l'autre des esprits — (vulgairement dits *aspirations*), lesquels, au nombre de trois: le *doux*, le *moyen* et le *rude*, peuvent modifier la majeure partie des consonnes.

Les études phonétiques conduisent à un système phonographique précis; or, une bonne phonographie, jointe à l'annotation prosodique, toujours très-facile, permettrait de

fixer la prononciation de toutes les langues parlées, ce
dont on conçoit aisément les immenses avantages.

C. — AVIATION.

Depuis l'époque (1861) où nous écrivions et lancions en
enfant perdu le chapitre l'*Aéronef*, par lequel se termine le
volume *la Vie navale* de notre *Tableau de la mer*, quelques
modèles en petit d'hélicoptères, réalisés en 1862 avec notre
collaboration, ont démontré la réalité d'une théorie, niée
d'abord et désormais prise en sérieuse considération par
tous les savants de bonne foi. L'historique et la marche de
la question sont l'objet d'un livre spécial l'AVIATION ou
Navigation aérienne (sans ballons), publié en 1863, et
dont la deuxième édition, qui a paru en 1864, a bientôt été
suivie d'articles didactiques insérés dans le journal l'*Aéro-
naute*, sous le titre d'*Éléments d'Aviation*.

Alors, une Société d'Encouragement, fondée par Nadar,
réunissait les hommes les mieux disposés à faire progresser
l'invention des appareils mécaniques aériens. Cette société
est activement à l'œuvre. Divers systèmes, également
rationnels en principe, se trouvent, non en opposition, mais
en présence, car les meilleurs esprits admettent que le
problème a des solutions multiples : par des genres très-
divers d'hélices et de turbines, par les organes dits orthop-
tères embrassant des ailes de formes très-variées, par les
roues à aubes intermittentes, par les disques à clapets, etc.

La difficulté capitale est la légèreté de la force motrice
suffisante.

Toutefois, il n'y a point lieu de se décourager devant

elle; tout porte à espérer qu'elle sera vaincue par l'application d'une méthode parfaitement posée et qui indique clairement la marche à suivre. Voir, à ce sujet, l'introduction de M. Babinet aux *Mémoires du Géant*, par Nadar (page 5), et notre rapport lu le 3 février 1865, à l'assemblée générale de la Société. De nombreuses recherches historiques, relatées dans ce même rapport, prouvent d'autre part, que des résultats encourageants ont été maintes fois obtenus par des chercheurs isolés. En remontant à une époque fort ancienne, on trouverait des exemples plus frappants encore. Et toutes les sciences ont progressé depuis sans que la légèreté des moteurs ait jamais suffisamment préoccupé les inventeurs.

Selon nous, la solution du problème est infaillible. Elle ne tient qu'à la possibilité de suivre la méthode tracée, en multipliant des expériences malheureusement très-dispendieuses. Redoublons de zèle ! A défaut d'argent en quantité suffisante pour aller vite, sachons persévérer et aller lentement; avec du temps et de l'énergie, nous ne pouvons manquer de faire la sublime conquête du domaine aérien.

Puissent tous les amis des grands progrès partager notre confiance, répondre à notre appel et venir en aide à nos incessants efforts en s'associant à nous.

D. — BALEINE.

Crinoline, robes ondoyantes de nos bisaïeules... page 164.

« C'est de ces barbes (de baleine) coupées par flèches, que se fait la prétendue côte de baleine ou ces lames fortes et pliantes qu'on vend chez le marchand sous le nom de baleine, et qui n'est plus guères d'usage que dans ce panier à triple étage, ajustement sans grâce et sans raison que les dames s'obstinent à conserver. »

L'ABBÉ PLUCHE. *Spectacle de la nature,*
t. I, entr. XIII.

Il est assez curieux de trouver dans un ouvrage du dernier siècle les mêmes reproches que nous adressons de nos jours au même genre de costume *sans grâce et sans raison.*

« — Que voulez-vous? répond la comtesse. En matière de mode les têtes les plus folles font la loi aux plus sages. »

—————

E. — MONSTRES MARINS, CÉTACÉS EXTRAORDINAIRES.

Dans le doute, abstiens-toi........ page 186.

« Du règne de Philippe II, roi d'Espagne, il parut dans l'Océan une baleine bien différente des autres, car elle paraissait sur l'eau ayant des ailes fort grandes et marchant comme un navire. Quelque vaisseau l'ayant aperçue et lui ayant rompu une aile d'un coup de canon, ce monstre entra de grande raideur par le détroit de Gibraltar avec des meuglements horribles, et enfin vint s'échouer à Valence, où on la trouva morte. Le test de sa tête était si grand que sept hommes y pouvaient entrer, et un homme à cheval se tenir dans sa gueule. On trouva deux hommes morts dans son ventre. On en voit encore, dans l'Escurial, la machoire qui a dix-sept pieds de long.

» Cadamuste, en son journal, fait mention d'un poisson de semblable nature, qui avait, à ce qu'il raconte, des ailes grandes comme celles d'un moulin à vent. »

> LE P. GEORGES FOURNIER, *Hydrographie*,
> livre IV, ch. XXVIII.

« Les habitants de Madagascar racontent qu'il y a un poisson monstrueux qui s'appelle *Fanghane*, comme si nous disions dragon, qui est plus grand de beaucoup qu'une baleine. Il y a trente ou quarante ans (vers 1630), à l'anse de Ranoufoutchy, il en échoua un plus grand trois fois qu'une baleine, tout velu et si puant à cause de la corruption que personne n'en put approcher. »

DE FLACOURT, *Histoire de la grande isle Madagascar*, ch. XLI.

« On ne peut rien dire de bien certain sur la grandeur des différentes espèces de baleines. On en a vu qui avaient jusqu'à 130 et même jusqu'à 200 pieds de long. Quelque énorme que soit réellement cet animal marin, l'amour du merveilleux a sans doute fait dire qu'on en avait vu dans les mers de la Chine qui avaient jusqu'à 960 pieds (312 mètres) de longueur; aussi les a-t-on comparées à des écueils ou à des îles flottantes. »

VALMONT DE BOMARE, *Dictionnaire d'Histoire naturelle*, art. *Baleine*.

De toute antiquité, la baleine endormie à la surface des flots fut prise pour un îlot ou un banc de sable.

« Erreur naturelle. — Dumont d'Urville y fut trompé. Il voyait au loin des brisants, un remous tout autour. En avançant, des taches blanches semblaient désigner un rocher. Autour de ce banc l'hirondelle et l'oiseau des tempêtes, le pétrel, se jouaient, s'ébattaient, tournoyaient. Le rocher surnageait, vénérable d'antiquité, tout gris de coronules, de coquilles et de madrépores. Mais la masse se meut; deux énormes jets d'eau, qui partent de son front, révèlent la baleine éveillée. »

MICHELET, *La Mer*, liv. II, ch. XII.

Il n'est point possible de parler des légendes et traditions relatives à la baleine, sans évoquer le souvenir du prophète Jonas, dont les navigations offrent des détails maritimes du plus grand intérêt.

Une tempête furieuse éclate: les mariniers, saisis d'épouvante, invoquent chacun son Dieu; ils implorent Baal ou

Astarté en poussant de grands cris. En même temps, l'on jette à la mer toute la cargaison du navire qui est évidemment ponté, puisque le pilote, descendu *dans l'intérieur,* y réveille Jonas :

— Comment peux-tu dormir ainsi? lui dit-il, lève toi! invoque ton Dieu ; peut-être se souviendra-t-il de nous ?

Le sentiment général des marins et des passagers est qu'une tempête si soudaine, si terrible, n'a pu s'élever que par la volonté d'une divinité offensée. Ils consultent le sort pour connaître le coupable, le sort désigne le prophète fugitif ; on l'interroge alors et il répond enfin :

— Je suis Hébreu et je crains Jéhovah, Dieu du ciel, qui a fait la mer et la terre.

Jonas confesse publiquement sa désobéissance ; l'équipage consterné, voyant redoubler la violence des vagues, n'ose cependant porter la main sur lui, quoiqu'il dise ·

— Saisissez-moi et jetez-moi à la mer, elle s'apaisera ; car je sais que c'est à cause de moi que cette grande tempête est sur vous.

Enfin, après bien des hésitations durant lesquelles le péril augmente sans cesse, les marins adjurent le Dieu d'Israël de ne point faire retomber sur eux le sang de leur passager. Jonas est jeté à la mer ; la tempête se calme au même instant.

Alors, — ajoute l'Écriture, — « les hommes furent saisis d'un grand effroi devant Jéhovah ; ils immolèrent des victimes à Jéhovah et ils firent des vœux. »

Cette conversion des mariniers payens, leur foi soudaine dans le Dieu d'Israël, les vœux qu'accomplissent les gens de l'équipage, sont des faits de tous les temps et que nous voyons encore se produire de nos jours. D'un autre côté, la fuite de Jonas est le récit maritime le plus développé que nous trouvions dans la bible et l'un de ceux qui ont le plus vivement impressionné les imaginations populaires. Une multitude de fables ont été calquées sur l'histoire de Jonas englouti par un de ces monstres marins, tels que Job les décrit en son style pompeux. — Trois jours après, il est rejeté sur le rivage, et prend enfin la route de Ninive. On a écrit fort à tort que le prophète mit pied à terre non loin de cette ville, car le texte de l'Écriture garde ici un silence qui doit logiquement être interprété par l'opinion contraire.

La peinture de Léviathan, le plus colossal des monstres marins, de Léviathan « roi de tous les enfants d'orgueil » (1), description magnifique qui fait sentir la petitesse de l'homme auprès des créatures de Dieu, rappelle un fragment bien remarquable de la légende arabe du roi Salomon. Le roi a formé le désir imprudent de nourrir, une seule fois, tous les animaux de la mer; Dieu lui envoie une baleine tellement gigantesque, qu'elle ne peut même être rassasiée.

Toutes les provisions étaient épuisées et la baleine criait : — « Donne-moi à manger, je n'ai jamais éprouvé une telle faim ! » Salomon s'informa s'il y avait dans la mer beaucoup de poissons de la même sorte. — « Il y en a, répondit la baleine, soixante-dix mille espèces, dont la plus petite est d'une telle taille que ton corps ne tiendrait pas plus de place dans ses entrailles qu'un grain de sable dans le désert. » Alors le roi se jeta la face contre terre et pleura, et pria le Seigneur de lui pardonner son vœu téméraire. — « Mon royaume, dit Dieu, est plus grand que le tien. Lève toi et regarde une seule des créatures que je ne soumets point au pouvoir de l'homme. » Au même instant, la mer mugit comme si elle avait été agitée par les huit vents. Sur les flots orageux on vit s'élever un monstre capable d'en avaler un sept mille fois plus gros que celui que Salomon n'avait pu rassasier, et ce monstre s'écria d'une voix pareille au fracas de la foudre : « Béni soit Dieu qui seul peut me préserver de mourir de faim. »

L'imagination des plus hardis conteurs et des plus grands poètes ne dépassera jamais cette admirable légende.

L'auteur des *Dialogues des morts*, Lucien, n'en approche

(1) Job, Ch. XLI, verset 25.

point, lorsque dans son conte intitulé : *Histoire véritable*, il parle de la baleine, longue de quinze cents stades et capable de loger dix mille habitants, qui engloutit son navire.

Dans les *Mille et une Nuits*, le navigateur Simbad croit prendre terre sur le dos d'une baleine endormie.

D'après la légende de saint Brandan et de saint Malo partis à la recherche de certaines îles, possédant les délices du paradis, qu'on disait situées au milieu de l'océan et habitées par des infidèles, — la veille du jour de Pâques, les pieux aventuriers prient Dieu de leur faire rencontrer une terre où ils puissent célébrer l'office divin avec la solennité convenable. Aussitôt apparaît une île sur laquelle ils débarquent; ils y chantent la grand'messe, et puis remettent sous voiles. A peine s'en sont ils éloignés que l'île prétendue s'ébranle, plonge et s'enfuit; ils reconnaissent alors que c'était une baleine monstrueuse.

« Le pêcheur, attardé dans les nuits de la mer du Nord, voit une île, un écueil, comme un dos de montagne, qui plane, énorme sur les flots. Il y jette son grappin..... L'île fuit et l'emporte. Léviathan fut cet écueil. » — (Milton).

Page 234, nous parlons de la chanson des baleines — bélugas, voici un fait non moins curieux inséré dans divers journaux:

« Entre le premier et le deuxième degré de latitude, sur les côtes de la république de l'Equateur, M. le vicomte Onffroy de Thoron a trouvé des poissons chantants, et généralement en groupes nombreux. Les rares riverains de ces eaux les nomment *musicos*, musiciens. Ces poissons, qui ont évidemment un organe spécial pour l'émission des sons, n'ont, à ce qu'il paraît, rien de particulier quant à leur forme extérieure; ce ne sont point des sirènes, mais bien des poissons ordinaires. Leur chant prolongé, grave et sonore, imite celui des orgues d'église, et ils l'exécutent sans se montrer à la surface de l'eau. »

La tératologie de la mer a fourni aux mythologues, aux conteurs, aux poètes, un champ inépuisable de fictions plus ou moins insensées. Les flots ont été peuplés d'êtres étranges dont les tritons, les sirènes sont les moins monstrueux.

Bérose, au premier livre de son histoire de Chaldée, dit qu'au temps où il n'y avait que de l'eau et des ténèbres, le chaos marin engendrait des hommes à deux et à quatre ailes, à double visage, à deux têtes, dont l'une de femme, à jambes et cornes de chèvres, à pieds de chevaux par derrière. Les mers ténébreuses enfantaient encore des taureaux à têtes d'homme, des chiens à quatre corps finissant en queue de poisson, des chevaux à têtes de chien, des poissons, des reptiles fantastiques et surtout gigantesques.

Dans les anciennes relations de voyage, on fait mention de monstres terribles qui attaquaient le navire, l'embrassaient, l'étreignaient avec cent pattes formidables et gluantes, le suçaient, le broyaient, l'entraînaient au fond des eaux, ou ne l'épargnaient qu'à miracle.

Les poulpes géants ne sauraient être relegués dans le domaine des fables. Mais que faut-il penser du plus colossal d'entre eux, l'épouvantable kraken, dont le corps n'avait pas moins d'une demi-lieue de tour! Capable d'étreindre une baleine dans ses pattes comme une araignée prend une mouche, ce monstre des monstres que les navigateurs hollandais et norwégiens rencontrèrent autrefois dans les mers du nord, appartient sans doute à l'époque anté-diluvienne.

L'épiornis le combattait alors. La guerre des dragons ailés contre les hydres à mille têtes et les polypes aux mille bras était nécessaire à l'épuration des mers et à la conservation du globe.

Les profondeurs des océans, les déserts inexplorés de l'un ou l'autre pôle ne récèlent-ils point encore de nos jours quelques vestiges de la création antérieure? N'y a-t-il plus aucun individu de l'espèce des briarées suceurs, mous, gélatineux, aux trompes armées de ventouses, aux effluves électriques? Enfin, peut-on absolument rejeter l'existence de

428

ce grand serpent de mer dont on a ri si souvent et si souvent
à bon droit, puisque des amas de plantes flottantes entrelacées ont plusieurs fois joué son rôle d'épouvantail.

Impossible de préciser la limite entre le faux et le vrai.
Une région moyenne assez étendue constitue le domaine de
l'incertitude, car il est hors de doute que notre globe a été
habité par des espèces de beaucoup plus grandes que celles
qui le peuplent aujourd'hui. Ces espèces avaient des formes
qui nous paraissent monstrueuses. On a retrouvé leurs
ossements et reconstruit leurs squelettes. A des époques
historiques, l'homme combattait et détruisait les monstres
de leurs races. Les Nemrod, les Hercule, les Thésée,
doivent à ces travaux un héroïque renom. Le temps et le
défaut d'alimentation ont vraisemblablement fait périr les
derniers des animaux antédiluviens, les léviathans légen-
daires, les pythons mythologiques, les kraken, les insatiables,
les invincibles.— Mais encore n'est-il pas possible de démontrer que les solitudes inabordables de notre globe ne servent
d'asile à quelques-uns de ces colosses qui, sortant parfois
de leur torpeur pour aller chercher pâture, auraient été
entrevus par des navigateurs contemporains injustement
traités de hâbleurs.

F. — DROIT DE VIE ET DE MORT

Attribué aux commandants des bâtiments....page 370.

Conseils de marine.

Conformément à l'article 34 du décret du 22 juillet 1806 :
« Dans les cas de crime de lâcheté devant l'ennemi, rébel-
lion ou sédition, ou tous autres crimes commis dans un danger pressant, le commandant, sous sa responsabilité, peut
punir ou faire punir, sans formalités, les coupables suivant

l'exigence des cas. Il est tenu seulement de dresser procès-verbal de l'événement et de justifier devant le Conseil de marine de la nécessité où il était d'user de cette faculté. »

Or, *les Conseils de marine*, dont le décret ci-dessus cité consacre l'existence, n'ont pas le caractère de tribunal. Ils ne prononcent point de jugement, n'appliquent point de peine. Investis par l'Empereur du droit d'examiner, lorsqu'il le juge convenable, la conduite de ses officiers généraux de mer, capitaines de vaisseau et autres officiers qu'il a chargés du commandement des armées, escadres, divisions ou bâtiments particuliers, — de vérifier s'ils ont exactement et fidèlement rempli leur mission, s'ils n'ont pas dilapidé les fonds de l'État ou abusé du *droit de vie et de mort* que la loi leur accorde, en certains cas, sur les hommes de leur équipage, — les Conseils de marine rendent un compte détaillé et motivé du résultat de leur examen, y joignent leur avis, et le tout est soumis, par l'intermédiaire du ministre de la marine, à la décision de l'Empereur qui donne des ordres ultérieurs.

L'Empereur détermine le nombre des officiers-généraux et capitaines de vaisseau qui composeront le Conseil de marine; mais s'il s'agit d'examiner la conduite d'un officier-général, le Conseil sera exclusivement composé, autant que possible, d'officiers-généraux.

Le commissaire-général doit y assister, s'il s'agit d'un examen extraordinaire relatif à l'économie dans les dépenses et consommations.

G. — CHANSONS.

Ces deux chansons ne pouvant plus trouver place dans notre recueil *le Gaillard-d'avant* qui ne sera pas augmenté, ni dans nos POÈMES MARINS *le Gaillard-d'arrière* , indéfiniment ajournés par nos divers travaux en préparation , nous avons cru devoir ne pas les laisser inédites et les avons insérées dans ce volume , sans craindre aucunement d'empiéter sur le fécond sujet de la Littérature et de la Poétique des marins.

TABLE DES MATIÈRES.

PAGES.

440

FIN DE LA TABLE DES MATIÈRES.

SOUS-PRESSE :

Jean-Bart et Charles Keyser, roman historique.
Troisièmes Quarts de nuit.

EN PRÉPARATION :

Traité de Phonétique, étude comparée des sons du langage humain.

Principes de la Phonétique et de Phonographie — *Du langage humain.* — *De la pasigraphie.* — *De la pasilalie.* — I. Définitions. — II. Utilité. — III. Règles générales. — IV. Possibilité. — V. De la Prosodie.—VI. Émission des sons.—VII. Voyelles : *leurs divers états ; diphthongues, triphthongues ,* etc. —VIII. Consonnes : *faibles , fortes , neutres , complexes.*— IX. Esprits *vulgairement dits* aspirations. -- X. Théorie. Pratique : *exemples, notes polyglottes.*

Photographies à la plume. — César Plagiat, Chrysostôme Chantage , Procuste Éteignoir, les Moutons de Panurge , Polydore Talent , Auguste Cœur-d'Or, Narcisse Paincuit, la Mère éternelle, Mimi Caprice, Monseigneur Capital, etc.

Pigeon vole !

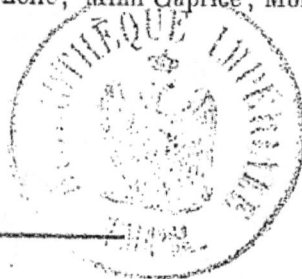

LILLE. IMPRIMERIE DE L. DANEL.

www.ingramcontent.com/pod-product-compliance
Lightning Source LLC
Chambersburg PA
CBHW060528220326
41599CB00022B/3465